全国高等院校应用心理学系列精

总主编 李 红

创造性心理学

邱 江　杨文静　曹贵康　陈群林 ◎ 主编

西南大学出版社
国家一级出版社 全国百佳图书出版单位

图书在版编目(CIP)数据

创造性心理学 / 邱江等主编. -- 重庆：西南大学出版社, 2023.7
全国高等院校应用心理学系列精品教材
ISBN 978-7-5697-1873-7

Ⅰ. ①创… Ⅱ. ①邱… Ⅲ. ①创造心理学－高等学校－教材 Ⅳ. ①G305

中国国家版本馆CIP数据核字(2023)第102211号

创造性心理学
CHUANGZAOXING XINLIXUE

邱　江　杨文静　曹贵康　陈群林　主编

责任编辑：牛振宇
责任校对：赖晓玥
装帧设计：汤　立
排　　版：杨建华
出版发行：西南大学出版社
　　　　　地址：重庆市北碚区天生路2号
　　　　　邮编：400715
印　　刷：重庆市正前方彩色印刷有限公司
幅面尺寸：185mm×260mm
印　　张：13.75
字　　数：360千字
版　　次：2023年7月　第1版
印　　次：2023年7月　第1次印刷
书　　号：ISBN 978-7-5697-1873-7
定　　价：56.00元

前　言

　　创造性是最重要的人力资源,没有创造性,就没有进步,我们就会永远重复同样的模式。

——法国心理学家　爱德华·德·波诺

　　创造性是我们人类区别于动物的一种高级能力。创造性的高低一直是衡量人才的一项重要指标。从概念上来讲,创造是指根据一定的目的,运用现有的知识、技能、信息等,产生出某种全新的、独特的有意义或价值的物品或思想等的活动。创造性是具有从事创造活动的能力,是一种利用现有的已知条件创造出未知事物的能力。

　　当今世界,是创造性的时代,是知识爆炸的时代,国家之间、企业之间的竞争愈演愈烈,从现象上看是产品的竞争,从本质上看是经济实力的竞争,科技的竞争,但归根到底是人才的竞争,是创造能力的竞争。而今,我们站在"两个一百年"奋斗目标的历史交汇点上,党的二十大报告中明确指出"创新是第一动力",国家"十四五"规划中多次提到创新和教育,充分体现了国家对创造性教育和创新型人才培养的重视,有关创造性的研究和教育已成为时代发展的走向和潮流。

　　西南大学创造性研究团队长期致力于创造性认知神经机制的前沿探索,通过对横断及纵向的创造性大样本脑影像数据库的建立,揭开了与创新素质相关成分的大脑神经机制和遗传基础的神秘面纱,极大地提高了创新素质预测、评估和提升的有效性。此外,基于张庆林教授等人在国际上首次提出的创造性"原型启发"理论,团队开发了创造性的研究范式和测评工具,阐明了创造性思维的发生机制及影响因素;经过多年的研究与发展,已成为国际上"创造性神经机制"领域内具有重要学术影响力的团队之一。在此,笔者想通过这本书把西南大学创造性研究团队多年的研究成果与读者分享,希望能给大家带来一些思想上的启迪,这就是我们编写这本书的初衷。另外,本书在编写过程中,参阅了大量国内外创造性心理学领域的相关文献资料,在此衷心感谢各位专家学者。

　　本书共有十章,可分为四部分。第一部分(第一至三章),主要阐述人们对创造性的本质认识,探讨创造性心理学的研究对象和任务,介绍创造性心理的理论基础及其研究方法以及创造性测量的技术。第二部分(第四至六章),主要阐述了创造性的组成部分,即创造性思维、创造性人格和创造性行为。第三部分(第七章),阐述了创造性的影响因素,包括生物学因素、心理因素和环境因素。第四部分(第八至十章),着重分析科学发现和技术发明、文学和艺术创作以及经营管理领域的创造性心理。为了让读者深入探索创造现象和进行创新学习,本书的每一章节最后都设计了"研究性学习专题",以求学习和思考相结合,进一步引发读者的深入思考。

本书按照理论与实际相结合的原则进行编写,书中既有创造性心理学的理论,又有创造性心理学的具体实践,有助于心理学从业者和爱好者们系统地学习创造性心理学的相关知识,也为我国创造性心理学的研究和发展提供了一定的学术参考价值。同时,为了让更多读者朋友能够轻松阅读,书中的语言表达力求由浅入深,通俗易懂,大量引用了生活中的例子对概念、原理进行讲解,希望为创造性心理学的推广和应用贡献一份绵薄之力。

本书作为国家社科基金重大项目"基于脑科学的青少年创新素质评价与提升路径研究"的成果之一,是集体智慧的结晶。本书由西南大学心理学部邱江教授拟定大纲,然后由不同的学者分别撰写书稿。各章编写人员如下:第一章,邱江、庄恺祥、顾静;第二章,邱江、庄恺祥、陈玉琳;第三章,邱江、孙江洲、袁晓宁;第四章,邱江、孙江洲、马牧桀;第五章,曹贵康、任芷葶、彭楚尧;第六章,曹贵康、任芷葶、陈静;第七章,杨文静、何李、何苗;第八章,杨文静、何李、耿莉;第九章,杨文静、刘程、高逸新;第十章,陈群林、刘程、周志豪。全书由邱江、杨文静进行统稿,由邱江最后定稿。

在全书的编写过程中,我们力求精益求精,但是难免会存在一些错误和不足,敬请读者谅解。

此外,本书可以作为高等院校心理学专业、教育类专业学生的学习用书和教师教学用书,也可以作为心理健康辅导者、教育工作者以及心理学爱好者的参考书籍。

CONTENTS 目录

第一章　绪论 ··········001
- 第一节　创造性心理学概述 ··········002
- 第二节　创造性心理学的研究方法 ··········006
- 第三节　创造性心理学的研究简史 ··········012

第二章　创造性的理论 ··········024
- 第一节　创造性的结构与过程理论 ··········025
- 第二节　创造性的人格特质和类比理论 ··········030
- 第三节　创造性的认知神经理论和计算模型 ··········035

第三章　创造性测量技术 ··········042
- 第一节　创造性测量概述 ··········043
- 第二节　创造性的测量工具 ··········048
- 第三节　创造性测量的评价和展望 ··········057

第四章　创造性思维 ··········063
- 第一节　创造性思维概述 ··········064
- 第二节　创造性思维的过程 ··········070
- 第三节　创造性思维能力及其培养 ··········078

第五章　创造性人格特征 ··········085
- 第一节　创造性个体的人格特征 ··········086
- 第二节　创造性人格的发展一致性问题 ··········092
- 第三节　创造型学生的人格特征及其影响因素 ··········096

第六章 创造性行为 ···································· 105
第一节 创造性行为概述及分类 ···································· 106
第二节 创造性行为测量及相关因素 ···································· 112
第三节 创造性行为的影响因素 ···································· 118
第四节 创造性行为的大脑结构和功能基础 ···································· 121

第七章 创造性的影响因素 ···································· 125
第一节 生物学因素 ···································· 126
第二节 心理因素 ···································· 129
第三节 环境因素 ···································· 136

第八章 科学发现和技术发明中的创造性 ···································· 147
第一节 科学发现和技术发明的基本过程 ···································· 148
第二节 影响科学发现和技术发明的因素 ···································· 152
第三节 科技人员的创造性 ···································· 157

第九章 文学与艺术创作中的创造性 ···································· 168
第一节 文艺创作中的创造性来源 ···································· 169
第二节 不同文艺形式中的创造性 ···································· 174
第三节 文艺创造性的培养 ···································· 184

第十章 经营管理中的创造性 ···································· 192
第一节 经营管理中创造性潜能开发的影响因素 ···································· 193
第二节 经营管理中创造性潜能的提高 ···································· 197

第一章

绪论

爱因斯坦曾说:"若无某种大胆放肆的猜想,一般是不可能有知识的进展。"人类进步的历史,就是一部创造史。通过创造来改变世界的力量可能大到惊人。战国时期李冰通过凿山修建水利工程都江堰,使水患频发的成都平原变为"天府之国",彻底改变了当地文明的发展轨迹。

曾经,创造性被视为神秘、独属于天才的特征,但是,随着社会的发展,人们意识到创造性蕴含在每个人体内,而开发与培养创造性来促进社会发展也成为热议话题,创造性心理学应运而生。

本章主要内容如下。

1. 创造性的定义。
2. 创造性心理学的研究对象和任务。
3. 创造性研究的主要方法。
4. 创造性心理学的发展轨迹。

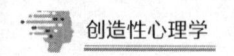

第一节 创造性心理学概述

创造性心理学的研究对象是什么？研究任务是什么？研究的基本观点又是什么？这些都是学习创造性心理学需要明确的基本问题。下面就这些问题展开讨论。

一、创造性心理学的研究对象

人所具有的创造性是创造性心理学的研究对象，创造性是人在创造过程中所反映出来的利于形成创造性成就的稳定的心理特征。

（一）创造性的定义

创造性心理学的研究对象是创造性，要正确把握该学科的研究对象，首先必须明确：什么是创造？什么是创造性？它们的本质特征有哪些？

从中文的词源上看，"创造"一词的原意是"破坏和建设相统一"，即创造是在破坏或突破旧事物的前提下，重新构建并产生新事物的一种活动。创造性（Creativity），也译作"创造力"，指创造、创建、生产和造就等能力。创造性一词最初与上帝和自然力量相联系，在文艺复兴和启蒙运动期间，创造性才逐渐与人的活动相联系。在此之后，创造性广泛出现于文学、绘画、建筑等领域之中，直至第二次世界大战，创造性已出现在科学、技术、艺术、经济、政治等众多领域当中。至今，在心理学中，对创造性依然没有统一、精确的定义。

吉尔福特（1956）首次对创造性进行系统的理论研究，并进行了实验研究，他认为"创造性或发散思维主要等同于所产生想法的流畅性、灵活性和新颖性的水平，其次是对想法的阐述和再定义"。创造性的标准定义考虑了两个方面：新颖性和价值（Runco, Jaeger, 2012）。梅德尼克（1962）将创造性思维过程定义为"将联想元素形成符合特定要求或在某种程度上有用的新组合"。

国内研究者也对创造性的概念进行了界定。张庆林（2002）主张创造性是依据一定条件生成新奇独特、可行适用的产品的心理素质。创造性这种素质是动物不具备而为人类所特有的，同时也是任何人都具有的一种心理素质。林崇德（2018）认为创造性是一种具有新颖性成分的智力品质，可以使得个体根据一定的目的产生社会（或个人）价值。

随着理论探讨和实验研究的深入，心理学家对创造性的认识逐渐趋同。在对创造性实质的研究上，研究者普遍认同应着手研究创造性过程、产品以及个性（林崇德，2018）。美国著名心理学家斯腾伯格（1999）将创造性定义为一种创造既新颖又适用的产品的能力。这一定义逐渐得到多数心理学家的认同。"新颖性"指前所未有、推陈出新的，也包括独创的、独特的、预想不到的；"适用性"指在特定的情境中，不超出现有条件的限制，产品具有社会或个人价值。

人的创造性作为一种心理素质（张庆林，2002），每个人的表现程度与发展都存在差异。有的个体能充分发挥潜质，表现出较强创造性；而有的个体受制于固有思维，被认为创造性不强。人的创造性并非任何时候都能得到表现，只有当这种潜在的素质外化为能力的时候才表现为创造力。另外，人的潜质存在一个极其显著的特性——发展性。当同一段时期内，不同个体表现出不同水平的创造性时,可能只是说明他们的潜质开发程度不同,处在不同的发展水平或阶段。从将创造性视作心理素质的角度上看来,我们更应该重视人类创造性的培养、开发与提升,营造鼓励创新创造的环境,致力于让多数人的创造性潜质更充分地表现出来,造福于自身和社会。

(二)创造活动的主要表现形式

考夫曼和罗纳德(2009)提出创造力的"4C"模型,认为创造性研究应包括微创造力、小创造力、专家创造力和大创造力。诚然,日常创造力(微创造力、小创造力)是创造活动中不可忽视的一种表现方式,但对于人类文明的发展而言,杰出创造力(专家创造力、大创造力)更受研究人员的重视。从人类的创造实践来看,创造活动有两种主要表现形式:科学发明与发现、文艺创作。

1.科学发明与发现

科学发明与发现是人们在科学技术领域创造活动的主要形式,是指探索本来就存在、但尚未被人知晓的事物和规律。例如我国古代的四大发明、门捷列夫对元素周期律的发现、诺贝尔发明的安全火药等。这些科学发明与发现都是前人未曾发现过但的确存在的事物和规律。人们进行的这些活动就是创造活动。

2.文艺创作

文学艺术领域的创作主要是构思设计新颖独特的故事情节和人物形象,通过一定的艺术形式,表达作者对社会的深刻认识和思想情感。例如李白的诗歌。创作主要包括两方面:一是故事情节、思想内容和人物形象的创作;二是文艺形式、风格和技法的创作。在这两方面中,前者会随着社会的发展和变革不断发生更新和变化,而后者变化速度比较缓慢。

(三)创造性心理学的研究范围

创造性心理学是揭示人类创造心理活动规律的新兴综合学科之一。它的研究对象应该是人类各个活动领域的创造心理活动及其构成要素之间的相互关系。

创造活动涉及创造者、创造过程、创造产品和创造环境等多个要素。

创造者是指从事创造活动的主体,包括创造个体和创造群体。创造个体或许具有与众不同的能力结构和人格结构,具有强烈的创造动机和兴趣;创造群体或许具有独特的组织气氛和交流方式。

创造过程在心理学的研究中主要是指发现问题、解决问题并产生出既新颖又适用的新产品的思维过程。

创造产品则是指成功的创造活动的最后结果,即既新颖又适用的新产品。可能是有形的物质产品,也可能是无形的精神产品。

创造环境是指创造活动的背景因素,既包括创造活动所必须具备的物理环境(如场地、设备、器材等),也包括人文环境(如团队、文化氛围、组织管理等)。

创造性心理学需要研究上述因素之间的相互作用,而不是孤立研究这些因素。

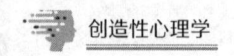

二、创造性心理学的研究任务

创造性心理学的基本任务既包括学科形成与发展所必须解决的理论问题,也包括学科研究所面临的实践问题,具体表现为下面三个方面。

(一)阐释人类创造活动的内在心理规律和本质

迄今为止,用心理学来完整描述人类的创造活动还存在相当大的困难。心理学对很多理论问题的回答长期处于现象描述水平。但随着认知心理学的兴起和神经科学的迅速发展,人们看到了构建科学的创造理论的可能性。一些有远见的心理学家期望:有朝一日,能够发现人类创造过程中的心理加工过程是如何由神经元活动完成的。

有创造性的个体仅仅是某种特殊发展的产物吗?或者说他们是否一定具有与普通人不同的天赋?心理学家在目前的研究中,还不能对这些有趣的问题做出令人满意的回答。作为一门学科,创造性心理学至少要面对以下理论问题:我们所说的"创造性"的概念到底是什么?什么造成了人们创造性水平之间的差别或所表现领域的不同?激发创造性的条件有哪些?这些都是作为一门学科需要回答的理论问题。

(二)为创造性人才的研究提供科学的测量工具

创造性人才的培养已成为近些年来社会各界尤其是教育界关注的话题之一。在培养创造性人才的实践中,人们首先碰到的问题就是如何科学地鉴别出具有创造才能或创造潜能的个体,如何测量创造性水平的变化。对这一问题的回答,就构成了创造性心理学在实践领域所承担的另一具体任务——设计鉴别工具。

迄今为止,人们在对创造性的长期研究中已逐渐设计出一批相对科学有效的鉴别工具,例如创造性思维测验、创造性人格测验。其中以鉴别个体发散思维能力为内容的创造性思维测验应用最为普遍。随着研究的深入和大规模培养实践的开展,学者们已逐渐认识到有必要设计更为简便、有效的鉴别工具。因此近些年来相当大比例的研究集中在新的创造性鉴别工具的研制上,该领域已成为创造性心理学研究的热门领域之一。

(三)为人类创造性的开发与培养提供切实有效的支持与保障

科学技术的发展对人的心理发展水平提出了更高的要求,国民创造潜力的发掘,已成为一个国家兴衰的关键所在。创造性心理学所肩负的实践任务就是要为充分发掘个人和社会的创造潜力提供理论依据,以及切实可行的策略与方法。目前世界各国都力图最大限度地挖掘国民的创造潜力,而创造性心理学需要回答以下问题:普通人的创造性能进行训练吗?如何在实践中提高不同群体的创造性?如何培养儿童青少年的创造性?如何充分发挥成人的创造潜能,使其变成实在的创造性成就?

三、创造性研究的系统观

早期研究集中在创造性的认知过程和人格特征上。但随着研究的深入,人们发现,许多有关创造性的问题和现象,是认知过程和人格特征所无法解释的。近年来,创造性的研究日益受系统观的指引,即必须全面考虑外部因素和内部因素对个人的影响。下面将通过创造性的系统模型来更好地说明这一观点。

美国心理学家希克森特米哈伊(1993)提出了相当完善的创造性系统模型,见图1-1。他认为,创造性研究要同时重视个体的自身因素和影响创造性的外部因素。外部因素主要有两部分:一是文化因素,称之为"领域"(Domain),文化(可以理解为知识领域)是创造性的一个必要成分;二是社会因素,称之为"场"(Field)。创造是一个只有在个人、文化、社会相互作用中才能观察到的过程。

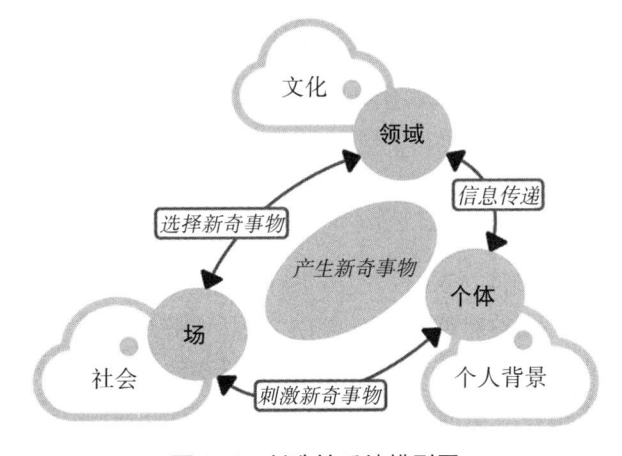

图1-1 创造性系统模型图

新奇的思想建立在一些已有的事实、规则等基础上,不能脱离某个知识领域讲创造。比如,一个人能成为有创造性的作曲家,是因为音乐这个领域存在。当一个人使某个领域产生了某种能随着时间传递下去的变化时,创造就发生了。另外,人们能通过领域中已有的知识来评价创造出来的产物,才使得创造性想法能够被那些接受过相应培训的人所评价、分享和接受。

社会,在模型中被称为"场",是指有权力决定某种新奇事物进入特定领域的"把关者",指一个领域中的社会组织。每个领域的"场"大小是不一样的。例如,在物理学中,少数权威的大学教授组成一个场,他们的观点就足够说明爱因斯坦的思想是有创造性的,而大多数人根本不理解相对论。在某种程度上,从事创造性研究的心理学家也组成了一个场。在教育领域,这个场通常由老师或评价孩子的创造性作品的人组成。

系统模型中的"个体",是指创造的主体。这里的"个体"是整体的人。德国学者乌班认为"整体的人"大体上包括两组成分:主认知成分和主人格成分。

系统模型描述了创造产生的过程:文化把创造所需的知识、信息传递给个体,个体在这个领域中加工信息,使之产生某种变化。同时社会也刺激个体使此领域产生变化,社会再对产生的新事物评价、选择,把有价值的新事物归入这个知识领域中。

随着研究的不断发展，研究者们从大量的事实和研究中看到了文化和社会因素的重要性。系统观被创造性研究者们普遍承认和接受，为创造性研究指引了一个大方向。

复习巩固

1. 创造性的定义是什么？
2. 创造性心理学的研究范围是什么？

第二节　创造性心理学的研究方法

纵观创造性心理学的研究方法，可以区分出七种主要的方法：心理测量法、实验研究法、个案研究法、传记分析法、神经生物学方法、计算机模拟法和遗传学方法。由于下一章将专门介绍创造性的心理测量法，因此本节将着重介绍其他研究方法。

一、实验研究法

创造性的实验研究法是通过给被试设置一定的问题情境，设置实验组与控制组，比较两组创造性表现的结果，以分析某种条件对创造性影响的方法。实验法目前主要用于研究哪些因素有利于或有碍于问题的创造性解决，也用于创造性与非创造性思维活动中认知过程差异的对比，例如，学生对非顿悟类问题能够较好地预测自己距离成功解决问题还有多远，而对顿悟类问题却无法预测。

实验研究法具有条件控制严格、内部效度较高、方便重复验证的优点，它降低了创造性影响因素的复杂性，因此允许做出合理的因果推理。研究结论具有较大的权威性和说服力。所以从根本上说，实验研究法既是收集创造性的信息资料的方法，又是一种认识其本质特征及发展规律的研究方法。

该方法的不足之处在于实验条件的人为性本身带来的普遍性不够的问题，往往实验的结果不能推及现实中的创造活动。由于创造性所具有的复杂性，有时很难确定比较明确的实验条件，在实验对象的选择上也受到了诸多限制。

二、个案研究法

在创造性研究领域，个案研究法的基本路线是选定一个典型的个体（或有代表性的团体）为研究对象，以其创造性变化发展的过程为研究内容，搜集该对象的一切有关资料，进行全面、深入、细致的分析研究，探索创造性发展的原因，从中揭示出创造性发展变化的基本规律，以此为基础提出促进创造性发展的具体措施。需要注意的是，个案研究属于一种深度研究，需要对研究对象进行长时间的追踪调查，才能正确认识对象，科学地揭示其创造性发展变化的规律。

虽然对单一个案的研究不易形成概括化理论，但是通过对大量的或多个个案的研究，能揭示出被研究的个案之间的差异与相似之处,进而得出近似普遍性的结论。使用个案研究法能够增强人们对创造性研究中罕见现象的了解,从而有利于形成新的创造性理论假说,以便解决特殊问题,或总结特殊经验。此外,个案研究还可以节省人力、物力、财力。

但是个案研究法也存在一定的局限性。主要包括以下三个方面:(1)研究对象数量较少,代表性较差;(2)难以从研究中得出普遍规律和结论,结果有待进一步检验;(3)无法对创造性进行定量研究。

三、传记分析法

传记分析法是对创造性人物的历史事件进行分析的一种方法。通过分析创造性人物生活中所发生的事情来理解创造性,特别是对一系列创造性事件的详细分析。科学家的传记构成了创造性心理学的最早资料来源,这种纵向的传记分析法在现代创造性研究中仍被一些研究者加以应用。值得注意的是,传记分析法和个案研究法虽然都是对少数个体的创造性进行多层次、综合性的分析,但它们之间存在明显区别。传记分析法主要用于研究历史上对人类曾做出创造性成果的个体;而个案研究法则主要用于研究现实中有创造性成果的个体,这些个体一般都健在。此外传记分析法还允许进行跨文化的横向比较和纵向的历史研究,因此所得结论也比个案研究更为权威。

传记分析法的优点在于研究材料和结论的丰富性,这一方法能够为心理测量法和实验法提供有关创造性人物生活事件的细节的、真实的补充。传记分析获得的资料真实性强,而且传记分析法能超越时空限制,对历史上中外著名人物的大量传记资料进行分析,可以了解其创造性的广泛应用情况。进行历史与现实的动态比较,可以发现创造性发生、发展的一般规律;而进行历史与现实的静态比较,可以发现前人和现在的人们在创造性结构上的差异。

其不足之处在于传记分析的不可控因素太多,并且理论难以整合。科学家的传记受传记作家的思想或思维方式、科学方面的造诣、自身创造潜力、情感等方面的影响,很难通过此类材料把握全部有关事实。在一个人有了成就以后再写传记尤其如此。此外,传记常常没有提供可供比较的个体或小组,很难将对特殊个体研究的推论推广到一般人。

四、神经生物学方法

近年来,生物心理学、认知神经科学的发展,为创造力的研究提供了新的思路与前景。芬克和本尼德克(2014)确定了创造性研究的三个主要挑战,强调定义创造性思维过程中的神经认知过程的重要性。下面将介绍神经生物学方法在创造性研究中的常见应用。

(一)脑电图

利用脑电图(Electroencephalogram,EEG),研究者在创造性研究领域产出了丰富的研究成果。通过脑电图,研究者试图描绘复杂且一瞬即逝的创造性相关的神经活动过程。将电极放置在头皮上,记录人头皮不同位置的脑电波,微弱的电信号通过放大器被记录,得出一定波形、波幅、频率和相位的曲线,即脑电图,脑电图所记录的是一个脑区许多神经元的总体电活动。由于脑电设备的高灵敏度,环境中的杂音、数据中的运动伪影可能会对数据造成干扰。但是脑电图所具有的高时间分辨率的优点,使其仍被广泛使用。

扎贝利纳等(2019)通过EEG实验,发现α波活动增加是各种创造性过程的常见标志,更有创造力的人往往拥有更多的α波活动。随着创意产生期持续时间的增加,右半球的α波多于左半球。其他EEG波段,如θ波和γ波,也在创造性认知中出现。

(二)事件相关电位

大脑的自发电位复杂而无规则,单纯的脑电图数据对于识别特异性程度高的神经过程来说十分困难。因此,为探测具体心理活动的电位,研究者在脑电图技术的基础上提出事件相关电位(Event-related potential,ERP)。当外加的有意义的刺激作用于机体时,会诱发神经系统发生电位变化,ERP利用叠加平均技术提取脑电波,其基本假设是事件相关电位的波形和潜伏期在试次波形保持不变,因此事件相关电位不受叠加平均的影响。而在叠加平均过程中,自发电位在很大程度上被正负抵消。经典的ERP成分包括P1、N1、P2、N2、P3。ERP具有较高的时间分辨率,但其空间分辨率远差于功能性磁共振成像技术。

(三)功能性磁共振成像

功能性磁共振成像(Functional magnetic resonance imaging,fMRI)可以通过脑内血流含氧量获得脑区代谢活动图像,间接探测大脑活动。基于体素的形态测量学(Voxel-based morphometry,VBM)能定量计算局部灰、白质密度和体积的改变,从而精确地显示脑组织形态学变化。改良过的MRI扫描仪可以进行弥散张量成像(Diffusion tensor imaging,DTI),它利用水分子的弥散各向异性进行三维形式的成像,可用于大脑中白质纤维束的位置、方向的研究。在均匀递质中,水分子向各方向的运动概率是相等的,其向量分布轨迹为球形,此种弥散方式称为各向同性(Isotropy);而大脑中的水分子处在非均一递质中,分子向各方向弥散的距离不相等,其向量分布轨迹为椭圆形,此种弥散方式称为各向异性(Anisotropy)。各向异性弥散具有方向依赖性,脑内部水分子的弥散主要沿纤维束方向运动。先前的fMRI研究表明,海马体、前扣带回皮层、前额叶皮质、右前颞上回、顶颞脑区、楔前叶和枕下回与创造性思维有关。

> 📖 拓展阅读
>
> **奇怪的创造性**
>
> 竹内光采用创造性思维测量,分析发现联合皮层区域和胼胝体的白质完整性与个体创造性水平存在显著正相关,这表明大脑广泛的连通性使人们能够将以前孤立的想法结合起来,从而产生创造性想法(Takeuchi et al., 2010)。而新墨西哥大学神经科学家Rex Jung团队使用弥散张量成像的MRI技术,发现复合创造力指数(Composite creativity index,CCI)与左侧额叶白质的各向异性呈显著负相关,开放度与右侧额叶白质内的各向异性呈负相关(Jung, Grazioplene, Caprihan, Chavez, Haier, 2010)。
>
> 这提示我们大脑是复杂的,不存在区域的白质完整性与认知活动的"一对一"关系。

(四)正电子发射成像

正电子发射成像(Positron emission tomography,PET)是功能性成像技术,它基于同位素(被称为示踪剂)的放射性衰变来研究大脑代谢过程。示踪剂被注射到血液中并最终到达大脑,当示踪剂经历β衰变时,其发射的正电子被PET扫描仪探测到。为了安全起见,注射入人体内的放射性物质会很快衰减并被排出体外。计算机根据扫描仪绘制的释放光子的位置,制成脑切片图片。常见的被用于PET示踪剂测量的放射性物质有葡萄糖、水等。

(五)经颅磁刺激与经颅直流电刺激

经颅磁刺激(Transcranial magnetic stimulation,TMS)是指在颅骨旁放置通电的线圈,线圈电流产生的磁场会非侵入式地激活导线束位置下方的大脑皮质,也可瞬时干扰该脑区的神经回路的功能。有研究使用重复经颅磁刺激(Repeated transcranial magnetic stimulation,rTMS)使清醒的被试的部分皮层暂时失活,发现左侧额颞叶的暂时失活增强了创造性活动(Snyder et al., 2003)。

经颅直流电刺激仪是低成本、便携式设备,经颅直流电刺激(Transcranial direct current stimulation,tDCS)是指使用浸有盐水的电极和电池供电的发电机以无创方式将弱直流电输送到目标皮层区域。tDCS是改善认知、知觉和行为功能的很有前途的神经调控技术,并能解释因果关系。

tDCS并不是用于创造性研究的唯一的电刺激类型。除此之外,还有经颅交流电刺激(Transcranial alternating current stimulation,tACS),其以特定频率提供电流(与tDCS中的恒定电流相反),当以10 Hz的频率传送到额叶区域时,可以提高发散思维任务的表现。总之,在创造性研究中,专门针对感兴趣的频率范围开展实验将是未来研究的方向(Stevens,Zabelina,2019)。

(六)近红外光学成像技术

近红外光学成像技术(Near-infrared spectroscopy,NIRS)是一种无创神经成像技术,利用血红蛋白对近红外线吸收的这一特性,可对体内氧化血红蛋白浓度和皮层中的脱氧血红蛋白的变化进行测量。氧化血红蛋白信号是判断个体执行任务的大脑加工活动监控的一个检测指标。与磁共振成像相比,近红外光学成像技术具有时间分辨率高、可移动、无噪声、对头动不敏感等优点。利用该技术,可在被试执行实验任务时对其大脑扩展神经网络进行分析研究,这是磁共振成像技术所难以完成的。

目前,很多科研单位都在进行多模态之间的结合,脑电和近红外之间的结合已成为常态。脑电和近红外在相同的神经活动中采用不同的方式捕捉信号,且二者在时间分辨率和空间分辨率上互为补充,有很大的应用价值。

(七)皮肤电活动

皮肤电活动(Electrodermal activity,EDA)是心理学领域常用的心理生理测量指标。指的是应激或其他刺激引起皮肤表面汗腺的激活,从而导致皮肤电传导能力的变化。皮肤电导(Skin conductance,SC)是皮肤电活动中最常用的心理或生理唤醒指标,通过在皮肤两点之间施加一个微小的恒定电压,用来测量皮肤的电传导能力。由于皮肤电活动受到神经系统的调节,皮肤电导与唤醒水平呈线性相关。有研究发现创造性较低的人在时间压力条件下的皮肤电导反应比无时间压力条件下显著增加,而高创造性的人在时间压力条件和无时间压力条件下的皮肤电导反应没有显著差异(白学军,姚海娟,2018)。

在利用脑外生物指标解释创造性时,往往用唤醒程度来解释创造性相关现象,而这些指标是否与创造性有关,以及二者之间具体的关系,仍需探讨(林崇德,2018)。

尽管创造性不能完全用生理机制来说明,但是创造性的社会机制与认知机制的结合,以及它们与系统的、更具生态效度和实证效度的研究结合,一定有助于人们解开创造性的终极谜题(张景焕,林崇德,金盛华,2007)。

五、计算机模拟法

计算机模拟法以人工智能理论为基础,认为从形式上来看可以将个体的创造性思维视作计算机程序,该方法的逻辑就是如果计算机程序产生了与人相同的问题解决行为,那么程序中的运算序列就可类比为人类的思维过程。因此可以通过人工智能的技术对创造性思维进行研究。

当前对于人脑创造性思维的研究刚刚起步。许多创造性思维模型都基于创造性思维功能特性,而其中以基于概念空间变换功能模拟的模型居多。另外,有研究者根据创造性思维的自然实现机制进行建模,例如,分四个阶段的信息处理模型、联想、归纳、类比等。目前这类模型的研究都是把每一种能力分开模拟,在某些能力的模拟上已有很大进展。如果将这些能力进行综合,应该可以表现出更好的创造性(程名,周昌乐,2007)。

对产生新思维的创造能力进行建模研究,是人工智能研究的一个重要内容。但是,该路径实现的逻辑前提是人的认知操作可以简化为数学操作,但对这一假设人们还存在争议。另外,计算机模拟创造性的非认知因素是非常困难的。

目前主要问题是我们对人类创造性思维的脑与认知机制的了解不够深入。因此现在通过计算机模拟来研究人类的创造性,只是对创造性研究的一种发展和补充。而未来创造性思维的计算模型的发展趋势将主要结合脑与认知机制的最新成果,在非线性动力学计算方法的支持下,构造能够反映创造性思维中"灵感"涌现的根本机制的计算模型及其实现方法(程名,周昌乐,2007)。

六、遗传学方法

人类的心理与行为取决于遗传、环境及两者之间的相互作用,这提示我们研究遗传因素的必要性。随着分子遗传学的最新进展,探索创造性的遗传基础也引起了心理学界越来越多的兴趣。寻找创造性特征基因将有助于解释创造性行为的个体差异,从而更深入了解创造性的生物学和心理学基础。

(一)双生子研究法

创造性的遗传基础研究始于定量遗传学,早期创造性的遗传学研究均使用双生子研究来研究个体创造性是否可遗传、在多大程度上受到遗传因素的影响。双生子研究展示环境与遗传分别对个体的奇妙影响。双生子包括同卵双胞胎与异卵双胞胎。同卵双胞胎具有相同的基因,若同卵双胞胎中一位表现出独特的心理与行为特征,则可以认为此特征由经验造成,比如抑郁症。异卵双胞胎由两个不同的受精卵发育而来,仅有50%的基因是相同的,异卵双生子不同的性状为环境因素研究提供了有力的数据。

不同研究者对双生子创造性的研究产生了矛盾的结果。对13对双胞胎的早期研究表明创造性不是可遗传的;且另一项双胞胎研究发现,在塑造创造性方面,环境比遗传起着更大的作用(Velázquezet.,2015)。而其他研究表明,遗传对创造性的贡献因构建和测量类型而异。有研究总结了十项创造性研究发现,双胞胎的遗传性适中。

定量遗传学研究结果为创造性的遗传理论提供初步证据,然而这些研究只能通过比较不同血缘关系的个体在相同和不同环境中的行为特征的相关程度来推断遗传效应,不能真正揭示与创造性相联系的遗传因素(胡卫平,2016)。

(二)基因组学研究

单个基因及其多态性位点对创造性的影响往往非常微弱,随着研究方法的改进和研究成果的丰富,一些研究者开始关注多种基因之间的交互作用及其与创造性各维度的关系(刘强,2020)。下面将介绍目前热门的基因组学研究方法:全基因组关联研究。

获取人类全基因组DNA序列方法的发展使得全基因组关联研究(Genome wide association study,GWAS)成为可能。全基因组关联研究对多个个体在全基因组范围的序列变异进行检测并获得基因型,将基因型与表型进行群体水平的统计学分析,从中筛选出与创造性显著相关的SNP。SNP主要指由单个核苷酸的变异所引起的在基因组水平上的DNA序列多态性。如何利用全基因组关联研究所产生的分型数据来构建基因调控网络也成为一个研究热点(Si, Su, Zhang, Zhang, 2020)。

七、其他研究方法

除了上述主流、常见的研究方法之外,创造性研究亦可聚焦文化方面,在自然的真实世界中展开。

(一)跨文化研究

随着社会的发展,来自不同地区和文化背景中的人们的交往越加频繁,研究不同社会文化背景下的人的心理过程和特征的共同点与不同点成为一个热点研究问题。跨文化研究(Cross-cultural research)将人类行为的变化,例如创造性,与其文化背景相联系,探究不同文化之间的异同以及不同文化、行为环境之间的相互作用。

质性研究(Qualitative research)是跨文化研究中的主流方法,指针对研究主题进行资料收集与系统、严谨的分析理解,从而对所研究主题进行超越个体的系统描述。在心理学中,常用的质性研

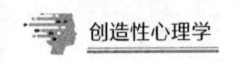

究方法包括观察法、调查法、文本分析法、非结构访谈法、焦点小组法等。国外学者利用质性研究，收集女性被试在一周生活中从事创造性活动的手机软件数据，发现人们将创造性与不同类型的工作联系起来、他人(创造工作的接受者、协同者)在创造性中发挥着重要作用、日常创造性活动的发展与幸福感和积极情绪有关。

(二)自然主义范式

传统模式分离出感兴趣的变量(使用简单的刺激或任务来控制外部变量)，并专门测试该变量如何改变大脑活动。然而，这种模式往往是零碎、不连贯的。自21世纪初以来，许多功能性脑成像研究将重点转向无任务的静息状态研究。尽管静态网络相对容易绘制，但由于在无任务条件下缺乏功能情境，它们的功能解释往往是推测性的。传统模式过于具体，而静息态实验范式完全不具体，此时可引入自然主义范式(Naturalistic paradigm)作为二者的补充。

自然主义范式可以被定义为使用丰富、多模态的动态刺激来代表我们的日常生活体验的范式，如电影片段、电视广告，或者与他人在游戏环境或虚拟现实中相对不受约束地交互。自然刺激为研究大脑创造了一个更生态的条件，通过自然主义范式，能够唤起被试内和被试间高度可重复的大脑反应，而其缺陷是缺乏手段来探索或衡量被试的参与、卷入水平，这可能受到被试的文化背景或个人偏好的影响。

尽管自然主义范式是认知神经科学的研究趋势之一，但是学术界仍然认为传统实验范式不会成为过去式，两者会相辅相成。有学者认为，最有前景的实验方法或许是结合这两个方向的主要优势：使用感兴趣的认知过程的测试行为指标，并对行为进行更弱的约束。

总之，各种方法从不同的角度研究创造性。定性分析与定量分析结合，实验环境与自然环境结合，系列的生活事件与单一的创造活动结合，形成了丰富的创造性研究方法体系。

复习巩固

1. 简要介绍一种你感兴趣的神经生物学研究方法。
2. 尝试比较实验研究法与自然主义范式研究方法。

第三节　创造性心理学的研究简史

自从人类开始利用工具征服自然以来，创造就与人类文明发展发生了密切关联。人们对创造本质和过程的了解长期以来并不全面，受到很多习俗或迷信观念的影响，对创造性心理进行大量研究也只是近半个世纪的事情。本节将回顾人类对创造性研究的历史进程，揭示对创造性本质探讨的历史演变及对未来研究的展望。

哲学家首先对创造性进行了一定程度的思考，最早的相关论述可前溯至古希腊时期，在一段相当长的时期内，人们对创造的认识面比较狭窄，通常将创造与幻想、想象等同，不少哲学家对创造性的论述实际上是对想象及幻想的描述。

一、创造性心理学科学史

由于人类认识水平的局限和研究手段的限制,加上创造性问题本身的复杂性,长期以来,它一直只是心理学研究的一个边缘领域。对创造性的科学研究从19世纪中叶才开始兴起,经过以下几个发展阶段(董奇,1993),目前已形成了研究热潮。

(一)第一阶段(1870年到1907年)

系统研究创造性心理的先驱当推英国的高尔顿。1869年出版的《遗传的天才》一书是国际上关于创造性心理学研究的最早的科学文献,标志着采用科学方法研究创造性的开始。他的工作为以后的创造性研究奠定了基础。

高尔顿在《遗传的天才》中公布了他所研究的天才人物的智力特征,发现在杰出人士家庭与一般家庭中,产生杰出人士的概率差异巨大,因此他断定普通能力和特殊能力均是遗传的。此外,他还是第一个进行"自由联想"实验的研究者,这种研究方式被后人广为采用。

自《遗传的天才》出版后,创造性引起了心理学界的兴趣,引发了一些有关创造性及其特征的争论和研究,比如创造性的先天与后天的关系,许多学者在此之后陆续发表了不少有关创造性的理论文章。然而,在这一阶段出版或发表的有关创造性的文献,大多属于思辨研究,没有实证研究,理论建树也较少。

(二)第二阶段(1908年到1930年)

从20世纪早期开始,心理学家一方面继续对创造性进行哲学思辨研究,另一方面也开始了对创造性的实证研究,并在研究过程中逐渐形成了两种研究思路:以精神分析学派为代表的创造性"人格化"的研究、以格式塔学派及其他心理学家为代表的创造性的"思维化"研究。其实,这两种思路实际上反映了当时两大心理学派别的争议,代表两种不同的心理学研究取向。

在20世纪初期,精神分析学派对创造人格的研究处于领先地位,他们将创造性划入"人格学"的范畴内。1908年,弗洛伊德以升华说为理论基础,采用哲学思辨和传记等方法,对富有创造性的诗人、艺术家等进行研究。精神分析学派认为创造性来自病态的灵魂,富有创造性的人只是在试图应对自己的心理恶魔。精神分析学派另一个更有影响力的贡献是"原始过程思维"的概念。次级过程思维致力于有意识的、逻辑的和现实的推理,而初级过程思维则充满幻想、想象、非理性和无意识的动机。在此期间,出现了阿德勒的过度补偿说,这一学说所引起的有关研究并不多,势力相当孤单。

在这一时期除了以心理分析或个性心理分析的立场研究创造性外,也有学者从不同领域来探讨和研究创造性。如华莱士提出的创造性思维过程的四阶段(准备、酝酿、明朗、验证)论,至今仍为大家所采用。

用传记的方法或哲学思辨的方法来研究创造性,其结果笼统、不具体。从此以后心理学家开始重视实验研究,从认知角度来系统研究创造性,这标志着创造性研究的"思维论"的形成。

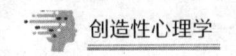

(三)第三阶段(1931年到1950年)

人们对创造性的研究逐渐从精神分析角度转向认知角度。心理学家以及哲学家们开始研究创造性的认知结构和思维方法。

德国心理学家韦特海默关于创造性思维的研究极具代表性。1945年他出版了《创造性思维》，通过研究创造性杰出代表人物，特别是诺贝尔奖获得者，深入细致地论述了创造性思维的过程；另外，他将思维和认知结构观与中小学教学实践紧密联系起来，例如，书中采用了一个经典题目"如何使用六根火柴棍，搭出四个三角形"。他认为思维过程符合格式塔的"结构说"，这种结构是通过顿悟获得的。他还指出，创造过程是一种摸索的过程，需要克服过去经验的障碍，重视对未知情境的观察，以寻找把各要素连接起来的可能关系及其相互依存的内在本质。格式塔心理学立足于知觉研究，强调对事物内在关系的顿悟，其很多思想观点至今也有价值。但其较少考虑创造主体本身的知识和经验，且未重视顿悟的机制。

虽然这一时期进行了不少比较科学的研究，且对创造心理学的建立有很大的贡献，但总体上看，在这一时期，人们关于创造性的科学研究相当少，因此对人们的实践指导作用并不明显。

(四)第四阶段(1951年到1970年)

到了20世纪50年代，创造性的研究有了突飞猛进的发展，此后取得了许多突破性的成果，创造性成为心理学研究的一个热点领域。

这一阶段创造性研究工作大体包括三个方面：一是针对创造性个体，研究创造性人才的人格特征；二是研究创造性思维过程的阶段；三是对创造性思维过程的理论探讨。其飞速发展体现在量和质两个方面。量的方面，从1951年到1965年所发表的直接与创造性有关的文章，比1951年以前23年的总数增加了约18倍。1963年以后，几乎每年都在100篇以上。质的方面，首先，创造性研究的对象扩展到普通人的范围，同时对创造性及其发展的研究、创造性发展培养的应用性研究日益受到重视。其次，对创造性本质的认识有了很大的发展。最后，开始系统编制和使用创造性心理测验工具，特别是创造性思维测验量表。

另外，对创造性的探索在以下三个方面也取得了较大进展。第一，关于创造性和智力的关系。一般认为高智力是高创造性的必要而非充分条件。第二，关于创造性和教育工作。这方面的研究工作集中在创造性和教育成效、富有创造性的学生在学校中的经历以及创造性的教育原则等方面。第三，关于创造者的特征及发展。这方面的研究围绕着创造者的人格特征、年龄、家庭背景、父母教养方式等方面。

(五)第五阶段(1970年以后)

在信息经济和创新经济时代，国家和地区的知识创新体系和创造能力成为国家、地区经济和社会发展的关键因素。如何加大创造性研究，培养创造性人才，促进科技、经济、管理、社会等方面的创新，已成为学术界和国际社会共同关注的问题。

20世纪80年代之后，创造性研究的多样化和综合化并存。一方面，创造性研究者提出众多的理论,包括创造过程的认知理论、创造活动的影响理论、创造性发展的阶段理论、创造性的元理论、创造性的内隐理论和创造性的培养理论等六种类型;另一方面,研究者整合了创造性的个人、产品、过程和环境因素,强调创造性具有领域一般性和领域特殊性,逐步形成了创造性的系统观。

进入21世纪以来,随着科学技术的进步和脑科学的发展,学者开始研究创造性的脑机制,并在发散思维、顿悟和艺术创造性等脑机制研究方面取得了许多有价值的成果。随着分子遗传学的发展和跨领域研究的兴起,越来越多的创造性研究者开始探寻遗传基因与创造性的关系,并获得了一些有意义的发现(胡卫平,2016)。

二、中国的创造性心理学研究史

中国的创造性研究始于1970年代后期。在1978年,中国科学院心理研究所成立了中国超常儿童研究协作组,其成立及其研究标志着中国创造性研究的开始。从那时起,创造性研究在中国经历了两个主要阶段。

(一)第一阶段(1970年代到1990年代中期)

第一阶段的重点是研究智力和创造性之间的关系。从1970年代后期开始,一些团队进行了一系列研究,重点是比较超常和常态儿童的各种认知、非认知属性。查子秀和同事开发了《创造性思维测验》来识别超常儿童。发现各年龄段的超常儿童的创造性思维的成绩和水平都明显高于同龄的常态儿童,且二者创造性思维的发展趋势不完全相同。1988到1990年,中科院心理研究所与德国慕尼黑大学的学者合作,探讨中德超常和常态儿童在科技领域的创造能力的发展。

从1980年代中期开始,一些研究人员采用了不同的方法来研究创造性,解决不同类型的问题。从1970年代后期开始,认知心理学研究成为中国心理学研究的重要领域。除了研究认知过程此类定义明确的问题,例如数学问题,一些学者开始关注不明确的问题,如洞察力问题。

(二)第二阶段(1990年代中期之后)

自1990年代中期以来,中国的创造性研究数量稳步增长。接下来将介绍以下七个团队或领域的创造性研究,它们代表了这一时期许多的创造性研究。

1.超常儿童创造性的研究

中国科学院心理研究所超常儿童研究中心的研究人员一直致力于探索创造性的本质。为培养孩子的创造性,鼓励孩子积极主动学习,他们开设了"创新学习"课外教育实验班。另外,关于天才的研究仍在继续。IPCAS的研究人员对中德等国的儿童的创造性思维进行跨文化研究,研究高创造性儿童的个性特征、影响创造性发展的环境和教育因素,并通过个案材料对超常儿童的创造过程进行了尝试性分析。施建农等(1997)对小学五年级和初中一年级的超常与常态学生进行了创造性思维和创造性个性的研究。李金珍等(2004)以中小学生为研究对象,探查了家庭环境因素对创造性的影响。

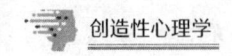

2. 青少年科学创造性的研究

科学创造性(Scientific creativity)是一种特殊的能力,是一般创造性与科学学科的有机结合。青少年的科学创造性是青少年在学习科学知识、解决科学问题和科学创造活动中,根据一定目的并运用一切已知信息,在产生某种新颖、独特且有价值的(或恰当的)产品的过程中,所表现出来的智能品质或能力(胡卫平,俞国良,2002)。

为了测量青少年科学创造性,胡卫平团队先后编制了多个测量工具。团队编制出《青少年科学创造力测验》(申继亮,胡卫平,林崇德,2002),测验包括七个维度:创造性的物体应用能力、问题提出能力、产品改进能力、想象能力、问题解决能力、实验设计能力和技术产品设计能力。该测验已经广泛用于青少年的科学创造性测评研究。另外,团队2015年还编制了《青少年技术创造力测验》《创造性科学问题提出能力测验》。

通过进行青少年科学创造性测验,研究者发现青少年科学创造性随着年龄增大,呈持续上升趋势,但在14岁时有所下降。中国青少年的科学创造性存在性别差异,男生强于女生,但差异不显著。中国青少年科学创造性存在显著学校类型差异,重点中学学生的科学创造性显著高于普通中学学生(胡卫平,林崇德,申继亮,Adey,2003)。

3. 创造性脑机制的研究

近年来,研究者们从不同角度对创造性问题解决的脑机制进行探索,主要包括顿悟、发散思维、远距离联想、言语和图画创造性对比等的脑机制研究,国内团队多围绕顿悟、发散思维脑机制开展研究。

(1) 顿悟的脑机制研究

罗劲教授(2004)首次揭示了顿悟(Insight)一瞬间的大脑活动状况,让被试在突然看到谜语答案的瞬间产生顿悟,发现人脑在顿悟过程中有广泛的脑区被激活。罗劲团队(2013)对顿悟问题解决过程中思维僵局的动态时间进程进行了考察。另外,从2005年开始,罗劲课题组尝试研究组块破解的认知神经机制。表征变换理论认为顿悟过程的关键是重构,即对问题表征的转换,而重构过程常需要通过组块破解过程实现。通过汉字拆分任务,团队发现初级视皮层的特征分析功能与高级视皮层的特征整合功能存在"失协性"。然而,有研究分析组块破解时大脑双侧视觉通路内的功能连接性的变化,发现组块破解是在背侧视觉通路与腹侧通路的协同作用下完成的,具有"协同性"(黄福荣,和美,罗劲,2017)。

从中国的"鲁班从带锯齿边的茅草中得到启发而发明锯子"的传说,到"瓦特从沸腾的开水壶盖上受到启发而改良蒸汽机"的经典故事,都说明"原型启发"能够催生灵感的产生。基于现实中的科学发明现象,张庆林、邱江团队提出了"原型启发理论"(Prototype Heuristic theory),认为原型启发是顿悟产生的主要途径之一,并且对这一过程的机制进行了全面的探讨。原型启发是指人们根据一定的经验,在问题空间内进行较少的搜索来解决问题。原型启发理论认为原型启发包括两个阶段:(1)"原型"激活,即原型在头脑中语义表征的激活;(2)"关键启发信息"激活,只有成功激活原型以及原型中所包含的关键启发信息,原型才能成功发挥其对创造性问题的启发效应。高度敏感的"原型激活能力"是创造性思维的一个重要特征。在后期研究中,团队依据科学创造与发明创造中真实的案例,编制了更具生态学效度的"科学发明创造实验问题材料库",进一步探讨知识丰富领域的原型启发促发顿悟产生的机制,这类材料既可以满足脑成像研究的"重复测试"与所记录的"脑信号叠加"的需要,又能模拟现实生活中解决创造性问题的过程,可以从知识学习和创造的角度理解知识丰富领域的创造性产生过程(杨文静等,2016;Yang et al.,2022;张庆林等,2012)。表1-1展示了团队对顿悟范式的探索。

表1-1 顿悟的"学习—测试"研究范式

顿悟的范式	范式解释
字谜任务	实验流程:呈现字谜→思考谜底→呈现谜底→令被试根据对答案的理解情况做出按键反应
	实验条件:有顿悟、不理解、无顿悟
一对一"原型学习—靶问题测试"	"真配对"条件: 比较原型字谜与测试字谜在"真配对"条件下(被试主动解决顿悟问题)和"再认"条件下的不同大脑活动
	"假配对"条件: 探究原型字谜与测试字谜在"假配对"条件下的大脑活动
多对多"原型学习—靶问题测试"	多对多先原型—后问题 学习多对原型问题→测试多对问题→按键反应(猜到、未猜到)→呈现谜底→按键反应(猜测答案与测试答案是否一致)
	多对多先问题—后原型: 呈现问题→呈现原型→按键反应(思考原型与哪个问题有联系)

另外,沈汪兵、刘昌等(2011)采用三字谜的答案呈现范式,从顿悟的时间进程和半球差异两方面来对顿悟的认知神经机制进行了探讨,认为顿悟是舍弃强外显意义而选择弱内在隐喻意义的认知抉择过程。

在顿悟问题解决过程中,可能存在着无效的常规解题思路与有效的新颖解题思路之间的冲突。周治金、赵庆柏等(2013)通过分析被试在解题过程中对新颖的和寻常的答案的注视时间,发现两种思路过程并存且存在竞争,并通过操纵实验条件来影响两个思路此消彼长的动态过程。赵庆柏等人(2014)通过后续一系列顿悟实验,发现在创造性解决谜题的早期、晚期,多个脑区同时激活,但海马、杏仁核只在晚期有更多激活。

(2)发散思维脑机制研究

传统观点认为,创造性的核心成分是发散性思维,即对某一问题生成尽可能多的新颖观念或解答。邱江团队(2015;2018)通过fMRI实验,发现在发散思维任务中,大脑存在大规模的网络连接,以及存在大脑半球差异、高低创造性的大脑具有不同的激活情况。在后续研究中(Sun et al.,2020),团队发现发散思维训练可以引起大脑静息态功能连接的变化,表明大脑具有可塑性。郝宁团队(2015;2016)通过发散思维任务,研究了工作记忆、抑制控制等对创造性的影响,发现对想法进行评估会诱发额叶更强的α波,并提高想法的独创性;工作记忆容量和反应方式(口头报告或纸笔书写生成的观点)对发散思维具有交互作用;持续的思维游荡会损害创意想法等。

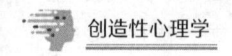

4.创造性影响因素研究

创造性受内因和外因的共同影响。内因指创造性的个体因素方面,包括智力、知识、动机、认知特点和人格特质等;外因指环境因素方面,包括家庭、学校、社区、文化等。

师保国、申继亮(2007)通过对初高中学生的调查,发现家庭社会经济地位、智力和内部动机与创造性正相关,其中家庭社会经济地位的影响最大。张景焕等(2009;2014)发现家庭环境的知识性与小学儿童的创造性正相关、父母教养方式会影响初中生的创造性思维。

师保国、罗劲等(2016)通过梳理研究,指出多元文化经验对创造性具有促进效应。多元文化经验的广度经验从"深刻经验"(如出国居住、城乡多元亚文化环境)延展至"柔和经验"(如实验室情境下的多元文化接触),经验广度能正向预测创造性的流畅性和灵活性。以经验启动、学习为范式的实验室研究发现启动国外生活经验有助于创造性表现,而学习、接触融合多元文化元素也会提高创造性表现。师保国等(2013)开展了多个关于城乡亚文化的研究,发现具有城乡二元(亚)文化经验的儿童,创造性较高。

牛卫华教授(2016)的研究关注中国人对创造性的理解。牛卫华和斯滕伯格在2002年提出东西方人对"创造性"有着相似但又不同的理解。在中国古典文献中,"创造"被理解为"是创造者与被造物互动的过程,不是一次完成,而是逐渐演化而生"。而基于圣经传统,西方文化认为创造是创造者独立、一次性完成的。另外,通过研究哲学文献,牛卫华分析总结了道家与儒家文化对中国人理解"创造性"概念的影响。道家强调培养创造性的过程是一个人逐渐摆脱自我、与大自然重合的过程。中国古代儒家思想一直影响着中国人对"创造性"概念的认识。例如,为了发展创造性,一个人要保持开放、真诚\穷究事物的态度。

5.创造性的基因组学研究

近几年,国内有研究团队将基因组学的研究方法引入创造性的研究之中,这个方向可以定义为创造性基因组学(Creativity genomics)。

在研究一般创造性的分子遗传学中,大多数研究关注多巴胺系统,其中的DAD2受体基因和儿茶酚-O-甲基转移酶基因(COMT)最受关注。有研究发现COMT rs4680与想象力显著相关(Lu,2010)。仅关注单个基因及其多态性位点对创造性的解释是微弱的,因此研究者开始研究基因之间的交互作用,如张景焕等(2014)的研究,揭示了基因间的交互作用和基因内多位点联合效应可能是影响创造性的重要形式。

另外,邱江团队(2018)在相应的全基因组中搜索相关SNP,发现创造性与编码兴奋性和抑制性神经递质的遗传基因有关,另外,结合全脑功能连接和全基因组两个模态的数据,对创造性分数的预测率可高达78.4%,表明了多模态数据对个体心理行为预测的科学依据和重要意义。

6.创新人才培养的相关研究

创新人才培养研究兴起于改革开放初期,进入21世纪,各级政府尤其是教育部门愈发重视对创新人才培养研究的支持。2009年著名学者钱学森逝世,引发了人们对钱老提出的"为什么我们的学校总是培养不出杰出人才"的再度关注,加之学术界对"创新人才培养研究"的反思与"创新创业教育"的兴起,创新人才研究转向创新创业教育研究与实践。

创造性人才的成长是一个连续发展的过程,林崇德团队(2014)通过对不同领域拔尖创新人才的深度访谈,发现拔尖创新人才的成长由自我探索期、集中训练期、才华展露与领域定向期、创造期、创造后期五阶段构成。中小学阶段是个体创新素质形成的决定性阶段。然而,当前中小学创新教育现状并不乐观,教育者们重视对学生认知能力的培养与训练,对创造性人格、环境的培育较欠缺。

创造性在很大程度上受环境的影响,是可培养的。胡卫平(2016)将其概括为以下五种培养方式:教学创新模式、课程改革模式、活动课程模式、联合培养模式、教师发展模式。

课堂教学是儿童青少年创造性培养的主渠道,而思维活动是课堂教学中师生的核心活动。基于此,胡卫平等人提出了"思维型教学理论",并开发了系统、迂回训练的"学思维"活动课程,包括基础能力训练篇和综合能力训练篇,已经被应用于多个中小学学科课程当中,均起到了良好的效果。此外,STEM教育整合科学、技术、工程和数学四门学科的教学方式,可以培养学生创新精神、创新能力和实践能力。STEM教育的最初目的是提升大学本科学生的STEM整合性能力,20世纪末将关注重点转移至中小学生。在中国,STEM教育刚刚受到关注,尚未形成总体实施方案。

随着认知神经科学的不断发展,多种基于脑与认知规律的教学理念、教学设计框架纷纷被提出。而目前,我国仍然缺乏基于脑与认知规律的创新思维活动课程。胡卫平团队(2021)研发了基于教育神经科学的思维活动课程,是我国创新思维活动课程在教育神经科学背景下的本土化实践。

7. 创造性在组织管理中的研究应用

在创新创业导向的时代背景下,创造性的价值在各行业中日益增加。虽然个体创造性研究一直占据着创造性研究领域的主导地位,但仅有个体研究无法完全解释团体的创造行为。"团队创造性"指团队中的成员在工作时产生的与工作流程、产品、服务等相关的新颖且实用的想法(Shin, Zhou, 2007)。

目前,大多数团队创造性研究遵循"输入—过程—输出"模型(IPO),探讨团队输入变量(如任务特征、团队构成、团队结构和情境因素)以及团队过程变量(如任务导向、内外部沟通、创新支持)对团队创造性的影响(2014)。领导是团队的掌舵者,学术界仍在探索何种类型的领导行为有助于提高员工的创造性(魏峰,袁欣,邱杨,2009)。另外,是否领导对下属一视同仁,才能提升后者创造性?学者(2011;2013;2014)从不同角度探讨了这个问题。越来越多的研究开始关注工作压力对员工工作结果的影响。研究普遍得出阻断性压力负向预测员工创造性的结论,但挑战性压力与创造性之间的关系却不清晰(张桂平,朱宇瀞,2021)。

随着研究的不断深入,传统的IPO模型开始显露出局限性,不少研究者开始从团体认知、情绪情感等角度开展研究。白新文等(2014)从信息加工角度说明异质性对团队创造性的影响。另外,有学者探讨情绪对员工创造性的影响(张剑,董荔,田一凡,2010;汤超颖,艾树,龚增良,2011)。

也有些许研究者围绕中国文化展开研究。例如,研究发现集体主义、和谐和人情倾向正向影响员工创造性,而等级、面子倾向负向影响员工创造性(王国保,2010)。我国传统文化中的中庸思维强调整体性、包容矛盾、善于接纳持久的变化和对立面的转化,对员工创造性有积极影响(沈伊默,2019)。也有研究发现在中国集体主义文化背景下的亲社会动机能促进员工创造性(李阳,白新文,2015)。

研究者从各自研究角度出发,运用不同研究手段对创造性进行了许多卓有成效的研究,但要揭示其生理机制和认知规律仍需继续探索。随着社会发展,创新人才培养与组织创造性的开发成为国家与地区的竞争力提升的关键,创造性心理学将在其中发挥越来越重要的作用。

♥ 生活中的心理学

> **宿舍关系的"小题大做"**
>
> 提出一个突破性的科学发现,或者创作出一份独具匠心的艺术作品是振奋人心的,因为这在一定程度上可以说明你具有高创造性。但是创造性只能在这些专业领域得以体现吗?当然不是!我们的日常生活与社交中也无时无刻不隐藏着一些细微的情境,当你用新的视角对待它们时,就体现出了你的创造性。
>
> 以你的学习生活为例,每次当你在宿舍中想要安静地午休时,你的室友却总是聊得热火朝天,仿佛没有察觉到你在休息。你会选择如何解决这种困境呢?是选择大闹一顿还是默不吭声还是进行有效沟通?你又将如何进行沟通,才能保证宿舍友谊与个人休息的合理要求之间的平衡呢?
>
> 以上描述的是创造性的一种表现形式——社会创造性,其实,从20世纪80年代起,学术界便对创造性在不同领域中的表现开展了研究,除了社会创造性,还有艺术创造性、道德创造性等领域。如果你对这些感兴趣,可以去了解相关的研究。

三、创造性心理学研究的争议与展望

尽管有关创造性的研究成果正日益引起研究领域和实践领域人员的极大重视,但从目前的研究状况来看,有关创造性的总体研究尚处于较低水平,还需要大力发展。

(一)创造性定义的争议

有关创造性的定义和本质等诸多基本问题仍处于争论之中。例如,创造性是个体现象还是社会现象,创造性是平常的还是罕见的,创造性属于一般领域还是特殊领域,对创造性采用定性研究还是定量研究等。在这些问题上,不同的研究者有着不同的理解。创造性的本质究竟是什么?前期以托兰斯为代表,认为发散思维是个体创造性的核心。随着研究领域的不断拓宽,学者们发现创造性不仅仅指发散思维,还应该包括聚合思维等成分。一个创造的过程往往由多种心理成分共同作用完成。但遗憾的是目前还缺乏公认的界定与衡量创造性的标准。总之,各种创造性的理论研究尚未完全脱离思辨的性质。

(二)创造性研究方法的争议

从创造性的研究方法来看,虽然有多种方法在创造性的研究中得到运用,如测量法、实验法等。但是,在已有的研究中还很少有将多种方法有机结合的典范,仅用某种方法研究创造性的某一维度,用另一方法去研究其他的维度的现象较为常见。实际上,多种方法的融合才更有利于对理论的检验。例如综合采用测验、观察、实验、传记、个案等多种方法,来提高研究结果的可靠性和科学性。

当前人们对创造性的研究正朝着实证的方向发展,但是也遇到了一些障碍。例如关于创造性的神秘主义和不可知论观点还残存于部分现代人的头脑之中,它阻碍着人们正确认识创造性的规律和机制。而实践领域中实用主义的价值取向促使一些人在创造性的研究中过于重视实践的成功与否,而往往忽略了理论上的探讨与验证。

所喜的是,近年来,人们对创造心理学的研究正日益受到系统观的指引。系统、综合地研究创造性的观点成为当今心理学的主流。神经生物学方法、计算机方法等新方法开始运用到创造性的研究之中,新的理论和研究正不断丰富着这一被长期忽视的边缘课题。社会期待着心理学工作者对创造性心理学的研究能够更加深入,以最终揭示创造性的本质,把握创造的普遍规律,对创新人才的培养与社会巨大变革的推动发挥更大作用。

(三)创造性心理学研究的前景展望

随着技术的进步和研究的深入,胡卫平(2016)提出未来的创造性研究将会在以下三个方面取得突破。

1.创造性的生理机制及其可塑性研究将会得到进一步加强

一是利用认知神经科学、分子遗传学手段,研究创造性个体差异及其大脑结构和功能、遗传基因和创造性关系等;二是利用认知神经科学的手段,检验教学活动或者项目促进大脑发展的可塑性机制。

2.基于情境和内容的创造性研究将会得到重视

未来将整合心理学、文化学、社会学、教育学、管理学等学科,研究社会文化、家庭教育、学校教学、组织管理等领域对创造性的影响;并利用多学科方法研究团体创造性,强调内源因素和情境因素的整合;加强对创造性的不同领域、程度、阶段等的深度研究,建立与特定领域和发展阶段相适应的创造性研究分支;利用虚拟现实、可穿戴设备等技术和大数据等手段,研究基于真实情境的创造性。

3.基于聚合科技的创造性培养

文理交叉、理工融合,是当今科学技术发展的趋势,也是儿童青少年创新素质培养的有效途径。将自然学科、人文学科、工程学科、艺术学科等结合,利用聚合科技设计创新活动,极大地推进了创造性的培养。创造性培养需要整体规划,系统实施。

复习巩固

1.解释原型启发理论。
2.创造性心理学的研究前景存在于哪些方面?

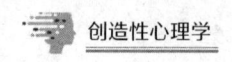

研究性学习专题

> **创造性是什么?**
>
> 在创造性心理学的研究中,有一种理论,称为"创造性的内隐理论",由斯滕伯格通过研究发现不同领域的教授、普通人都具有各自的创造性观念而提出。它指的是研究创造性的专家和外行人怎样看待创造性这一概念,他们各自认为具有创造性的人有什么样的心理特点和心理结构,以及他们对创造性发展的看法。了解人们关于"创造性是什么"的内隐观念,既有利于拟订创造性的培养计划,也有利于促进创新人才的培养。本章中关于创造性的论述,可以认为是专家关于"什么是创造性"的看法。请进行一次调查,了解一般人怎样看创造性,并撰写调查报告。

本章要点小结

1. 创造性是一种创造既新颖又适用的产品的能力。

2. 创造性心理学的研究范围:研究人类各个活动领域的创造心理活动及其构成要素(创造者、创造过程、创造产品和创造环境)之间的相互关系。

3. 创造性心理学的研究任务:阐释人类创造活动得以产生的内在心理规律和本质、为创造性人才的研究提供科学的测量工具、为人类创造性的开发与培养提供切实有效的支持与保障。

4. 创造性心理学的主流研究方法包括:心理测量法、实验研究法、个案研究法、传记分析法、神经生物学方法、计算机模拟和遗传学方法;其他研究方法包括:跨文化研究、自然主义范式等。

5. 创造性心理学的历史包括哲学史与科学史。中国创造性心理学的历史较短,分为两个阶段。

关键术语表

创造性	Creativity
脑电图	Electroencephalogram
事件相关电位	Event-related potential
磁共振成像	Magnetic resonance imaging
全基因组关联研究	Genome wide association study
自然主义范式	Naturalistic paradigm
顿悟	Insight
原型启发理论	Prototype Heuristic theory
共同创造	Co-creativity

本章复习题

一、选择题

1. 下面哪位学者没有提出过创造性的概念?（　　）
   A. 张庆林　　　　　B. 斯滕伯格
   C. 吉尔福特　　　　D. 斯塔克

2. 创造性心理学的研究内容包括（　　）。
   ①创造者；②创造环境；③创造过程；④创造产品；⑤创造历史
   A. ①②③④⑤　　　　B. ①②③④
   C. ①③④⑤　　　　　D. ①③④

3. 下列不是实验研究法特点的是（　　）。
   A. 可以揭示因果关系　　　　B. 内部效度高
   C. 都可以模拟现实的复杂环境　D. 外部效度较低

4. 下列关于个案法与传记法的描述，正确的是（　　）。
   A. 都是对少数个体进行研究　　B. 都是对历史人物进行研究
   C. 都可以发现因果关系　　　　D. 个案法的资料仅来源于主体

5. 下面关于神经生物学方法的描述，错误的是（　　）。
   A. 磁共振成像设备通过接收分子释放的能量产生图像
   B. 事件相关电位可以提取脑电信号中特异性程度高的电位过程
   C. 近红外光学成像技术具有时间分辨率低的缺点
   D. 经颅直流电刺激是一种无创的神经调控技术

6. 下列关于创造性心理学历史的描述，错误的是（　　）。
   A. 科学史的开端起源于高尔顿的研究
   B. 人本主义心理学重视人的潜能开发，认为创造性是每个人都具有的
   C. 在中国，创造性研究第二阶段的重点集中于研究创造性与智力的关系
   D. 创造性测量工具是创造性心理学研究领域中重要的组成部分

二、简答题

1. 试谈一下中西方对于"创造性"概念理解的异同。
2. 创造性的影响因素有哪些？

第二章

创造性的理论

创造性是一个庞大的话题,所以试图在某个章节中抓住经典的、当代的和最前沿的理论是不易的。然而,创造性就像爱情或幸福一样,无处不在,无处不有,每个人对它都有自己的见解。我们今天所讨论的与创造性相关的现象,就是一直以来为人们所关注的焦点,第一个系统地对"创造性"进行的研究甚至可以追溯到19世纪。然而,直到最近,创造性研究才成为心理学的独立研究领域。

本章将从创造性的基础结构、认知加工过程以及最新的神经科学研究等方面来介绍创造性理论。

本章主要内容如下。

1. 创造性的结构和过程理论。
2. 创造性的人格特质和类比理论。
3. 创造性的认知神经理论和计算模型。

第一节　创造性的结构与过程理论

经历了半个多世纪的创造性研究之后,人们越来越明确地认识到创造性绝非一种单一能力,而是多种能力的复合。人们逐渐放弃了"单维创造论",渐渐地构建起了创造性系统观,使得创造性研究向"多维取向"和"聚合模型"发展。

一、创造性结构理论

是什么构成了创造性的基础结构？这里所提供的理论或许能给出合理的解释。不同学者认为创造性的结构有所不同。

(一)吉尔福特的智力三维结构理论(1956)

1950年吉尔福特在美国心理学年会上发表了题为《创造性》的演讲,较为系统地对创造性进行了阐述。自此,创造性测量领域的研究进入了高峰期。

吉尔福特对人类智力进行了研究,认为人类智力应由三个维度组成:第一维是智力的内容,包括图形、符号、语义和行为等四种;第二维是智力的操作,包括认知、记忆、发散思维、聚合思维和评价等五种;第三维是智力的产物,包括单元、类别、关系、系统、转化和蕴涵等六种。由四种内容、五种操作和六种产物共可组合出 $4×5×6=120$ 种独立的智力因素(后来在1971年和1988年,吉尔福特又对该模型做了两次修改、补充,最后成为具有180个因素的三维结构)(Guilford,1956)。

吉尔福特认为,完整的创造性思维包括发散思维和聚合思维,这两个过程的运作可以被认为是早期的创造性思维双过程模型。创造性思维的核心是发散思维,吉尔福特认为发散思维反映了个体对开放、没有固定答案的问题提出多种新颖的解决方案的能力(王嘉艺,2009)。对个体而言,普通人具备产生流畅、灵活和新颖想法以及对想法进行精细描述的能力。由此,吉尔福特提出了发散思维的四个主要特征:独创性、灵活性、流畅性和精致性。此外,他认为创造性并非天才所独有,普通人也具有创造性,只是高低程度不同而已。

(二)阿玛拜尔的创造性成分理论(1983)

美国创造心理学家阿玛拜尔提出了创造性成分理论。该理论认为创造性由一般创造性、特殊创造才能、创造工作动机构成。一般创造性包括认知风格、运用创造方法的能力、工作风格。一般创造性受到训练、创造实践和个性特征的影响。特殊创造才能是指与特定活动领域有关的能力,包括有关特定领域的知识、经验、技能和特殊才能,如音乐才能、数学才能等。特殊创造才能主要依赖于先天素质、正规和非正规的教育训练、社会实践。创造工作动机包括对工作的基本态度、对自己动机的理解,当一个人正在评估某项工作以及该工作与自己现有的爱好和兴趣相匹配的程度之时,他对工作的基本态度就形成了。创造工作动机受到内在动机的最初水平、外部强制和社会环境的影响(尤其是当社会环境中迫在眉睫的外部压力出现或消失时),也受到个人在认识上是否能将外部压力降至最低限度的影响。

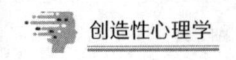

摆脱外部强制将促进创造性,这是创造性成分理论中创造工作动机的基本思想。外部强制被定义为在一个特定条件下,企图支配个人工作活动的那些因素。因此,这些强制对工作本身来讲是外部的,它们不是工作活动本身的特征,而是他人附加进来的。总之,这种压力能导致内部动机减弱,创造性降低。在他看来,影响创造性的外部动机有很多,最典型的有外部评价和奖赏。除了这些直接作用于创造过程的外部因素外,教育环境、工作环境、家庭因素、社会、政治和文化等都会对创造性产生影响。

阿玛拜尔理论模型的核心是"动机怎样影响创造性",即内部动机有利于创造性,而外部动机则不利于创造性。在这个观点中,内部动机既能看成一种特征,又能看成一种状态。即在特定的活动中,个体可以具有相对持久的兴趣水平,但是不同的兴趣水平也受到社会变量和环境变量的强烈影响。阿玛拜尔开启了对创造性社会环境以及多元文化与创造性关系的心理学研究,使得创造性心理学的研究对象和研究方法更加复杂,研究内容更加丰富(郭娜娜,2012)。

(三)斯滕伯格的三维模型理论(1988)

斯滕伯格把创造性分为了三个维度,第一维是指与创造性有关的"智力"(智力维),第二维是指与创造性有关的认知方式(方式维),第三维是指与创造性有关的人格特质(人格维)。

智力维包括内部关联型智力、外部关联型智力和经验关联型智力。内部关联型智力包括元成分、执行成分和获得成分。元成分即在创造性地解决问题的过程中起计划、监控和评价作用的成分,有发现和辨认问题,问题界定,形成问题解决策略,选择问题解决的心理表征与组织形式,监控、反馈与评价问题解决的过程等功能;执行成分即执行由元成分所设定的问题解决过程,包括编码、推论、图示、应用、比较、判断、反应等步骤;获得成分包含选择性编码、选择性结合和选择性匹配等三个要素,是创造性思维中顿悟能力的主要组成部分。

(四)卢巴特的投资理论(1995)

该理论使用了一个核心的比喻,即一个有创造性的人可以与金融投资者相媲美。要成为一个有创造性的人,可以在思想的世界里遵循"低进高出"的原则,即"低买高卖"。"低进"指买进一个不知名的、但具有增值潜力的概念;"高出"指在适宜的时机以高价位卖出,然后又继续寻找新的不引人注目的概念(李炳全,2008)。

因此,成功的创造者可以识别被低估的想法,说服别人相信它们的价值,然后继续发展它们的价值,再转到下一个项目。他们提出了需要与创造性价值相一致的不同组成部分,包括动机、智力、知识、个性、思维方式等。因此一个有创造性的人的理想模式可能是这样的:具有内在的动机,具有相关的认知优势和适当的领域知识,对经验持开放态度,具有创造性和自主性的思维风格,并在有教养的环境中发展。

(五)亚伯拉罕的创造性的分类理论(2013)

不同领域内的创造性之间存在差异,比如音乐创造性、视觉创造性、言语创造性等。但这方面的研究甚少,因此亚伯拉罕提出了一个创造性的类别框架。

具体方法是将这些研究归入创造性的两个基本分支领域:问题解决与表达。问题解决能力通常是在一个或多个评估分析思维的创造性测量中被评估的,而表达能力主要指在特定领域(例如,艺术、舞蹈)中具有平均水平以上的高表达能力的熟练程度。创造性解决问题的目的是为问题找到新的解决方案,而创造性表达的目的是以一种独特的方式表达自己。创造性问题解决和创造性表达领域之间潜在的共同点是,两者都涉及问题发现、问题创造或问题识别,这是创造性思维的核心。

在问题解决领域,语境可以被区分为理论和应用子域,数学和物理等属于理论领域,而医学和工程学等则属于应用领域。表达领域可以被划分为艺术技能、音乐技能、动作技能和语言技能等。其中每一个又可以被进一步细分为有意义的类别。同样,问题解决领域可以用类似的方式细分。例如,经典的聚合思维与发散思维的划分。在创造性聚合思维中,问题的手段状态和目的状态是已知的,但从手段状态到目的状态的路径不是线性的,必须进行概念重构。成功的重构通常与洞察力有关,洞察力不仅限于融合的语境,它还可能会在以前不相关或弱相关的概念之间建立新联系。即问题的潜在解决方案不止一个。因此,通往最终状态的道路必须被绘制出来,最终状态本身也必须被构思出来。

产生想法的认知策略可普遍应用于创造性的问题解决和表达领域,但在不同领域中的语境因素有所不同。例如,元分析最近被用来分离创造性思维的隐喻和类比成分。这样的策略在创造性问题解决中很常见。这种比喻—类比策略划分也可以应用于创造性表达领域,如语言创造性和艺术创造性。使用这种策略作为通用的衡量标准,就有可能得出神经认知在创造性问题解决和创造性表达领域间的相似与差异。

本小节介绍了创造性的结构理论,并介绍了该领域的许多核心问题。它们为研究具体的创造性行为提供了有用的视角。然而,如果想要应用于实际情况,我们仍需反思:需要什么才能真正产生创造性的行为?

二、创造性过程理论

创造性是开拓人类认识新领域,促进人类认识新成果产生的思维活动。创造性过程的运行十分复杂,研究者们对创造性思维过程的论述也未取得一致见解。如华莱士的四阶段理论把创造性思维过程分为准备、酝酿、明朗和验证四个阶段。未来应致力于对每个子过程脑机制进行研究。

(一)华莱士的四阶段理论(1926)

华莱士最早提出了创造性的阶段理论,认为创造性的产生要经过四个过程:准备期、酝酿期、明朗期和验证期。

第一个阶段是准备期,创造性思维形成之前,问题解决者开始学习和收集知识,对问题相关知识进行理解与累积。

第二个阶段是酝酿期,在这一阶段,个体对前一阶段所搜集的信息、资料进行消化和吸收,找出问题的关键点,考虑解决这个问题的各种策略。

第三个阶段是明朗期。思维创造准备期可能在某些问题上得不到结果而将问题暂时搁置,选

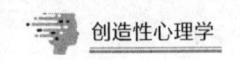

择等待有价值的想法自然酝酿成熟并产生出来。经过潜伏性酝酿期之后,具有创造性的新观念可能突然出现,也就是常说的灵感或者顿悟阶段。

第四个阶段是验证期,对明朗期提出的想法给予评价、检验或修正。

(二)克里斯的初级和次级过程理论(1952)

克里斯把创造性产生的过程分为初级过程和次级过程。初级过程是适应性退缩的过程,在做梦和幻想等正常状态,以及精神失常和催眠等异常状态下均可发现初级思维加工。初级思维过程具有自我中心、自由联想、无拘束等特点。相对于抽象概念而言,它是以具体图像来表现的。次级过程是精细加工的过程,常常和有意识、目的思考相联系的。因此是抽象的、合乎逻辑的、基于现实的思维。

(三)坎贝尔的创造性的变异选择模型(1960)

坎贝尔提出了创造性的盲目变异阶段和选择性保留阶段(Blind Variation and Selective Retention, BVSR)两个阶段模型。在盲目变异阶段,人们针对某一问题构想许多解决方案,其中大部分可能都不具备新颖性或适用性。这种处处碰壁的探索过程相当于在黑暗中盲目摸索,偶尔闪现的思想火花可能会指明出路。而在选择性保留阶段根据可用的创意思想,人们会选择最佳解决方案,着手实现并做出改进。

对创新现象的解释关键在于盲目变异阶段。一般来说,创造者产生的思想火花越多,他获得成功的可能性就越大。通过尝试用不同的方式去组合某一领域内现存的知识,进而重复试错,创造者就有可能找出解决之道。这些组合的数量和种类因专业领域而异,科学家面对的组合一般种类较少,因而他们的创造过程具有较少盲目性和更多明确性。艺术家的情况恰恰相反,前卫艺术比古典艺术又需要更多的盲目性。这也解释了为什么成功的艺术家常常师从几位前辈,而成功的科学家往往只追随一位高人。

在1996年,希克森特米哈伊提出了系统进化理论(Burrus,1997),认为生物演化的历程包括"变异"与"选择"两个过程,个体因某种基因突变产生变异,这样的变异通过环境的选择后,便留存下来成为该个体的某一特色或功能,并进一步通过遗传留存到下一代,一直到下一个可以被留存下来的变异产生。

创造的过程包括三个重要的次系统,即个体系统、行业或机构组织系统和领域系统。当一个有创造性的个体产生出一个创意产品时,就某一个领域的发展来看,即是产生了一种"变异",但是这样的变异是否会被留存下来,并改变该领域或成为该领域的重要成就,必须经过选择,在领域中扮演"选择"角色的即是主导该领域的"行业或个人所在的组织机构",如果个人的创意产品通过选择,则可以进入"领域"并成为领域中的一个创造性成就,而得以继续传衍下去。

(四)梅德尼克的创造性联想理论(1962)

梅德尼克提出的创造性联想理论强调在遥远的概念之间建立联系的能力,构建基于概念的联想层级来表示个体如何存储概念间联系的模式。

心理元素之间有着不同程度的联系,主要涉及两个层级:垂直等级和水平等级。垂直等级比如由桌子联想到椅子,水平等级比如由桌子联想到蝴蝶。高创造性个体在水平等级上做出相对较慢、平稳但更多的反应,即高创造性个体的联想层级相对平缓。低创造性个体在垂直等级上做出相对较快但为数不多的反应,即低创造性个体的联想层级相对陡峭。

根据这一理论,一个更有创造性的人可以联想到一些不太常见的相关词语。例如,"牛奶"这个词可能会激发大多数人说"奶牛"或"白色",但更遥远的联想可能包括"胡子"(如奶牛的胡子)或"泽西"(一种奶牛)。这种能进行远距离联想的能力是创造性思维的基础,但这种能力在很大程度上依赖于知识、智力和文化。

在语义网络中,概念彼此之间具有不同的优势。一个概念激活另一个概念的程度反映了这两个概念表征的遥远程度。例如,与"乘法"相比,"桌子"一词更强烈地激活"椅子"。概念之间的联想强度水平因个体而异。创造性较差的人被认为其语义网络中具有关联层次陡峭的特征,使得刺激激活了许多紧密关联或刻板印象的表征,而很少激活远程关联或独特的表征。相比之下,极具创造性的人具有关联层次结构,因此他们对紧密关联和远程关联的概念都有类似的访问权限。因此,该理论认为我们的创造性能力受到我们的语义网络组织方式的限制。

(五)沃德等人的创造性生成探索模型(1999)

该模型提出,创造性活动就是对心理表征的提炼和重建的过程。它认为创造性活动的认知过程主要有两个:产生过程和探索过程。产生过程是以不完全的形式建构最初的心理表征;而探索过程则是针对任务的创造性要求,对在初级过程中形成的表征进行提炼加工和反复修改。

在生成阶段,人们要构建一种叫"前发明结构"的心理表征。这种表征并不是最终完整的产品或方案,而常常只是一个思想的种子。但是它们有可能产生创造性的结果。生成过程包括在记忆中提取已有的结构、对这些结构进行简单联合或合并、将已有的结构转变成新结构、新结构在头脑中的综合、把一个领域的信息类推到另一个领域、类比还原等,从而使已有的结构从概念上被还原为更基本的要素。

根据这种方法,无论一个人是从事创造性还是非创造性的认知任务,心理操作网络或信息处理工具箱都是相同的。创造性思维过程与非创造性思维过程的本质区别在于对绩效有要求的情境(或任务)因素。创造性任务需要被试的生成性,因为与不需要创造性的认知任务相比,他们的问题背景要求采用更多的开放式、非结构化或非线性的信息处理策略。在前一种情况下,人们需要回忆过去使用该对象的信息,而在后一种情况下,仅仅回忆存储的信息是不够的,因为人们必须想象新的用途。创造性认知方法的重点在于,人们可以通过评估在本质上是生成性的语境中的认知过程来理解创造性思维的复杂动态。

(六)德德鲁等人的创造性的双通道模型(2008)

双通道模型提出创造性产物(想法或顿悟)是认知灵活性、认知坚持性或二者交互作用的结果。

认知灵活性通道负责捕获有用的联想信息(顿悟)和认知类别转换(发散思维),以促进远距离

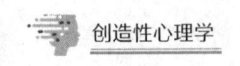

语义的通达和类别、概念间的联系。主要有两个特点：①需要相对较低的认知控制参与；②需要激活的自动扩散和思维漫游以及散焦注意参与和较少工作记忆依赖。

认知坚持性通道负责获得创造性的结果，需要聚焦注意的参与以及需要控制加工和认知类别探索的参与。

这一节介绍的创造性的过程理论，尽管每个理论都各有不同，但它们都关注创造者个体和其心理的动态性。然而，在现实生活中（尤其是随着技术的不断进步），我们更有可能在与他人的隐性和显性合作中进行创造。这样的场景意味着创造者容易考虑并整合他人的想法和观点。

复习巩固

1. 斯滕伯格的创造性理论是什么？
2. 华莱士的经典创造性四阶段理论是什么？

第二节 创造性的人格特质和类比理论

创造性可以意味着许多不同的事情，比如创造者对创造活动往往表现出疯狂的热情、废寝忘食、不知疲倦。小说家约翰·艾维可以连续几天，每天只休息2个小时写小说。许多年后，他征服了大量的读者，名利双收。当有人问他是什么驱使他这样努力地工作时，他回答道："是一种无法用言语表达的因素——爱。我如此努力写作的原因在于写作对于我来说不是工作。"广泛的兴趣爱好和浓郁的好奇心，让小说家表现出对事物的好奇，爱追根究底，对自己擅长的领域更是兴趣盎然，情有独钟，时常达到痴迷的程度。因此对事物的兴趣促发了人们的创造性行为，除了兴趣和好奇心之外还有其他的人格特质使人们产生创造性。

一、人格特质理论

一个人对新情况或新问题的反应，很大程度上反映了其个性。有些人生活自在，茁壮成长，喜欢寻求新鲜事物；有些人在面对新情况时感到苦恼甚至退缩。创造性包括用新颖而有意义的思想或行为来应对新情况和新问题。人格的本质是人的思想和行为的相对独特性。因此，性格差异为解释创造性差异提供了可能，解释了为什么有些人在思想和行为上比其他人更有创造性。

（一）创造性的动机理论（1908）

创造性动机是指人的创造行为的内在的推动力量。动机总是和人的需要密切联系的，是一种内在的动力。众多研究创造性的学者从不同的角度说明了创造性的动力来源，形成几种具有代表性的创造性动机理论。

最早涉及创造性动机本质的理论是精神动力学理论。大多数精神动力学理论研究者把创造性行为解释为降低不被公众接受的欲望所引起的紧张的行为。弗洛伊德认为，成人也许将"力比多"(libdo,一般翻译为"心理性欲")能量升华或转向更易被社会接受的方向,其中包括创造性的表现。因而,当性能量在正常的性生活中没有被耗尽时,就会转移并投入到事业追求中去,比如创造。创造者是受到了挫折的人,他们在性生活或其他生活方面不能得到满足,进而在创造中寻求满足。

新精神分析学派的阿德勒则强调自卑和超越是人类固有的两种基本动机。他认为每个人的自我意识中都存在着"自卑"和"超越"两极。自卑感使人产生对优越的渴望,个体的向上意志就会暗中不断驱使其发展自己的才能,因此创造是在向上意志的驱动下产生的行为。

在荣格看来,所谓的创造是由于主体力比多分配失衡而萌发了创造动机,并在创造活动中去疏导心理能量,寻求平衡的一种复杂过程。个体无意识中的创造情结往往是创造灵感的动力和源泉,在强有力的情结驱使下,人们就会沉溺于围绕这一情结展开创造活动,从而创造出最高境界的艺术珍品。荣格认为人类具有的无限的创造性潜能是蕴藏在集体无意识中的。集体无意识是人类发展过程中的祖先经验和原型,是由遗传而来的、对外界一定刺激产生反应的倾向性,不依赖于个体的经历而存在,在个体的整个生命过程中永远不会被感知。人虽然无法自觉地意识到集体无意识,但可以借助于原型象征性表达出来。

罗杰斯发现在没有外部规范和约束的情况下也会产生创造性。他认为自我实现的驱力是每个人都有的,但要完全在创造性中表现出来需要某种环境。罗杰斯尤其强调创造性必定发生在自我评价的环境下,而不是发生在感受到被别人评价的环境下。即如果更多地关注别人的评价,则不能产生创造性。创造性个体必须对他们的工作进行内部评价,而这种情况最有可能发生在充分自由的环境中。

(二)艾森克创造性理论(1983)

艾森克认为高创造性的人具有过度包容性思维(Overinclusion thinking),往往缺乏有效的注意过滤机制,因此一些具有伟大创造性的人在人格测验中的神经质维度上得分相当高。艾森克认为精神分裂症、神经质和创造性之间应该存在着某种内在联系,三者的相似性是通过低水平的认知抑制性来表现的,也就是说,他们都缺乏在认知注意中抑制无关信息的能力。

(三)费斯的创造性人格模型(2019)

费斯认为人格特质起着降低行为门槛的作用,在某一特定特质上得分特别高的人就会对与该特质一致的行为有更低的门槛,因此提出了一个经验派生的模型。模型简约地将个性(可塑性和稳定性)与创造性的思维和行为联系起来,对人格的两大维度——可塑性(外向和开放性)和稳定性(神经质、宜人性和尽职尽责)——进行研究得出一般结论:可塑性与创造性的联系比稳定性更强。更具体地说,可塑性高、稳定性低的人最有可能表现出创造性思维和行为。

(四)伊夫切维奇和霍夫曼的情绪和创造性的综合模型(2019)

伊夫切维奇认为情绪对创造者、创造过程、创造活动和产品三个层面有影响,并且三者之间相互影响。

在创造者的层面上，情绪通过与情绪相关的人格特质影响创造性。人格特质是一种以特定方式感觉、思考和行动的倾向，它影响人们选择情境或活动的方式，并影响与特质相关的行为频率。情绪相关特质通过三个主要途径影响创造性：①促进创造性的决定；②指导工作领域的选择；③影响创造性行为的频率。

在创造过程的层面上，情绪对创造性的影响有两个来源：情绪状态和情绪能力。情绪状态是相对短暂的体验，在效价（积极和消极）、激活（低唤醒与高唤醒）和调节焦点上有所不同。情绪相关的能力是影响创造过程的另一个因素。情绪能力被定义为对情绪进行思考和推理的能力。关于情绪能力的研究不是探究什么情绪能增强或阻碍创造性，而是探究情绪是如何被利用和管理来服务于创造性的。情绪影响着整个创造过程，从激励创造性工作到产生想法，再到克服障碍并坚持实现创造性的想法。许多关于情绪和创造性的研究都集中在情绪状态——积极与消极、低唤醒与高唤醒、促进与预防，以及情绪如何影响创造性思维的问题上。

在创造活动和产品的层面上，情感是创造者从事创造性工作的结果（例如，创作一幅画后的满足感和自豪感），它们是在创造性产品的受众中被引发的（例如，艺术观众的审美情感），它们本身就是一种可能的创造性产品（情感领域的创造性，例如，管理愤怒的创造性策略）。从概念上看，与创造活动和产品相关的情绪主要有三种：①与创造者自身成就相关的情绪；②创意产品在目标受众中的情感效应；③情绪领域的创造性（创意产品本身与情绪有关，如采用新颖而有效的情绪调节策略）。

（五）贾克的创造性的生物—心理—行为模型（2019）

贾克通过结合中枢心理结构与其神经生物学基础理论来解释现实生活中创造性行为的个体差异。有研究认为经验的开放性、认知创造潜能（发散思维能力）和智力构成了现实生活中跨领域创造性的核心变量。这些变量的个体间差异被认为是由多巴胺能系统、默认模式和执行控制网络的变化引起的。因此贾克提出了一个模型，试图整合不同领域的创造性研究的概念和结果。基于先前对现实生活中创造性的研究和各个领域的创造性行为的预测，该模型包括三个层次的分析：神经生物学系统、与创造性相关的心理人格和能力维度的个体差异，以及现实生活中的创造性行为。

该模型旨在为预测现实生活中的创造性行为提供一个领域通用的解释。因此，它不包括与特定领域的创造性相关的结构，例如科学上的尽职尽责，或艺术上的神经质。此外，该模型没有涵盖激励方面。虽然动机，特别是内在动机，长期以来一直被认为是创造性努力的驱动力，但它并不局限于创造性。内在动机可以激发任何类型的人类激情，包括那些通常被认为不具有创造性的激情。最后，该模型在某些方面过于简单化，因为它不能表达所讨论的结构之间的交叉关联。例如，开放性也与默认模式的网络效率相关，多巴胺与认知创造潜力相关。这两个神经生物学系统和各自的心理结构相互影响。也有可能是这两种结构都有共同的生物学基础或多个碱基。为了系统地理清这些影响，需要进行更多的研究，这涉及多个神经生物学系统和心理结构的多层次分析。诚然，这个目标听起来遥不可及，但它可能仍然是目前收集人类创造性现象的唯一完整、可靠的途径。

本小节介绍了创造性的人格特质理论,包括弗洛伊德、荣格和阿德勒的动机理论,以及艾森克的创造性理论,费斯的创造性人格模型,伊夫切维奇和霍夫曼的情绪和创造性的综合模型以及贾克的创造性的生物—心理—行为模型。从不同角度去探讨了具有创造性的人所拥有的人格特质,而有了创造性的人格特质又是怎样去创造的。

二、创造性类比理论

创造性往往通过一些特殊的方式展示出来,比如类比或推理启发的方式。

(一)张庆林的原型启发理论(2004)

张庆林(1989,2000)从信息加工的观点出发,认为顿悟的发生是由于在问题空间的搜索过程中突然获得关键性启发信息,并提出了顿悟的"原型启发"理论。该理论认为,顿悟过程是一个原型启发的过程。该理论推断创造性思维的核心成分是"源事件的激活"。所谓源事件,是指能对目前的创造性思维起到启发作用的认知事件。在实验研究中,它可能是实验者提供的"原型问题"在被试头脑中的表征,也可能是被试头脑中已有的相关问题,还可能是被试在解决当前顿悟问题过程中发现的有启发作用的已明了的事件。由于原型事件中所包含的信息很多,并不一定对当前顿悟问题的解决都具有启发作用,因此原型事件中所包含的对于解决当前顿悟问题最具决定性和指导性的启发信息才是这里所说的"关键性启发信息"。这一理论更符合现实生活中的创造性思维本质,因为现实生活中的顿悟、灵感、直觉的发生都离不开原型启发(张庆林等,2012)。基于该范式的研究可以更好地解释学习者如何学习知识,进而进行创造性的活动,对于现实生活中的创造性培养具有重要价值(Yang et al.,2022)。

通过直接观察大脑在处理复杂信息时的活动状况,开展对原型启发的脑机制研究(张庆林,朱海雪,邱江,罗俊龙,2011),其结果发现腹外侧前额叶、左侧额下/额中回、额极、前扣带回、楔前叶、右侧颞上回以及枕叶下回和小脑都对顿悟具有重要作用,但其对顿悟的具体作用还有待进一步研究。

(二)古斯特等的创造性类比(2008)

类比是提供一种创造性的手段,因为可以通过类比转移将新概念引入一个领域。指导转移的原则是确保概念是相关的,以便理解目标领域。此外,类比可以通过重新概念化来引导一个领域的新见解。比如在自然语言中与类比相关的创造性例子:①他达到了职业生涯的顶峰,②鳃是鱼的肺,③我的大脑有点模糊,④朱丽叶是太阳。这些隐喻在不同程度上支配着新概念的创造。

类比创造性的另一个重要方面来自物理领域,比如在电路中,虽然不可能直接观察到电流在电路中的流动,但人类能够建立这样一个抽象的概念,类似于水在水管系统中的流动。

(三)沃尔的距离依赖的表征激活模式假说(D-DRAM假说)(2018)

沃尔假设一个原始的想法可以产生于两种可能的加工模式。依赖于激活的自发传播的语义联想可以通过激活不寻常的联想来产生原创想法,特别是对于拥有更灵活的语义网络的个体。反过来,依赖于认知过程的控制加工可以通过策略、定向检索、工作记忆中的心理操纵和反应选择来激活原始想法。

除了这两种加工模式外,D-DRAM假说还依赖于语义距离的概念,它提供了客观的原创性度量,并提出了语义网络方法和新的神经计算工具,这些工具在区分联想模式和控制模式方面是强有力的。联想加工和控制加工之间的平衡和相互作用,可能取决于个体语义网络属性、个人偏好或认知风格、个性或情绪状态方面的差异,这些可能是必要的,但仍有待澄清。

可以将D-DRAM假说综合为以下几个方面:要想有创造性,一个人需要打破普通观念,在概念之间进行原创性和适当性的联想。有两种处理模式可以交互作用来生成原始(远程)想法。第一,有一种联想模式,在默认模式网络(Default mode network, DMN)的支持下,概念通过由近及远地自发传播语义来激活遥远的想法。建立在特定语义距离度量上的语义网络可以用作概念间关联组织的简化模型。第二,有一种控制模式,它依赖于几个认知过程,允许自愿激活、阐述和选择遥远的想法,再控制相关网络支持此模式。这些模式在创造性思维过程中相互作用。研究者已经提出了几个区域或网络来协调这种相互作用。与这一方法相结合,基于语义网络的神经计算方法和利用语义距离的特定度量在一定程度上代表了创造性研究的重要进展。首先,语义距离提供了一种对寻常和不寻常的联想的客观度量,也就是对发散思维任务中产品的原创性的衡量。其次,基于自发联想产生的语义网络可以让我们了解有助于更好阐述创造性的语义概念的组织。最后,基于发散思维任务中的语义网络对于识别在这些任务中使用的关联激活模式和控制激活模式是有用的。这个领域的发展将有助于我们更好地理解创造性思维的联想和控制模式及其潜在的大脑网络之间相互作用的性质和动态过程。

> 拓展阅读

高创造性的孩子是什么样的?

想要孩子成为高创造性的人,可以从小培养孩子,广大家长在日常生活中需要及时发现儿童的创造性。心理学家们在多年研究的基础上总结出了以下20个高创造性孩子的特征。

1. 在倾听、观察或做事时,精神高度集中,以至听不见别人说的话或忘了吃饭等。
2. 异常活跃、难以安静。
3. 说话时喜欢用比喻,且比喻别致。
4. 有向权威思想挑战的倾向。
5. 有追根究底的倾向。
6. 观察事物很仔细。
7. 渴望把自己的发现告诉别人。
8. 即使在闲暇的时间也不放弃创造性活动。
9. 对各种事情表现出好奇,并渴望了解它们。
10. 自发地运用实验检验自己的想法。

11. 有做各种实验的习惯。
12. 忠实于真理并强烈地探求真理。
13. 有独立的行为。
14. 敢于提出新观点。
15. 不易分散注意力。
16. 善于获得物体间的新组合。
17. 具有敏锐的观察力和提出问题的能力。
18. 有寻求变通办法和探究新的可能性的倾向。
19. 能自觉地独创性地学习。
20. 乐于思考或提出一些调皮的问题。

复习巩固

1. 弗洛伊德对创造性的动力是怎么分析的？
2. 类比推理在创造性中起什么作用？

第三节 创造性的认知神经理论和计算模型

随着科学技术的发展，人们开始探索大脑结构功能。而随着人们对创造性领域的兴趣与日俱增，我们也见证了计算创造性领域的出现。

一、创造性认知神经理论

随着认知神经科学的发展，创造性心理学家开始从认知神经科学角度来探究在创造性的发生过程中，大脑是如何加工的。创造性认知神经科学在绘制与创造性认知相关的大脑网络图方面已经取得了长足的进步。

（一）克莱因明茨的创造性双重模型（2019）

创造性通常被定义为同时涉及创意产生和创意评估的过程。根据创造性的两重模型，在生成阶段和评价阶段之间存在一个循环运动，因为普通或偏离的想法被拒绝，而新的和合适的想法受到进一步的关注和阐述。生成阶段涉及远距离联想（语言、图形、音乐等）的组合。它依赖于语义记忆和自传体记忆的搜索过程。这些过程的输出高度依赖于对想法进行评估的互补评估过程，这些过程通常被视为执行控制过程。评估过程极其重要，评估可能会导致创意产品的质量发生重大变化。

克莱因明茨将最新的神经影像学发现综合为一个扩展的双重模型，提出了一个神经认知模型,并强调评估阶段的重要作用。该模型旨在解释不同的环境过程,如专业知识和文化熏陶是如何影响创造性的,进一步将评估阶段分为三个子阶段:评估、监测和选择。

克莱因明茨认为在创造性的双重模型框架内,评价系统应该受到更多研究的关注,因为人们评价想法的方式对于理解创造过程是至关重要的,并且评估阶段和生成阶段之间存在倒"U"形关系。虽然一些研究表明,评估过程对创造性是必要的,也是有益的,因为它们允许筛选琐碎或无用的想法,但过度的评估将阻碍创造性。因此,似乎需要一些认知控制来产生原创想法并排除非原创想法,但过度的控制可能会破坏创造性,因为这可能会导致可以进一步发展的想法过早关闭。因此,宽松的评估可能会增加非原创想法的数量,严格的评价可能会抑制原创想法的产生,平衡的生成和评价过程之间的关系则可能产生最优的创造性表现。此外,环境影响在人们如何产生、评估和选择创意方面起着核心作用。最后,目前的证据表明,对想法的评估和选择是一个复杂的过程,这个过程包括认知控制、情感和动机影响。理解评估过程和选择想法的好处是巨大的,因为选择更好的想法既可以产生经济价值,也可以产生心理收益。

(二)贝蒂等的创造性认知网络神经模型(2019)

认知科学和神经科学家对创造性认知背后的心理过程进行了研究,特别是对记忆、注意力和认知控制在创造性中的关键功能的研究,探究了创造性认知是如何融入其他认知过程。现有证据表明,创造性认知(尤其是创造性想法的产生)通常以目标导向的记忆过程(如搜索、提取、整合和模拟)为特征,并受到持续的内部定向注意的支持。

贝蒂发现在创造性表现过程中与网络互动相关的三个认知过程:目标导向的记忆提取、优势反应抑制和内部集中注意力。预测建模的相关研究表明,网络之间的功能连接,特别是执行控制网络和默认网络,可以可靠地预测个人的创造性思维能力。

记忆在创造性思维中扮演着耐人寻味的角色。一方面,根据定义,创造性产品的产生需要超越记忆,纯粹的回忆不会被认为是有创造性的。另一方面,新的想法并不是完全虚无的,而被认为是对现有知识进行的有意义的变化和重组,而更多无关概念的组合有望产生特别有创意的想法。因此,知识要素代表了创造性思维的基石。然而,为了在日常生活中提高效率,我们的大脑更容易形成一般的联想,这使得我们难以用原创的方式思考。研究者从不同的角度讨论了记忆在创造性认知中的作用,包括对记忆的结构和功能的分析,事实上,记忆提取可以被认为是一个再建构过程,情节回忆所涉及的建构机制也可能有助于未来产生新想法时进行心理模拟。这些机制与默认网络重叠的核心网络相关联,表明产生新想法与回忆有着部分相同的神经机制,但在新想法的产生过程中还另外观察到了左下顶叶皮质的激活增加。

随着时间的推移,创造性被认为依赖于各种注意力状态,包括分散注意力、广泛注意力、灵活注意力、减少潜在抑制和集中注意力。其中许多概念表明,有创造性的人有更广泛的注意力,能够同时考虑更多潜在的与任务相关的信息。神经科学的研究结果指出了内部和外部定向注意力的相关性。创造性认知一直与α波活动增加相关,在创造性思维过程中,更多的内部注意力需求会导致更高的α波活动。这些发现提醒我们,创造性认知通常不太关注感官知觉,而是依赖于想象力,因此需要将注意力引导到自我产生的思维过程中。内部注意力和创造性之间可能存在关系,从而使更复杂、更生动的想象力成为可能。

二、创造性计算模型

创造性计算模型是通过计算手段和方法对自然和人工系统所表现出的创造行为进行研究。如维金斯所提出的,如果人类所表现出来的行为被认为是创造性的,那么从理论的角度研究创造性模型与人工智能搜索算法之间的联系,通过深入理解它们,能为探索和变革创造性设计提供可能性解决方案。

(一)布登的层次分类理论(1993)

布登的描述性层次结构引发了人们对从创造性角度分析人工智能系统的关注。尽管该理论有许多不足,但是仍然需要这样的理论来计算创造性以及人工智能的创造性。然而,目前仍然缺乏适当的方法,以及稳定的认识论和方法论来实现计算创造性。虽然目前似乎不能毫无争议地说一个系统是创造性的,甚至是智能的,但根据基于正式计算模型和布登理论的标准对其进行分类是可能的。我们现在给出描述人工智能系统创造性的两种方法:第一个是将布登理论形式化的尝试,以过程为中心;第二个是评估,以产品为中心。

布登认为创造性有三种形式:组合创造、探索性创造和变革性创造。组合创造是对熟悉的想法进行陌生的组合;相反,其他两个定义是基于概念空间的,即结构化的思维方式(任何对特定文化或同龄人熟悉的有纪律的思维方式):探索性创造涉及对结构化概念空间的探索,而变革性创造涉及以一种以前无法想象的新思维成为可能的方式改变概念空间。这并不是布登提供的唯一有趣的定义。事实上,布登指出,"创造性是产生新的、令人惊讶的和有价值的想法或艺术品的能力",其中有三层含义:第一,"创造性"是违反统计学的;第二,"创造性"使人难以意识到某个特定的想法是它的一部分;第三,"创造性"发生于当这个想法显然是不可能的时候。

布登提出,在谈论计算创造性的时候,有可能区分出四个不同的问题,称之为洛夫莱斯问题,因为很多人会用上面引用的论证来回应这些问题。第一个问题是,计算思想是否可以帮助我们理解人类的创造性是如何产生的;第二个问题是,计算机是否可以做一些至少看起来有创造性的事情;第三个问题是,计算机是否可以认识到创造性;第四个问题是,计算机本身是否真的可以有创造性。

(二)梅克恩等人的创造性计算模型(2019)

通过提供对潜在机制及其特征的洞察力,计算方法有助于揭开人类创造性的神秘面纱。最近提出的创造性认知计算模型侧重于发散或收敛的问题解决,但一些模型开始将这些过程整合到更广泛的认知框架中。

研究者在产生创造性想法的过程中区分了发散思维和聚合思维。发散思维通过探索一个通常定义模糊的问题的多个潜在解决方案来产生创造性的想法,而聚合思维则用来确定一个定义明确的问题的单一最佳解决方案。支持发散和聚合思维所需的认知操作与可能是对立的过程或认知控制模式有关,例如灵活性与持久性或洞察力与分析处理能力。然而,实际表现很可能涉及发散、收敛和其他认知过程和与过程相关的神经网络之间的某种程度的相互作用,这表明创造性是一个复杂和异质的现象。

这样一种更具整体性的创造性认知视角,应该具备哪些基本要素?研究者认为有三个要素是必不可少的。首先,我们讨论的大多数模型都同意对象或概念的分布式表示的重要性,以便于替换或组合。其次,创造性行为的大多数方面所要求的灵活性程度要求表征的情境化。即使是对象或概念的分布式表示也是相对静态的,没有办法根据情境要求或当前目标来权衡可能的功能。正是这种语境化促进了隐喻的创造和概念之间过度学习的联系的打破。最后,模型需要更多地考虑个体差异。大多数模型当然允许考虑这种差异,但将它们作为模型开发的明确目标,将极大地增加我们对现实生活中可以观察到的创造性的巨大个体差异背后的机制的洞察力。重要的是要区分个人之间的特征差异(由于遗传倾向和/或过度学习造成的),这些差异很难或不可能通过干预来消除,以及即使是同一个人在不同的情况或不同的目标下也可以表现出状态差异,这一点很重要。

(三)维金斯的创造性神经认知结构(2020)

维金斯认为探索性创造是在一个领域的所有可能概念的空间中寻找概念(例如在音乐领域,它将是所有可能的声音序列的集合)。

维金斯提出的另一组规则是"有价值的"元素集,这些元素不管是"正确的"还是"根据风格"的,都能成功地解决问题或实现所寻求的目标。例如,一些音乐虽然违反了风格规则,但出于某种原因成为一个很好的选择。这个集合很难定义,因为它通常依赖于动态的方面(例如,审美变化、特定目标、特定情境、个人情绪等)。

最后,维金斯提出的第三组规则定义了探索概念空间时应所遵循的策略。这代表了创造主体在可能元素空间中的选择,无论是有意识的还是无意识的。例如,有些人喜欢"自上而下",即先定义整个结构,然后再将想法具体化,而另一些人则喜欢"自下而上"。其他人则依赖于特别的方法,甚至是随机性。但是,不能保证找到的所有元素都是可接受的。换句话说,策略的应用可能会产生不可接受的结果。就创造性而言,这一方面是极其重要的,因为它为重新思考整个系统打开了一扇门。

根据维金斯的说法,正是在可接受、价值和策略这三个集合的相互作用下,从探索性创造的角度来分析对概念宇宙的探索。其中的每一套规则都可以随着时间的推移而变化,就像科学和艺术通过改变它们的规则、目标或方法而进化一样。正是这种持续不断的变化驱使维金斯得出结论,探索性创造的过程本身也是探索性的。只有在至少三个集合中的一个发生变化时,变革性创造才能发生,如果我们跳上一个层次,考虑在可能的规则集合空间(例如,风格规则集合空间、"价值判断"空间、策略空间)中进行探索,那么也可以做出同样的分析。当然,问题出现了:什么时候停止这种递归?甚至,这是关于创造性行为的结论吗?这些转变难道不是自下而上或突然出现的(例如,偶然发现、经验观察、感官进化)吗?当然,维金斯的集合更多的是对人工智能内部创造性的分析和讨论,而不是对事物如何在认知上工作的实际陈述,从这个意义上说,它一直是一个有趣的应用基础。

最后且重要的是，我们迫切需要回答以下问题：创造性如何才能为积极的社会变革做出贡献？随着时间的推移，我们关于哪些领域是创造性的认识已经从艺术和科学发展到包括商业、教育、日常生活和许多其他方面。另外，在创意与社会变革之间，创造性如何帮助个人或群体？如何利用创造性促进社会公正和公平？我们如何确保后代能够利用创造性做出明智、仁慈的决定？回答这些问题将要求我们采用更系统、更分散、更参与性的创造性模式，并更一致地反思社会内创造和从事创造性研究的伦理问题。

创造性是如此复杂，任何试图解释一切的理论都难以做到"以偏概全"。希望创造性理论家仔细考虑他们试图解决的潜在问题。一个好的理论能讲述一个与现有实证研究相一致的故事，并提出可以检验的有趣问题。一个好的理论将使这一经常自相矛盾的学术问题更容易理解，而不是进一步搅乱局面。希望能够在未来发展出新的此类理论。

拓展阅读

生成对抗网络在创造性中的作用

当一个小孩画一只猫的时候，你会更加了解这个孩子，而不是了解他画出来的猫。同理，使用神经网络生成图像，能帮助我们理解神经网络是如何对输入的信息进行处理的。神经网络常被当作一个图像分类器，能够用它来区分图像中是猫还是狗，或者识别消防标志等。

目前的生成AI研究浪潮，建立在生成对抗网络（GAN）的基础上，GAN是一种由Ian Goodfellow和他的同事在2014年提出的一种神经网络结构，由两个神经网络组成：一个学习产生某种数据（如图像）的生成器，一个学习判断生成器产生的数据与现实世界数据相比，是真还是假的判别器。生成器和判别器具有相反的训练目标：判别器的目标为区分"真实"数据和"假"数据，而生成器的目标是使输出内容越来越逼真，以欺骗判别器。是不是感觉非常有意思？

这个简单的生成对抗网络，确实会像人类一样进行推理。当你看一张猫的照片时，你能明确地识别出，这是一只被伪造的猫吗？你通过快速观察找出各种特征：猫的耳朵、猫的胡须、猫的毛发样式等，总的来说，通过这些特征，你最终得到这是一只猫的结论，神经网络亦是如此。

显而易见，GAN在不久的将来会被用作生成各种内容，甚至可能在每个用户访问网站的过程中，为其定制图片或者视频。当GAN作为一种创造性力量出现时，人们必须去领悟它的推理世界。

复习巩固

1. 创造性的双重模型是怎样的？

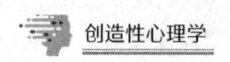

研究性学习专题

> 通过理论的学习,如何在实际操作中提高创造性?
>
> 本章节介绍了创造性的结构、过程、人格、类比、认知神经、计算相关理论,请选择一种理论,谈谈如何通过该理论,来提升自己的创造性。

本章要点小结

1. 创造性是开拓人类认识新领域、产生人类认识新成果的思维活动。创造性是多种能力的复合,人们构建起了创造性系统观,使得创造性研究向"多维取向"和"聚合模型"发展。创造性的结构理论主要包括:吉尔福特的三维结构理论、阿玛拜尔的创造性成分理论、斯滕伯格的三维模型理论、卢巴特的投资理论和亚伯拉罕的创造性的分类理论。创造性过程的运行十分复杂,研究者们对创造性思维过程的论述也有所不同,主要包括华莱士的四阶段理论、克里斯的初级和次级过程理论、坎贝尔的创造性变异选择模型、梅德尼克的创造性联想理论、沃德等人的创造性生成探索模型以及德德鲁等人的创造性双通道模型。

2. 对事物的兴趣促发了人们的创造性行为,多种人格特质促发人们产生创造性。一个人对新情况或新问题的反应,很大程度上反映了其个性。创造性的动机理论、艾森克创造性理论、费斯的创造性人格模型、伊夫切维奇和霍夫曼的情绪和创造性的综合模型以及贾克的创造性的生物—心理—行为模型均阐述了哪些人格特质更能促进创造性的产生。因此,性格差异为解释创造性差异提供了答案。而张庆林的原型启发理论、古斯特等的创造性类比和沃尔的距离依赖表征激活模式假说则从创造性产生的特殊方式来解读创造性。

3. 随着认知神经科学的发展,创造性心理学家开始从认知神经科学角度来探究在创造性的发生过程中,大脑是如何加工的。比如克莱因明茨提出的创造性的双重模型和贝蒂等的创造性认知网络神经模型。由于人们对机器学习和创造性领域的兴趣与日俱增,出现了计算创造性领域。主要包括:布登的层次分类理论、梅克恩等人的创造性计算模型和维金斯的创造性神经认知结构。

关键术语表

盲目变异和选择性保留	Blind Variation and Selective Retention
过度包容性思维	Overinclusion thinking
负启动	Negative priming
发散思维	Divergent thinking
默认模式网络	Default Model Network
生成对抗网络	Generative Adversarial networks

本章复习题

一、选择题

1.创造性生成探索模型属于下列哪种创造性理论(　　)。

A.创造性人格特质理论

B.创造性结构理论

C.创造性过程理论

D.创造性认知神经理论

2.下列说法正确的是(　　)。

A.吉尔福特提出了智力的三维结构理论

B.斯滕伯格提出了创造性的分类理论

C.双重通道理论是认知灵活性和认知复杂性作用的结果

D.艾森克认为高创造性的人具有坚持性

3.下列哪一个理论是创造性的认知神经理论(　　)。

A.费斯的创造性人格模型

B.里奇的基于产品的计算创造性理论

C.布登的层次分类理论

D.克莱因明茨的创造性的双重模型

4.创造性的四阶段理论不包括以下哪个阶段(　　)。

A.准备期　　　　B.酝酿期　　　　C.发展期　　　　D.验证期

5.下列说法正确的是(　　)。

A.斯滕伯格的创造性理论包括智力维、方式维和人格维

B.克里斯的创造性理论认为初级过程是精细加工的

C.低创造性个体的联想层级相对平缓

D.高创造性个体在垂直登记上做出相对较快但为数不多的反应

二、简答题

1.简述一下罗杰斯对创造性产生的看法。

2.简述一下吉尔福特的智力三维理论的内容。

3.简述一下张庆林的原型启发理论。

第三章

创造性测量技术

创造性测量是根据创造性研究的要求，按照特定的方法对个体创造活动的过程或产品加以量化测定的过程。与其他心理品质的测量相比，创造性测量具有复杂性、不确定性和个别性的特点。创造性的测量是研究创造性的基本前提，对创造性进行客观和科学的测量，能使研究者在理论建构时产生更为正确、深刻的认识，从而更好地把握创造性潜能开发的规律。

现今，创造性测量已应用于多个方面，如人才选拔、教育质量测评等。从个体发展的角度来看，创造性测量可以有效地预测个体的才能，进行有针对性的培养，充分发挥个体的潜能；从社会发展的角度来看，可以有效地筛选具有创造性的人才，避免人才浪费，有助于提高创造性人才培养的效率。

本章的主要内容是：

1. 创造性测量概述。
2. 创造性的测量工具。
3. 创造性测量的评价和展望。

第一节 创造性测量概述

众所周知,个体的创造性有高有低,因此对个体进行创造性测量是可行的,也是必要的。本节首先介绍创造性测量方法的基本类型以及功能,然后简述如何正确进行创造性测量。

一、创造性测量方法

研究创造性的心理学家认为,创造性是一种有别于智力的能力,因此两种测验在题目内容上存在差异。智力测量内容多为封闭式题目,而创造性测量多为开放式题目。接下来从创造性的不同层面对创造性测量的工具进行说明。

(一)个体创造性的测量

创造者是产生创造性活动的主体,在创造性活动中占据主导和支配地位;同时由于个体创造性是一个多维度、多层面的结构,可以从不同的角度进行描述和测量,因而,其测量的方式也是多种多样的。目前常用的创造性测量方式可以分为两类:投射性与非投射性测量。投射性测量主要研究作品的独创性,而较少涉及灵活性与流畅性;非投射测量对三个方面都进行了研究。

投射测量主要以两种方式进行:一是提供一些不完整的句子或故事,让被试自由补充,使之完整,如要求被试尽可能多地列举出一件不可能发生的事件如果发生了会导致什么后果;二是提供一些简单的线条框架,让被试在此基础上画出完整的图画,如基于提供的蛋形图将设想的图画或物体画出来,之后根据设想形成一个有趣的故事并给自己的画作拟一个标题。在心理学中,投射测量(如罗夏墨迹测量)多用于测量人格,在用于创造性测量时,不仅可以反映受测者的人格特点,还能反映受测者是否具有非同常人的独创性,从而判断其创造性的高低。

非投射测量对创造性思维的测量,可分为言语性测量与操作性测量,这两类测量具有一定的互补性。非投射测量主要受到吉尔福特(Guilford,1950)的智力结构理论中"创造性思维是个体创造力的核心"的观点的影响,其中发散思维是指由意识引导,解决界定清晰问题的创造性思维过程,其中执行功能起关键作用。

不论创造性测量要求受测者做出口头的、书面的还是操作的反应,都应对其结果进行分门别类记分。所谓分门别类是指创造性的三个表现:灵活性、流畅性和独创性。灵活性,即所列有关观念的类别的数量,或者解决同一问题所列出的不同方法的数目。流畅性,指受测者在单位时间内所列出的有关观念的数量。独创性测量没有标准可依,通常根据同类受试者所提出观念的百分比进行记分。

(二)团体创造性的测量

在现代社会里,拥有高水平的创造性团体,是企业、科研机构乃至国家快速发展、保持竞争力的根本。因此,推动团体创造性的相关研究,探寻团体创造性的开发策略显得尤为重要。团体创造性是指团体为实现一定目的而产生新颖的、有用的产品和观念的能力或特性。团体创造性研究最早可追溯至奥斯本在20世纪40年代关于头脑风暴技术的探索和推广。之后阿玛拜尔的研究工作推动了团体创造性领域的兴起,她于1983年出版了《创造性社会心理学》一书,系统探讨了社会与环境等因素对创造性的影响。2000年,美国国家科学基金会和得克萨斯阿灵顿大学共同举办了一场团体创造性研讨会,首部关于团体创造性研究的专题论文集《团体创造性》于会后正式出版(Paulus,Nijstad,2003),该论文集从多角度多层面探讨了不同团体创造过程以及环境因素与团体创造性之间的关系。

对于团体创造性的测量,研究者大多采用心理测验任务(如自陈量表)、问题解决任务和发散思维任务。一方面,由于团体创造性研究起步较晚,同时受到阿玛拜尔认为小群体(如团队)的创造性与个体创造性完全同构的影响,个体创造性的测量工具被简单改造后直接用于测量团体创造性,而其主要的修订和改造则往往体现在题目的数量、主语和遣词造句上,如周和乔治的雇员创造性量表(2001)。另一方面,团体创造性越来越被认为是一个有别于个体创造性的独立构念,一些研究者也开始尝试开发独立的团体创造性量表,即通过累积团体成员对团体创造性的评价得出团体整体创造性水平,或者由外部评估者对创造性产品进行评判,如辛和周的团体创造性量表(2007)等。

但是目前关于团体创造性的测量还存在诸多问题,例如,直接使用简单改造后的个体创造性测量工具;团体创造性量表未经严格的程序开发;混淆过程视角和产出视角下的测量工具。而其根本原因在于对团体创造性的内涵界定不清晰、测量工具与概念内涵不匹配。未来研究者还需尽可能根据新颖性和有用性来开发更一般化的团体创造性测量工具。

(三)社会创造性的测量

社会经验影响着人们的创造性水平,而与其他领域的创造性相比,社会创造性与社会交往经验的关系极为密切。随着互联网的普及,网络交往在人们生活中日益普遍,并且由于互联网的信息交流方式具有模糊性,人们会运用已有的认知结构努力解释信息,反而可能提高人们的创造性。那么如何对社会创造性进行测量呢?

首先,社会创造性作为一个特殊的创造性研究领域,它是指在日常的社会交往和社会活动中表现出来的创造性,是个体以新颖、独特、适当而有效的方式提出和解决社会性问题的特质。其次,存在特质性和状态性两种类型的社会创造性,前者是指人们在社会问题情境中展现的稳定的创造性倾向和特质,具有跨时间、跨情境的稳定性。后者则是指人们在有限时间内和特定任务中展现出的社会创造性,有赖于具体的个体特征和情境因素。

具体而言,特质社会创造性属于创造性的人格范畴。关于创造性个体的研究包括创造性个体的先天特征、认知风格和人格特质等。如《大学生社会创造性倾向量表》,该量表共包括社交创新性、行为适应性、自我认知性、问题情境性、洞察性、亲社会性6个维度27道题目。但是具备特质社会创造性的个体,在日常生活中却不一定表现出高的状态创造性,这是由于受到其他因素如环境、情绪等状态的制约。因此状态社会创造性的测量,应该结合创造性过程和产品展开。从创造性过程的角度,主要关注个体在从事创造过程中的发展和变化,包括准备、酝酿、明确和实施四个过程。产品则是个体所有创造性活动的最终产物,比较容易量化,可直接体现被试的创造性水平。如在艺术创造性的研究中多采用此方法。创造性产品分析法主要有三种:专家评价法、父母教师评价法和同感评估技术。对状态社会创造性的分析方法主要采用专家评价法。除此之外，还有针对创造性产品和过程进行评价的青少年社会创造性故事情境问题、小学生社会创造性倾向问卷等。

总之，相对于一般的创造性任务，社会创造性任务具有更大的复杂性，并且由于对社会创造性的测量受到文化因素的较大影响，因此，为降低界定社会创造性过程中具体的认知阶段的难度，采用时间过程（Time-course）分析可能会是一个有效的方式。

（四）区域创造性的测量

区域创造性是指区域空间用户的人类活动、创造性行为或创新思想。根据区域创造性的影响因素，区域创造性包括以下内容：创意阶层的发展、区域认同水平、创意产业的发展、有效的地方营销、基于文化的创意、人才、包容水平、创新能力、创造水平、公共行政质量以及区域发展战略的实施。区域创新能力从投入产出视角、知识转化过程视角、创新网络要素视角等可划分为若干不同能力组成部分。目前国内最权威的《中国区域创新能力报告》将区域创新能力分为创新环境、知识创造、知识获取、企业创新能力、创新的经济效益等指标。

区域创造性不仅与经济增长密切相关，还在很大程度上取决于各国和各地区不同的文化和经济制度。工业管理和技术的新趋势为企业提供了从全球环境变化中受益的创造性机会。越来越多的公司通过与供应商、客户、知识机构以及创意部门共同创造新产品和服务，正在形成强大的竞争地位。这些发展的结合产生了商业模式发展的新范式。这一新范式认为创造性是未来可持续生产和消费模式发展的核心。

对区域创造性的测量一般采用主导因素法、系统分析法和学习过程法等方法，从影响创新能力因素、知识的流动效率和社会的广泛参与的角度对地区的创新能力进行评估。对于自主创新能力的评价的研究方法通常是先选择指标，再量化各个指标并确定权重，然后建立模型，引入数据计算得出结果。每个步骤都有不同的方法可以选择，通常包括多指标综合评价的主成分分析方法、多层次综合评判的模糊数学方法、灰色聚类分析方法、集对分析法等。

拓展阅读

国际学生评估项目

国际学生评估项目（PISA），是经济合作与发展组织（OECD）进行的15岁学生阅读、数学、科学能力评价研究项目。通过认知测量工具（试卷）测量样本学生运用知识和技能解决现实问题的能力，同时通过问卷调查的方式收集学生、教师和学校等背景信息，从学生、教师、学校等层面来分析影响学生测试成绩的因素，进而形成对整个教育体系的评价报告。PISA测评于2000年首次举行，其后每三年进行一次，根据测评年份来命名，每次PISA测评的重点领域都是在阅读素养、数学素养和科学素养这三个核心领域间轮换。PISA测评的"素养"不是指对学校课程所包含的学科相关知识的理解或记忆能力，而是指学生为迎接当今不断变化的现实挑战，运用知识和技能解决问题的能力，以及在日常生活情境下做出良好判断和决策的能力。

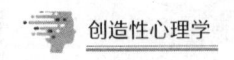

二、创造性测量的功能

创造性测量可以用来评估个体的创造性潜能是否适用于特殊人才和创新人才的选拔。其功能主要表现为：

(1)鉴别功能。创造性测量首先可以有效地鉴别受测者的创造性发展水平，发现他们的特殊才能。在此基础上，教师才能够更好地因材施教，创设良好的发展环境，使每个人的潜能都能得到充分发挥。

(2)选拔功能。创造性测量的选拔功能是在其鉴别功能的基础上实现的。有时候，为适应一些特定的培养计划，需要选拔在某些项目上具有特殊才能的学生，如选拔在围棋、音乐、美术、舞蹈等方面具有特殊才能的个体，需要借助于科学有效的测量手段进行筛选。

(3)培养功能。创造性测量的施测过程是一个激发学生发挥其创造性思维的过程，如"物体非常规用途"替代、"推想不可能事件的结果"等项目都要求个体拓宽思路来回答问题，具有隐形训练学生创造性思维能力的作用。此外，一些创造性测量中的测查项目，可以引入教学活动中，作为培养和训练学生创造性的重要教学内容被推广和普及。

(4)诊断功能。不同形式的测量方法可以为我们提供诊断的功能。通过对学生的创造性进行测量和评估，可以使教师对学生的特殊才能及其特点有较为详细的认识和了解，从而设计出最适合学生现状的教学任务，来促进学生创造性发展和完善。通过对学生在接受特定教学任务前后的创造性进行测量，从而揭示出创造性教学的潜在作用。

三、如何正确进行创造性测量

(一)创造性测量应该遵循的原则

对创造性进行测量是一项非常严谨的科学工作，必须按照一定的原则来进行，否则可能会造成一些负面的影响。测量者在测量过程中至少应该遵循以下几个原则：

1.科学性原则

科学性(可靠性)是心理测量的基本前提和原则。心理测量中，衡量科学性的基本指标是效度和信度。效度是指测量工具或手段能够准确测出所需测量的事物的程度。信度则是指测量结果的一致性高低。对于创造性测量来说，最重要的是"预测效度"和"评分者信度"。一般而言，制定创造性测量工具的研究者都会在论文或测量手册中报告该测量工具的效度和信度。对于没有报告效度和信度的测量工具，或效度和信度达不到一定标准的测量工具，在使用的时候要谨慎，不能轻易地下结论。

2.统一性原则

这一原则要求所选用的测量工具要同研究者本人对"创造性"的定义(或研究的目的)相统一。一般来说，对创造性的定义往往决定了对测量工具和方法的选择。如果认为创造性表现在发散思维能力上，那么就应该选用以发散思维为核心的创造性测量工具；如果认为创造性不仅是思维能力，还有创造性人格，那么在测量时还应增加创造性人格测量；以此类推。总之，统一性原则要求研究者不可盲目地使用工具，必须弄清楚自己所选用工具的特点和可以解释的范围是否符合自己对创造性所下的定义（或研究的目的），只有这样才能保证自己创造性研究的科学性和目的性。

3. 多样性原则

该原则要求研究者必须从多个方面研究个体的创造性。如具有高创造性的人，其心理素质表现在许多方面，而不是仅仅局限于某一方面。这就要求研究者使用多种手段来进行鉴别。如果仅仅使用一两个创造性测量工具，那么结果不一定会十分准确。因此，如果研究者要对个体的创造性进行鉴别的话，就必须遵循多样性原则来做出全面判断，而不能以偏概全。

4. 适宜性原则

该原则要求所采用的工具必须适合研究者的研究范围。首先是被试年龄的适宜性，不同的创造性测量要求受测者以不同的方式做出反应，如对于年龄较低的儿童来说，由于其书面语言发展上的制约，不适合纸笔反应的创造性测量，而对于小学高年级以上的人来说，纸笔测验是经常采用的测量方式。其次是学科的适宜性，在进行测量时，研究者必须明确各种创造性测量的测量目的，如数学创造性测量只能用于数学范围，用于测量个体在语文方面的创造性就显然不合适。

（二）测量过程中应该注意的事项

测量的准确性和科学性的关键在于正确地认识和使用所选择的测量工具。对创造性的测量不是单一的动作而是一个过程，只有做到正确对待这个过程的每一个环节、每个步骤，本着科学、客观的态度去施测，才能使测量结果科学有效。

1. 正确对待创造性测量

一般情况下，创造性测量包括两种含义：一是指创造性测量时所用的工具；二是指创造性测量的活动或过程。首先，就创造性测量的工具而言，任何创造性测量都有自己的理论基础做背景，要掌握这种工具，研究者必须先了解其理论背景，只有具备了这些背景性的知识，才有可能正确地使用所选择的创造性测量。其次，就作为过程的测量而言，测量是研究创造性的一种极其重要的方法，但是任何方法都有自己的优势和弊端，利用测量来评价创造性同样也有其内在的局限性。因此研究者决不能无差别无原则地使用创造性测量，必须正视它的优劣两方面，科学地使用工具。

2. 选择恰当的工具

工具的选择对于测量的效果至关重要。首先，如果研究者是借用已有的创造性测量进行测量，就必须对所备选的工具的科学有效性和理论构想都十分了解，并且应在同类工具中选择最有影响力的、最有效的工具。同时，应注意工具的修订问题。由于东、西方文化上的差异，在借用国外的量表时应充分考虑该量表中的各个项目的内容是否适合中国人的心理。其次，如果研究者自编创造性测量工具，就应遵循科学的编制程序：确定测量目的、制定编题计划、编辑题目、题目的测试与分析、合成测量、将测量标准化、对测量鉴定、编写测量说明书等。

3. 选择恰当的主测者

创造性本身的复杂性，要求测量的选择、施测、记分和解释都必须由经过专门训练的专业人员

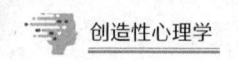

来进行。尤其是在个别施测的情况下,应由专业水平较高的主测者进行施测。同时由于存在个体差异,不同的主测者对于同一个体的创造性评价结果很可能不尽相同,有时差距甚至很大。因此,只有尽量选择有相同专业背景的主测者,才能最大限度地减小误差,以达到较高信度的评价结果。

4. 客观地解释结果

创造性的研究者不可过分迷信测量分数。无论是为了筛选还是鉴定个体的创造性,分数都不是绝对可靠的依据。大量研究表明各种创造性测量的预测性都不太令人满意。除测量技术本身的误差外,就个体的创造性而言,创造性也是可以培养的。即使在测量时没有表现出高创造性的个体,也不能被认定其终生就没有创造性成就;也存在某个方面没有表现出创造性,但其他方面的创造潜能可能很大的个体。所以,研究者在解释测量分数时,应客观地就其所能说明的方面、程度加以分析,绝不可夸大其词。这是决定测量质量的最后一个环节,也是关键的一步。

复习巩固

1. 创造性测量的功能有哪些?
2. 个体创造性测量的类型有哪些?

第二节　创造性的测量工具

当今关于创造性的测量工具很多,总体来看,主要包括创造性思维、创造性人格、创造性行为与成就、创造性产品、创造性环境和创造性情绪等几个方面的工具。接下来将从以下几个方面介绍目前影响较大、使用较广,同时也比较成熟的创造性测量工具。

一、创造性思维的测量

(一)南加利福尼亚大学测验

1967年,吉尔福特与其南加利福尼亚大学的同事在大规模的能力倾向研究工作的基础上提出了三维智力模型,并将发散思维作为一种重要的思维操作明确地提出。其根据智力三维结构理论,通过因素分析的方法,逐步编制出一套著名的创造性测量工具,被称为南加利福尼亚大学测验(University of Southern California Test,USCT)。吉尔福特认为,发散思维在行为上主要表现为流畅性、灵活性、新颖性(独创性)这三个特性,创造性高的个体,其心智活动必然流利畅达,能在较短时间内表达出较多的观念,思维灵活多变,可举一反三,较少受思维定势的影响,能够从多个角度观察问题,想到一些非同寻常的用途。吉尔福特根据这些维度来衡量创造性,其主要目的是利用纸笔测验的方式来测量发散思维。该测量项目有14个分测量。其中,前10个为用言语分测量,后4个为图形分测量。

南加利福尼亚大学测验一般适用于中学水平以上的个体。分半信度范围为0.50–0.90,评分者经过适当训练,其一致性信度可达到0.90。一般采用集体施测的形式,有着严格的时间限制。该测量主要从流畅性、灵活性和独创性三方面分别记分。现又发展出一套适合四年级以上水平的儿童创造性的测量,包括5个言语分测量和5个图形分测量。虽然两套测验的使用对象不同,但是都根据被试反应的数量、速度和新颖性维度记分。而常模资料的局限性使得创造性测验的信度并不能达到预期的效果,且在对个别分数的解释上尤为显著。

拓展阅读

南加利福尼亚大学测验的具体内容

(1)词语流畅:要求被试迅速写出包含有某一特定字母的单词或包含特定部首的汉字,如含部首"足"的汉字,如踢、跳、踹……

(2)观念流畅:要求被试迅速写出属于某种特殊类别的事物,如"半圆结构的物体"。答案可能有:拱形桥、降落伞、泳帽……

(3)联想流畅:要求被试列举某一词的近义词,例如"承担"。答案可能为:担负、承受、承当……

(4)表达流畅:要求被试写出具有4个词的一句话,这4个词的词头都指定某一个字母。如"k-u-y-i",答案可能有:keep up your interest; kill useless yellow insects……如果以中文作例子,可看作是有限定条件的造句。

(5)非常用途:要求被试列举出某种物体通常用途之外的非常用途,例如"砖头"。答案可能有:当作板凳、磨镰刀、写字……

(6)解释比喻:要求被试填充意义相似的几个句子,如"这个妇女的美貌已是秋天,她……"答案可能有:已经度过了最动人的时光、还没有来得及充分享受生活就步入了徐娘半老的岁月……

(7)功能测量:要求被试尽可能列举出某一件东西的用途,如"空罐头瓶"。答案可能有:作花瓶、切圆饼、养蚯蚓……

(8)故事命名:要求被试写出一个短故事情节的所有合适的标题。例如:"冬天到了,一个百货商店的新售货员忙着销售手套,但他忘记了手套应该配对出售,结果商店最后剩下100只左手手套。"答案可能有:新售货员、100只左手手套、左撇子的福音……

(9)推断结果:要求被试列举某种假设事件的所有不同的结果。例如:"如果每周再多一天休息,那么会产生什么结果?"答案可能有:旅游的人更多、胖子更多……

(10)职业象征:要求被试根据某一个称呼列举出它代表或象征的所有可能的工作。如"灯泡",答案可能有:电气工程师、灯泡制造工、电工……

(11)组成对象:仅仅用一组给定的图形(如三角形等),画出所指定的东西。可以重复使用给定的图形,也可以改变其大小,但不允许添加其他图形或线条。

(12)略图:把一个简单的图形复杂化,组成尽可能多的可辨认的物体的略图。如在一页纸上有很多圆形图案,被试尽可能在每个圆上绘出可辨认的不同物体草图。

(13)火柴问题:移动指定数量的火柴,保留一定数目的正方形或三角形。

(14)装饰:以尽可能多地设计修饰一般物体的轮廓图。

(二)托兰斯创造性思维测验

在吉尔福特的工作的基础上,美国明尼苏达大学教育心理系前主任托兰斯(Torrance,1968)在一项通过课堂教学培养和促进儿童创造性的长期研究中发展出新的创造性测量的工具——托兰斯创造性思维测验(Torrance Tests of Creative Thinking,TTCT)。其是目前应用最广泛的创造性评估工具之一。该测量分为3套,共有12个分测量,每套都有两个副本,以满足在实际研究中对创造性进行初测和复测的需要。

这三套测量的记分是分别进行的,且有严格的时间限制。言语测量主要从流畅性、灵活性和独创性三个方面记分;图画测量除了以上三项外,还要加上严密性(精确性)记分;声音和象声词的测量只记独创性。托兰斯采用5点记分的方式,计算题目得分时需将该题的权重和频率(5点量表上对应的数字)相乘,之后得出一个总的创造性指数。

该测量的理论背景仍然来自吉尔福特,因此,它对创造性的操作性定义同吉尔福特极为类似,但也有其独有的特点。首先,从测量内容上,该测量是通过呈现一系列复杂任务来体现个体的流畅性、灵活性和独创性的。其次,从适用的范围来看,它适用于从幼儿到成人的任一年龄段的个体,不过当被试为四年级以下儿童时,必须采用个别口头施测的方式。最后,从测量的形式上来看,为消除被试的紧张情绪,这些测量以游戏的形式组织起来,使得测量过程显得轻松愉快。TTCT的评分者信度为0.80–0.90之间,其副本及分半信度在0.70–0.90之间,但没有可靠的效度证据,对个体分数所做的解释并不十分具有参考价值。同时与成就测验的相关度很低,但它为了解创造性、训练创造性提供了方法和思路,多用于研究工作。

📖 拓展阅读

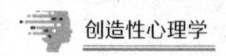

托兰斯创造性思维测验

托兰斯创造性思维测验的第一套是测量关于言语方面的创造性,由5个主题、7个分测量构成。前三个分测量是根据一张图画(画中有一个小精灵正在溪水里看自己的影子)推演而来的。具体的内容包括:测验1–3给被试提供一幅图画,要求被试尽可能多地写出针对该图想要提出的问题、图画所描绘的行为或者事件的可能原因以及该行为可能导致的后果;测验4要求被试改进一个玩具,并尽可能多地提出改进意见;测验5要求被试尽可能多地说出一个日常物体的非常规用途;测验6要求被试尽可能多地针对该物体提出不寻常的问题;测验7要求被试尽可能多地列举出一件不可能发生事件如果发生会导致什么后果。完成每个测验的时限是10分钟。

第二套是测量关于图形方面的创造性,包括3项分测量,都是要求被试完成所呈现的未完成的或抽象的图案,使其具有一定的意义或富有想象内容。3项分测量分别是:①图画构造,呈现一个蛋形图案,要求被试设想一幅图画或者一个物体,然后将设想的图画或者物体画出来,同时要求被试根据自己的设想形成一个有趣的故事并给自己的画作拟一个标题;②未完成图形,向被试提供10个由简单线条勾勒出的抽象图形,要求被试在这些图形的基础上分别画出自己设想的图形并给出一个新颖独特的标题;③圆圈或平行线测量,共包括30个圆圈(或30对平行线),要求被试根据它们,尽可能多地画出互不相同的图画。每个测验同样

> 限时10分钟。
> 　　第三套是测量关于听觉形象方面的创造性,包括两个分测量。全部指导语和刺激都用录音的形式呈现。这两个分测量是:①声音与想象,采用4个被试熟悉和不熟悉的声音系列,各呈现3次,让被试分别写出所联想到的事物。②象声词与想象,用10个模仿自然声音的象声词各呈现3次,也让被试分别写出所联想到的事物。

(三)芝加哥大学创造性测验

美国芝加哥大学的格茨和杰克逊于20世纪60年代初期编制了创造性测验对儿童的创造性,特别是青少年的创造性进行了大量深入的研究,并于60年代初编制了"芝加哥大学创造性测验"(Chicago University Test of creativity)。和前两个测验一样,该测验也是通过反应的数量、新颖性和类别,对思维的流畅性、独创性和灵活性记分,有5个小测验,包括:

①词语联想,要求被试对"螺丝""口袋"一类的普通词汇尽可能多地下定义,根据定义的数目和类别记分。②用途测量,要求被试对五个普通物品(例如,砖头)说出尽可能多的用途,根据用途的数目和独创性记分。③掩蔽图形,向被试呈现18张画有简单几何图形的图片,要求其从复杂图形中找出它们。④完成寓言,呈现四段没有结尾的短寓言,要求被试给每个寓言都续上三种不同的结尾——"道德的""幽默的""悲伤的"。根据结尾的数目、恰当性和独创性记分。⑤组成问题。向被试呈现四篇复杂的短文,内容都是关于买房子、建游泳池等的数学问题。要求被试根据所提供的信息,尽可能多地提出数学问题,根据问题的数目、恰当性和独创性记分。

该测量一般适用于小学高年级到高中阶段的青少年,可以集体施测,并有严格的时间限制。该测量总分从反应数量、新奇性和多样性三方面(分别对应吉尔福特提出的流畅性、独创性和灵活性)进行计算。该测量的缺点同南加利福尼亚大学测验类似,在此不再赘述。

(四)威廉姆斯创造性测验

威廉姆斯创造性测验(Williams Creativity Assessment Packet,CAP)是测量青少年创造性的又一个常用的有效工具,由美国心理学家威廉姆斯编制,其中文版已由我国台湾学者林幸台、王木荣于20世纪80年代中期进行修订。威廉姆斯创造性测量是一套测量组合,包括三个分量表:发散思维测验、发散情感测验和威廉姆斯评价表。其中前两个测验是专为儿童及青少年设计的团体测验。

发散思维测验包括12道题,都是未完成的图形,要求受试者在规定时间内完成,其目的是测量个体左半脑的言语能力和右半脑的非言语能力。发散思维测验的用时为小学三、四、五年级25分钟,六年级到高中三年级20分钟。发散情感测验,又称威廉姆斯创造倾向测验,共50道,答案为三选一,由受试者自己判断自己的观念倾向。发散情感测验没有时间限制,一般约需要20-30分钟。这种情感测验可得到评价受测者在好奇心、想象力、挑战性和冒险性这四项行为特质的分数和总分。威廉姆斯评价表为观察受测者在创造行为方面八种因素的量表,每种分别列有六项特征,供教师和家长逐条对儿童的创造性进行评估。全量表共52道题。其中前48题为三选一的问句,另4题则为开放式的题目,是供教师或家长对儿童观察后的自我报告。测量结果可代表被观察的儿童在每一创造性因素中所发展的程度以及家长或教师对富有创造性儿童的态度。威廉姆斯评价表没有时间限制。

该测量适用于从小学三年级到高中的所有青少年,采用团体测量方式,对于低年级被试而言,情感测量应逐题解释题意。威廉姆斯评价表可由教师或家长在学校或家庭自行填写。在该测量的中文修订版操作手册中,有关于指导语、记分标准、常模、信度和效度等的详细资料。

除上述测验以外,关于发散思维的测量还有不可能场景想象任务(Utopian Situations Task, UST);由德国慕尼黑大学阿迪等编制而成的青少年科学创造性测验;发散思维洞察任务(Insight Task, IT)、故事产生、隐喻理解等。

(五)梅德尼克的远距离联想测量

梅德尼克认为创造性水平的高低可以从个体联想的层级结构和能力进行测量,并发展出"远距离联想测验"(Remote Associates Test, RAT)。他认为一个人的创造性可以通过训练其对同样刺激产生不同联结得以提高,创造性就是把头脑中的观念按照不寻常的、新颖独特而且有用的方式加以组合,从而形成一种新联结的能力。创造性解决问题可以从三种途径取得成功:偶然得到,即由一相邻的事物偶然产生所需的联系;根据相联结元素间的相似性而得;通过共同的中间元素的协调使相关的元素相接近。

该测验题目是从遥远联系体中抽取出来的一系列三个词组成的项目。被试的任务就是寻找第四个与这三个词都发生联系的词。大多以大学生为对象进行集体施测,也可个别施测,有时间限制,但时限比较宽松。测量结果根据被试联想反应的数目记分。由此可见,梅德尼克的远距离联想测验与吉尔福特的发散思维测验不同。该测验的最大特点是测试被试建立词与词之间新联结的能力,实际上是考察被试的聚合能力,即从不同词的具体特征中找出它们的共同特征。所以这一测验同吉尔福特理论基础上建立起来的测验有很强的互补性。

研究者也常使用RAT来测量创造性思维中的顿悟成分。RAT在经过2003年鲍登和荣格等人的发展后形成了更为适合的复合远距离联想(Compound Remote Associate, CRA)。由于该方法在正式实验中要求被试对是否通过"顿悟"解决问题进行评价,因此可以将被试的问题解决分成顿悟和非顿悟,以观察两种解决方式的大脑激活差异。相比于传统的顿悟材料,(复合)远距离联想的优势在于收集资料比较方便,时间持续较短;记分方法简单;呈现方式比较灵活;使用范围更加广泛,不受知识领域、学历以及年龄的限制等。此外,RAT作为成熟的顿悟测量,不仅应用于创造性及顿悟研究领域,也可用于精神分裂症的临床诊断。

(六)基于原型启发的顿悟问题

张庆林和邱江等学者提出了一个系统的理论模型对顿悟进行深入的阐释——原型启发理论。该理论认为,创造性思维的核心成分是"原型的激活",其中原型指能对目前的创造性思维起到启发作用的认知事件,例如,顿悟问题的解决取决于原型中的关键启发信息的激活。"激活"是指原型及其所包含的关键启发信息与当前问题形成联系,对问题空间的启发式搜索起到定向作用,从而促进创造性问题的顺利解决。以此理论为基础,被广泛采用的创造性思维的测量方式有两种:

（1）科学发明问题任务。为了解决创造性研究所使用材料的生态学效度问题，张庆林及其团队以原型启发理论为指导，从现实生活中选取类似的实际发生的科学发明问题材料，研究科学发明过程中的原型启发效应。该团队共收集整理了一个包含80个新近发生的科学发明问题解决实例的材料库。每个题目均包含了暗含矛盾的问题情境、具有一定错误导向的旧问题和具有启发性信息的原型（杨文静等，2016；Yang et al.,2022）。创造性科学发明问题任务注重如何跳出情境和旧问题所引发的错误问题空间，进而寻找正确问题方向的能力，弥补了以往实验材料在生态效度上的不足，能够在一定程度上预测现实生活中创造性成就的高低，具有一定的有效性。此外，从事不同创新性工作的个体（研发类员工和操作类员工）在科学发明问题提出分数上差异显著，进一步在企业环境中验证了实验材料的有效性。

（2）字谜任务。这是指邱江、吴真真等人（2009）在原型启发理论的指导下使用中国传统的字谜作为实验材料，采用学习—测试的两阶段实验范式催化顿悟发生的过程并对其进行测量的方法。被试通过学习原型字谜，可以获取解决靶字谜的启发信息，较快猜到字谜的答案，获取顿悟。如有口难言（原型字谜）→有眼难见（靶字谜）。通过对这一原型字谜的学习，被试可以获取解决靶字谜的启发信息，很快猜到"有眼难见"的答案为"亡"。该测量方法的优点是在一定程度上模拟了现实情境，有较高的生态学效度，并可以满足fMRI或ERP研究技术的需要；其局限性是为了满足脑机制研究所必需的短时间内"催生"顿悟，研究者不得不有意识地向被试提供原型，但在现实中原型事件需要被试自己去寻找和发现，而这一过程比较困难。

二、创造性人格的测量

（一）创造性人格测量工具

人们在设计用来评定同创造性行为有关的人格的工具时，一般都是通过研究高创造性个体的共同人格特点来进行的。关于创造性人格的研究中使用较多的研究工具主要有：卡特尔16种人格因素问卷（16PF）、艾森克人格问卷（EPQ）、明尼苏达多相人格问卷（MMPI）、高夫的创造性人格问卷（CPS）、Hah的创造性人格量表（包括好奇心、自我效能感、想象力、坚持不懈、幽默）、大五人格问卷（开放性）、威廉斯创造性人格问卷等。其中最为常用的人格评定量表为卡特尔（1962）的16种人格因素问卷。他通过相关分析和因素分析得到16种个性特征因素，包括乐群性、聪慧性、稳定性、恃强性、兴奋性、有恒性、敢为性、敏感性、怀疑性、幻想性、世故性、忧虑性、求新性、独立性、自律性、紧张性。

该问卷的英文版有A、B两套等值的测题，每套各有187个项目，分配在16种因素里面。每个因素所包含的项目数不等，少则13个，多则26个。每个项目有A、B、C三个选项（如：A.是的；B.不一定；C.不是的），受测者根据自己的情况选择一个最合适的选项。中文版现有刘永和1970年的修订版以及李绍衣1981年的修订版。测验按照16种人格因素给分，将16项因素上的得分全部换算成标准分数，并在剖析图上找出相应的点，便可得到一个受测者的个性轮廓图。因此，通过该测试可以了解受测者的人格特点，并可根据公式计算出被测个体的创造性人格的得分高低。该问卷的

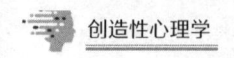

信度、效度都比较高,具有测量结果比较科学可靠,施测比较简便等优点。

(二)创造性态度测量工具

测量个体的创造性态度是非常重要的。正如巴萨杜尔和豪斯多夫在其商业团体内进行的态度研究中所描述的那样,管理者的创新态度与企业的创新成就有关,具有创新态度的管理者能更积极地参与到公司关于观点更新的活动中去。

虽然创造性态度的相关研究还不多见,但为了测量态度干预的效果和鉴别有创新和适应倾向的个体,研究者们对创造性态度的测量做出了更多努力。例如,巴萨德及其同事从五个方面设计了一系列量表来测量商业领域内个体的创造性态度,如观念偏好、评价新思想、创造性个体定型、忙于产生新思想。遗憾的是,心理学中的创造性态度研究还比较有限,有待在思想上的更加重视和工具上的进一步研究和开发。

三、创造性行为与成就的测量

行为观察测量法是一种对被评价者的行为过程进行较长期的多方面观察,然后收集相关的信息对照评价标准做出的定性的描述性工作的测量方法。这种评价方法获取的信息比一般的纸笔测量和标准测量量表获得的信息更丰富更全面,容易被管理者和教育工作者所掌握,适用的范围最广,可在不影响正常的工作或教育教学的情况下随时用来观察下属或学生的行为。因创造性的行为观察测量法重在记述和分析被评价者的外显操作行为,从而容易忽视对被评价者的内隐性心智操作历程做深刻的评价。下面介绍几种较为常用的创造性行为与成就的测量的工具:

(一)创造性行为测量

创造性行为测量(Creativity Behavior Inventory,CBI)是通过对个体创造性行为的观察来对其创造性进行测量的一种工具,广泛用于测量日常活动中的创造性行为。CBI包括28个项目,涵盖了艺术、手工艺和创意写作等领域,要求人们报告在他们的"青少年和成年生活"中,做各种创造性的行为的程度,比如写一个短篇故事、设计和制作一套服装、为一首歌写歌词等。测验的评分标准是,每道测试题目要求被试在4个等级上对他们日常所进行的创造性的行为进行评估。分数越高,表明个体在日常生活中所进行的创造性活动越多,其创造性能力越强。

(二)创造性成就测量

卡森在2005年编制了创造性成就测量(Creative Achievement Questionnaire,CAQ),用以测量个体到目前为止在视觉艺术、音乐、舞蹈、创造性写作、设计、幽默、话剧和影视、科学探索、发明创造和厨艺这10个创造性领域里所获得的成就。CAQ分为三个部分,包括98个项目。第一部分列举了13个创造性的方面,要求被试选出自我认为比普通人做得好的方面。第二部分列举了科学和艺术创造性的10个领域以及每个领域成就的等级。被试被要求选出每个领域自己所获得的成就,每个领域包含8个等级条目,从0(我在这个领域没有受到过任何创造性的训练)到7(我在这个领域获得过国家级奖章)记分。在一些特别条目上,被试会被要求写出获得此成就的次数。第三部分要求被试自己列举出,除上述以外自己还获得过的创造性成就。个体创造性成就的总分主要由第二部分构成,第一部分和第三部分主要供研究者参考。CAQ得分通常呈现正偏态分布,也就是说只有极少部分人有高的创造性成就,此外,通过与同类测量的对比研究发现CAQ比其他测量的信效度更好。

(三)创造性活动和成就测验

为了评估被试的日常创造性活动和实际创造性成就,贾克等编制了创造性活动和成就清单(Inventory of Creative Activities and Achievements, ICAA),这个测验评估了八个领域的创造性活动和成就,包括文学、音乐、艺术和工艺、创造性烹饪、体育、视觉艺术、表演艺术、科学与工程。

ICAA的活动量表是按照现有的日常创造性量表的风格构建的。要求被试报告他们在过去10年内进行某些活动的频率(从不、1-2次、3-5次、6-10次和10次以上)。ICAA中每个领域包括六项相关活动,领域分数是特定领域活动分数的综合,而总分可以通过进一步跨领域求和来计算。ICAA的成就量表在概念上与卡森等人编制的CAQ相似。与CAQ一样,IACC中也囊括了所有水平的创造性活动,但与CAQ不同的是,重复取得某些成就(例如,出售自己的作品两次或三次)不会被重复记分,并且可确保活动和成就得分指向相同的创造性成就领域。

四、创造性产品的测量

创造性产品是个体所有创造性活动的最后产物,它最直接地体现了创造性的高低。因此也有一些学者认为创造性研究应该从分析个体的创造性产品出发,分析创造性产品还有可能解决发散思维测验和行为测验中长期存在的一些问题。但是,因为客观上并没有一种绝对不容置疑的创造性评判标准,所以这种方法也存在衡量评判标准的客观性问题。创造性产品测量的方法主要有以下几种:

(一)专家的评判

当依赖专家来评判个体创造性产品的创造性特征时,专家的评判标准是影响评判结果准确性的最重要的因素。若评判标准不一致,就很难说明被试创造性的高低。例如在要求艺术家和艺术评论家根据技法、新颖性和审美价值来评判艺术系学生的绘画作品时,就出现了信度和效度的问题。况且,能有效判断自身作品的专家并不一定具有测量、评判他人创造性产品的能力。

(二)教师的评判

由于多方面的原因,长期以来教师评判在教育界得到了广泛使用。各种教师评判工具都需要教育者来评判学生创造性产品的具体特征。例如,创造性产品的语义量表就要求测量者来判断产品的新颖性、问题答案的严密性和综合性;学生产品评价表则提供了产品创造性的九种评价标准(如问题聚焦、适宜性、新颖性、动作定向等)。也有研究用新颖性、技术的适宜性和审美倾向这三项指标来分析学生的发明作品的创造性的高低。每种测量工具都给出了信度指标,而效度方面仍有待证实。

(三)公众测量技术

美国哈佛大学的教授阿玛拜尔于1982年提出了为弥补专家测量技术的缺陷而设计的创造性研究的主观评价法(Consensus Assessment Technique,CAT)。CAT依据的是创造性的内隐理论,即人们对创造性内在评价标准的一致性。阿玛拜尔认为通过使用一种无形的创造性定义"不同的观察者对于具有创造性的产品在一定程度上应都同意它具有创造性",可以避免衡量标准问题,环境对创造过程的影响也能很好地检查出来。虽然研究者可以运用CAT技术来有效地测量创造性的个体差异,但在群体间的比较上并未达到完美的程度。由于CAT技术强调了人们对高创造性的产品会有一致的评价,因此这种技术的拥护者相信它比传统的创造性测量技术更有效。CAT的一致性系数为0.70以上,其更多用于研究产品的质量,而非数量,因此在研究质量时,CAT带有一定的主观性和人为性。

总之,分析个体的创造性产品,从方法上说,可以使用评判量表,也可以使用理论上相当复杂的公众评价技术。但人们测量创造性产品的最普遍的方式就是使用外部评判(一般通过专家或教师来评判)。

五、创造性环境的测量

创造活动是在一定的环境中开展的,创造者所处的环境对其创造行为将产生影响,是研究者在分析创造性时不能忽视的因素。创造性环境或氛围是指创造主体对所处环境的整体感知的集合,是所有影响创造主体进行创造活动的整体因素中的一部分。系统方法的常见特征就是强调创造性产生的环境。

阿玛拜尔及其同事以管理和组织创造性的数年研究为基础,设计了一种工作环境量表,它能记录工人对激发和阻碍创造性的环境条件给出的不同分数(例如指导性鼓励、自由选择和从事任务、足够的资源、工作负担压力、组织障碍)。而齐欧于2006年开发了一个创造性组织氛围量表(Creative Organizational Climate Inventory,COCI)来评估组织氛围可能促进或抑制员工创造性的程度。他发现影响组织创造性的因素主要包括组织理念、工作风格、资源可用性、团队合作、领导效能、学习与进度、环境氛围这7个类别或因素。此外,我国学者唐光蓉自编了家庭创新环境问卷,共24个项目4个维度,包括家庭情感氛围、父母创造性行为、父母教育理念以及自主准予。研究者们对创造性环境的测量兴趣也带动了环境与创造性关系的一系列研究,例如有研究者在比较人格特质、环境特征和产品测量时,发现具有特殊人格特质的个体在其工作中受到挑战并在一种支持性的环境中得到指导时就会产生创造性产品。

然而同其他领域的创造性测量研究一样,该项工作仍处于起步阶段。随着同环境有关的测量工具质量的提高,可以预见,人们对创造性环境—个人—产品—过程交互作用的理解程度会显著提高。

六、创造性情绪的测量

情绪与创造性之间的关系一直是创造性领域的研究热点,尤其是焦虑情绪与创造性的关系备受瞩目。根据创造性广义上的标准定义——个体产生新颖独特且有实用价值的观点或产品的能力,理查德和亚当开发了测量个体创造性焦虑的量表(Creativity Anxiety Scale,CAS),该量表测量的创造性焦虑不是针对特定内容或特定领域的焦虑,而是针对创造性思维的焦虑。量表中设置了两个维度——创造性焦虑(Creativity Anxiety,CA)和非创造性焦虑(Non-Creativity Anxiety Control,NAC),共16个题项,每个维度各8个题项。NAC与CA的题目一一对应,例如:CA中的"必须跳出常规思维来思考问题"这一题在NAC中为"必须用常规方式去思考"。为了进一步了解个体在具体的领域感受到的焦虑水平对创造性的影响,Darker等人还开发了领域创造性焦虑问卷(Creativity Anxiety Scale Items Across Domains),测量个体在科学、视觉艺术、音乐、戏剧、舞蹈、幽默、创意写作、烹饪、发明、数学这十个领域感受到的创造性焦虑。

除此之外,情绪调节策略与创造性也密切相关。创造性认知重评是近年来提出的一种新的情绪调节策略,是指个体通过对负性生活事件的创造性理解和评价而实现负性情绪调节的一种策略。而与常规性认知重评不同,创造性认知重评与顿悟密切相关,其对负性情绪的调节更有效且更持久。创造性认知重评的一个决定性特征是触发"啊哈!"体验。这里的"啊哈!"体验有两层含义:(1)"啊哈!"体验是一种心理重构,在特定的情况下与一个人最初的想法大不相同;(2)"啊哈!"体验伴随着强烈的情绪释放以及更新后的情绪("啊哈!原来是这样!")。研究表明具有高创造性的重评比普通重评产生更多的"啊哈!"体验。

同创造性的测量相比,创造性情绪的测量仍处于起步阶段,且至今还没有研究系统地评估创造性焦虑是否能对创造性认知活动产生影响(如发散思维、聚合思维等)。

复习巩固

1. 介绍一种创造性思维的测量工具。
2. 创造性产品的测量方法有哪些?

第三节 创造性测量的评价和展望

创造性测量除了应用于科学研究外,还被广泛地应用于同创造性相关的临床、咨询、教育、员工培训、人才选拔等领域。但是,创造性的测量还存在一些不能忽视的缺陷,有待进一步发展完善。

一、创造性测量存在的缺陷

数十年来,随着多种多样的测量技术的出现,也出现了关于测量技术的许多争论。例如,大部分测量创造性思维的研究者都赞同只测量发散思维能力,但也有不少的研究者对发散思维测量提出了尖锐批评,并提出了一些改进措施。而专家评价法、公众评价技术、行为测量等技术虽然使创

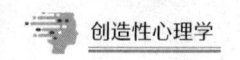

造性测量得以进步,但关于这些测量技术的效果也都存在争议。

(一)设计方面的问题

研究者逐渐认识到创造性是一种十分复杂的、多因素的综合体。所谓创造就是人们在文艺创作、科学发现或科学发明等各种活动中,通过对现有资料的想象、重组来获得突发性的、具有价值的新颖而独特的观点、思想、作品的过程。因此相对单一的测量设计,显然不能有效地衡量一个人的创造性。例如,有的研究者(例如吉尔福特等)甚至把发散思维同个体的创造性等同起来,而与聚合思维、智力对立起来。事实上,在创造性的结构中,同时包含着发散思维和聚合思维两种成分,并同其他因素(如情感、意志、个性等非认知因素)一起共同作用构成完整的创造性活动。然而,目前发散思维测量一般只是对创造性的产品进行测量和分析,缺乏对创造性加工过程、条件和影响因素的分析。

创造性测量所涉及的内容范围,往往局限在一个非常狭小的范围内,而创造性在不同活动中表现可能千差万别。创造性既包含领域特殊成分也包含领域一般成分,这取决于采用的测量手段。一般领域的创造性特质在广泛的知识和训练条件下将演变成在特殊领域的创造性成就。注重于创造性产品的研究倾向于领域特殊性,侧重于创造性人格的研究则倾向于领域一般性。西尔维亚和考夫曼在2009年利用潜在等级模型和CAQ进行研究,发现对经验的开放性是领域一般的特质,而外向性则属于领域特殊的特质,这就意味着必须针对不同的领域来设计不同测量方法和标准。

虽然现在已出现一些关于非认知因素和环境因素的测量工具,但同样未能避免创造性测量的单一性、割裂性的不足。所以创造性测量仅仅是研究创造性的众多方法、手段之一,还无法解决有关创造性研究的一系列问题。我们应对其他研究方法(如实验法、个案法、历史文献法、元分析法等)予以高度重视,运用多种方法从多角度对创造性进行系统、综合的研究,深刻而又准确的研究。

(二)操作方面的问题

创造性测量的信度和效度还远未达到令人满意的程度,也就难免会对研究结果的普遍性与推广性产生一定的影响。而由于这些量表的编制者对创造性的定义不同,建构的理论不同,据此编制的量表也各有侧重,因此,如何编制出一份具有公信力的问卷或测量工具,对以后的研究有重大的影响。总的来说,主要存在以下几点问题:

1.信度问题

创造性测量不仅费时费力,而且其信度一般要比智力测量低,原因就在于创造性测量的题目大多没有固定答案,而评分标准又不完善,不够客观。评分的最大困难是如何界定答案的独创性,而独创性较难量化。巴龙指出:"所谓独特至少有两个含义:(1)该答案是罕见的;(2)该答案对于被试是第一次发生。创造性测量使用的是第一个定义。"对于这样的做法,仁者见仁,智者见智。例如在故事命名和新颖用途测验中,有些编制者对所有独特的反应都一视同仁地予以接受,但多数编制者则坚持答案必须同时是合用的、切题的,反对把明显荒谬的反应包括在创造性行为之内。而在某些情况下,对什么是"合用"和"切题",也缺乏完全客观的标准,这就难以保证分数的稳定性。

2.效度问题

一个测量是否有效要靠实践来检验。但目前国内外流行的创造性测量大多缺乏足够的效度。例如,发散思维测量评价的流畅、灵活、独特地回答问题的能力,与实际生活中发明创造和解决问题的能力是否高相关,还未得到完全证实。被试在发散思维测量上的表现,既可能是其创造性才能的外在体现,也可能只是反映了个体的幻想能力,而同实际的创造才能没有多少直接关系。

尽管人们对发散思维测量进行了尖锐批评,但也有些学者对发散思维测量的效度进行了检验,结果发现发散思维测量的预测效度对天赋高和成绩好的学生是最高的,但只有限制在具体领域内的成绩时才具有高预测效度。现有创造性测量缺乏预测效度的可能原因相当多。可能心理测量法夸大了自己的测量结果的解释范围,也可能发散思维测量对训练方式、测量条件、有关指导方式等方面非常敏感,或者纵向研究的持续时间太短(在间隔时间上应不低于7年),忽视了创造性成绩的质量(通常只考虑数量),或者社会经济条件和干扰性生活事件的影响等。

另外,创造性本身是个多维的概念。其还有待人们进一步去认识,因此想只通过一个测量就成功预测出各个方面的创造性是非常困难的。这些测量得到的结果的可概括性如何,能否推广到更大的范围内(也就是其生态效度),还存在一些争论。

综上所述,由于目前的测量都只是从不同侧面对创造性进行了测验,而且不论哪个测量在其结果的记录与分析上,都带有一定的主观因素,因此未来研究者在运用测量工具来测量创造性时,必须从实际需要出发,选择和所测特征相符合的测量工具;对结果分析和判断时,要与个体实际生活、工作、学习中的表现相结合,进行综合考虑。

二、创造性测量的展望

目前学界对创造性的影响因素、发生过程,及背后的认知和神经机制的认识仍有待进一步深入,这制约着对创造性干预和提升的研究探索。从测量法的发展趋势来看,下面的建议可能会帮助研究者更好地思考创造性测量的发展方向,推进对创造性的深刻理解。

首先,需要建立创造性评估的客观标准体系。创造性理论体系有很多分歧,创造性具体定义复杂不明,并且创造性产品的评估标准往往带有主观因素的影响,加上评估解释的分散化和简单化,创造性测验就很难有令人信服的验证结果,因此急需建立创造性评估的客观标准,并有必要对测量法本身做相应的改善,以尽量提高研究的效果。研究者应将测量法的一些批评意见作为未来创造性测量研究的目标来考虑。

其次,需要用新的研究技术对创造性研究的结果进行综合分析,统计技术的新发展,如元分析、结构方程的出现推动了创造性测量法的研究,促进了对创造性更全面、更深刻的分析与评估。不仅如此,未来还应该拓展研究所针对的创造活动领域。例如,艺术领域包括诗歌、雕塑、绘画、音乐以及科学创造性等其他活动的领域。这些具体领域之间具有很多相似性,但也存在差异。而且对科学创造性和其他特殊领域的创造性(像社会创造性)研究不深,虽然最近有研究涉及社会问题解决的脑机制问题,但直接针对社会创造性的脑生理研究仍然罕见。研究者可以将各个领域的创造性进行更精细的划分,深入探索和比较这些子领域的创造活动所激活的脑区的相似性和差异。

最后,需要加强对创造性测验预测效度的纵向研究。目前已有的研究被试多是成年人,缺乏对儿童和青少年的研究。不可否认的是,童年期和青少年期是创造性迅速发展的时期。如果要看到创造性的发展全貌,描述创造性的发展趋势,必须开展纵向的研究,对不同发展时期进行持续的实验观察。对这一问题的研究,有利于探明脑的发育过程与不同领域的创造性的变化之间的关系,探明后天的学习(包括专业训练)与脑对创造性的交互影响。

📖 拓展阅读

创造性倾向测量

下列25个题目是美国普林斯顿人才开发公司的测试题,该公司要求在进行测试时,受测者以最忠实而又最迅速的口气回答是或否,不能模棱两可,更不能用猜测性的口气回答。

1. 我的兴趣总比别人发生得慢。
2. 我有相当的审美能力。
3. 有时我对事情过于热心。
4. 我喜欢客观而又有理性的人。
5. "天才"与成功无关。
6. 我喜欢有强烈个性的人。
7. 我很注重别人对我的看法和议论。
8. 我喜欢一个人独自思考。
9. 我从不害怕时间紧促、困难重重。
10. 我很有自信。
11. 我认为既然提出问题就要彻底解决问题。
12. 对我来说作家使用华丽的词句只是为了自我表现。
13. 我尊重现实,不去想那些预言中会发生的事情。
14. 我喜欢埋头苦干的人。
15. 我喜欢收藏家的性格。
16. 我的意见常常令别人厌恶。
17. 无聊之时正是我某个主意产生之时。
18. 我坚决反对无的放矢。
19. 我的工作不带有任何的私欲。
20. 我常常在生活中碰到一些不能单纯以是或否判断的问题。
21. 挫折和不幸并不会使我放弃我热衷的工作。
22. 一旦责任在肩,我必排除困难完成。
23. 我知道保持内心镇静是关键的一步。

24. 幻想常给我提出许多新问题、新计划。
25. 我只是提出新建议而不是说服别人接受我的这种新建议。

说明：普林斯顿人才开发公司认为，答完这25道题，如果答"是"的题目有20题，那么被测试的个体是极富有创造性的人，大约只有0.7%的人能达到这个水平。

复习巩固

1. 创造性测量操作方面的缺陷有哪些？
2. 创造性测量设计方面的缺陷有哪些？

研究性学习专题

选取某一测量创造性的工具，如创造性倾向测量（见第三节拓展阅读），自测一下自己的创造性，分析一下它是否真的测量出了自己的创造性。如果没有，那么该怎样对测量进行修改和完善，你能提出好的建议吗？

本章要点小结

1. 创造性测量是根据创造性研究的要求，按照特定的计量方法对个体创造活动的过程或产品加以数量化测定的过程。创造性测量方法的特点有复杂性、不确定性以及个别性。创造性测量能更有效地预测个体的才能，也更适合特殊人才和创造人才选拔的需要，具体而言主要表现为鉴别功能、选拔功能、培养功能以及诊断功能。

2. 创造性测量应该遵循的原则是科学性原则、统一性原则、多样性原则以及适宜性原则。测量的准确性和科学性的关键在于正确地认识和使用所选择的测量工具。

3. 创造性测量主要包括测量创造性思维、创造性人格、创造产品、创造环境、创造性情绪等几个方面的工具。每个测量工具都有其适用范围及其优势劣势。

4. 创造性测量也存在一定的问题，主要包括设计问题，信度、效度的操作问题。故在使用时要以科学严谨的态度，从实际需要出发，综合考虑。

5. 在走过半个世纪的发展历程后，人们对创造性的测量研究方法的研究仍未停止。用综合指标来评价和预测创造性的方法，目前尚处于理论探索与方法研制阶段，还没有编制出信度和效度俱佳、可供广泛使用的量表。

关键术语表

同感评估技术	Consensus Assessing Technique
南加利福尼亚大学测验	University of Southern California Test

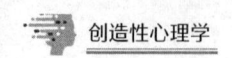

托兰斯创造性思维测验	Torrance Tests of Creative Thinking
威廉姆斯创造性测量	Williams Creativity Assessment Packet
远距离联想测验	Remote Associates Test
创造性行为测量	Creativity Behavior Inventory
创造性成就问卷	Creative Achievement Questionnaire
创造性活动和成就清单	Inventory of Creative Activities and Achievements
创造性焦虑量表	Creativity Anxiety Scale

本章复习题

一、选择题

1.下列哪个不属于创造性测量法的特点(　　)。
　A.复杂性　　　B.个别性　　　C.抽象性　　　D.不确定性

2.(　　)是指测量结果的一致性的高低。
　A.信度　　　　B.效度　　　　C.难度　　　　D.区分度

3.当依赖专家评判时,他们的(　　)是影响评判结果准确性的最重要的因素。
　A.评判标准　　B.知识经验　　C.独立的评价　D.不恰当的反应

4.(　　)是心理测量的基本前提和原则。
　A.多样性原则　B.统一性原则　C.科学性原则　D.适宜性原则

5.托兰斯创造性思维测验是目前应用最广泛的发散思维测验。托兰斯创造性思维测验分为三套测验,不包括下面四个答案中的(　　)。
　A.声音和词的创造思维测验
　B.言语创造思维测验
　C.图画创造思维测验
　D.操作测验

二、简答题

1.如何正确使用创造性测量?请从创造性测量的基本类型、原则、注意事项方面回答。

2.测量创造性思维的工具有哪些?在对儿童进行创造性测量的时候最广泛采用的是哪一种测量工具?

第四章

创造性思维

　　创造性是人类智慧的高级表现，而创造性思维过程则是整个创造性活动的核心。创造性思维被视为创造性潜力的一种，与个人的创造性成就相关。创造性思维能力的强弱，很大程度决定了一个人创造能力的高低。因此，在重视创新型人才培养的今天，探明创造性思维的相关机制和培养方式就显得尤其重要。小时候思考怎样让纸飞机飞得更高，长大后怎样设计一个新型机器人，我们提出一种创造性想法时经历了怎样的思维过程，不同的思维方式又怎样影响着个人的创造性思维，是否有一种方法可以提高个人或者团体的创造性思维。在本章，我们将首先介绍创造性思维的含义、特点、组成结构，其次对基于现代技术发展对于创造性思维的脑机制的研究，创造性思维过程等问题展开讨论，最后对较为成熟的创造性思维培养方式进行论述，希望读者从中找到适合自己的方式，提高自身的创造性思维能力。

　　本章的主要内容是：

　　1. 创造性思维概述。
　　2. 创造性思维的过程。
　　3. 创造性思维能力及培养。

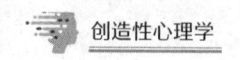

第一节 创造性思维概述

思维活动涉及了一系列认知和智力活动,创造性思维作为创造性的核心,更是在多种基础思维上发展形成的,那么我们应该怎样定义创造性思维?创造性思维具有什么样的特点?创造性思维与其他思维能力有什么样的关系?本节就此问题展开讨论。

一、创造性思维的含义

创造性思维作为创造性的核心,它的概念可从广义和狭义两方面进行探讨。

从广义上看,创造性思维是思维活动的高级过程,是在已有经验的基础上,通过多角度思维产生出新颖、独特、有社会价值产品的思维过程(Runco,Jaeger,2012)。

从狭义上看,凡是对某一主体而言,具有新颖、独特、有个人价值的思维过程,都可视为创造性思维。这里强调的新颖、独特是对于某一具体的主体而言,而不一定是对于全社会。心理学家通常关注的是广义层面的创造性思维,但在大量的研究中,由于实验条件的限制,往往是从狭义层面来研究个体的创造性思维(刘春雷等,2009)。

常规思维与创造性思维可视为一组相对思维方式。常规思维是指运用已获得的知识经验,按照现成的方案解决问题的思维能力(黄希庭,1991)。例如,一个人早上出门,想知道今天是否会下雨,可以直接根据自己的知识经验来获得信息(如查阅天气预报、观察天气情况等等)。与常规思维不同,创造性思维的一大特点是独创性,它将个人的知识经验与自身新颖的想法进行综合,以此来解决问题。创造性思维会出现在日常生活中,但更突出地表现在科学发明、艺术创作以及其他各种创造性活动中。

二、创造性思维的特点

(一)独创性

创造性思维的基本特点是独创性,创造性思维是提出新颖、独特的观点和想法的思维过程,要求人们打破常规、摒弃思维惯性、敢于质疑、向传统和权威发起挑战、提出自己的观点、勇于创新。在创造性思维过程中,仅依据科学规律,从自身独特的思维角度出发,不受到现有方式结果的影响来探索某一领域,以独到的见解分析问题,以新的方式解决问题,善于提出新的假说并努力进行验证。比如对于"砖头的用途"这一问题,回答"修建房屋""建筑材料"的独创性就较低,而回答"颜料""秤砣"的独创性就较高。

(二)灵活性

创造性思维不受传统与权威观念的限制,能从全方位进行思考,从不同方向提出多种想法,当思维遇到阻碍时能灵活变通,从新的角度进行切入,在思考问题的过程中灵活运用正向思维、逆向思维和多种思维方式。比如对于罐头的用途,灵活性低的个体的一般反应是:"盛饭、装水、储存小物件、当作笔筒……",事实上,这些反应仅仅局限于"储存"这一种范围内。灵活性高的个体则可能做出许多不同种类的反应,例如"乐器、装饰、漂流瓶、积木游戏……"。个体想到的答案所包含的种类越多,说明其灵活性越高,反之,则灵活性越低。

(三)综合性

创造性思维能将大量的观察材料、事实和概念综合到一起,进行概括、整理,形成新的科学概念和体系。在解决问题的过程中需要对已有的认知经验进行综合,结合现有材料进行深入分析,把握其个性特点,再从中提出自己的看法。

三、创造性思维的结构

创造性思维作为一种综合性的思维方式,是由多种基本的思维能力构成的,在实际运用时将多种思维方式进行组合,共同促进问题的解决。

(一)发散思维和聚合思维

美国心理学家吉尔福特在他提出的智力三维结构模型中,提出了发散思维(divergent thinking)与聚合思维(convergent thinking)。发散思维又称为辐射思维、扩散思维,这种思维既无指定方向,也无范围限制,是一种具有鲜明个人特色的思维方式。吉尔福特认为,发散思维是创造性思维的核心,从给定的信息中产生新信息,从同一来源中产生各种各样的信息,即由一到多。与发散性思维相对,聚合思维是将各种信息进行汇总,从中选出最优方案的思维形式,即由多到一。

但需要注意,发散思维并不完全等同于创造性思维,它只是创造性思维的一个重要阶段,在创造性活动中,发散思维可以使人开阔思路,向不同的方向进行探索,能打破人们的思维定势,突破原有思维的固化限制,提出新颖的、独特的想法。但是,如果仅使用发散思维,就会使人犹豫不决,不易抓住问题的本质与关键,使想法难以验证,所以还需要聚合思维将产生的多种想法与现实问题相匹配,从中选出适合的方案进行验证。

例如,邓克尔的"治疗肿瘤"问题:一个人的胃里面长了肿瘤,因为多种原因,无法进行手术直接切除,医生决定使用放射线进行治疗,前提是放射线的强度需要达到一定的数量值,才能破坏肿瘤,但是这种数量值的射线强度同时也会破坏肿瘤四周的健康组织,怎么样才能既破坏肿瘤又不损害到健康组织呢?

对于这个问题,首先进行发散思维,提出多种可能:找到一条直接到达肿瘤的通道,将健康组织移开;在射线和健康组织之间建立保护墙;把肿瘤移动到表面来;在通过健康组织时把射线强度降低;等等。然后进行聚合思维,考虑现实可能性,将多种方案进行组合,最终推演出最优的治疗方案;通过透镜射出一束量大而微弱的射线,使其焦点恰好集中在肿瘤之上,既保护了健康组织又达到了对肿瘤的治疗效果。

所以,只有综合运用发散思维与聚合思维,才能有效地促进问题表征方式不断转变并顺利解决问题。

(二)纵向思维和横向思维

创造性思维具有多向性,可以按照思维的不同延伸方向分为纵向思维和横向思维。

纵向思维就是按照一定的逻辑、顺序、规律对事物进行推导分析,一步一步靠近需求的思维方式,我们在生活、学习中经常采用这种思维方式。例如在做一道几何题目时,我们一般按照读题目、增加辅助线、选择合适的公式定理、逐步写出证明步骤的这一过程进行,这就是纵向思维。

横向思维是指突破问题思考的一般方向,从其他领域的知识经验中得到启示而产生新设想的思维方式,这种思维方向更多是随意的、不受约束的,它往往能综合多个领域,扩大思考的广度,因此也在创造性活动中起着重要的作用。

人们在思考问题的过程中,往往会存在一种惯用思维,这来源于一个人的知识储备、习惯化思维方式以及先前解决问题的经验积累,这种思维虽然有利于大部分常规问题的解决,但当需要发挥创造性思维时,人们的惯用思路就会成为一种阻碍。因此在问题解决中,我们也要注重培养自己的横向思维能力,突破自己的惯用思维,探究多种可能性。

纵向思维与横向思维虽然是两种不同的思维方式,但并不是对立的,在创造性的活动中,我们要将两者综合起来进行运用。当用纵向思维解决问题受到阻碍时,我们应该使用横向思维寻找多种可能;当用横向思维寻找到多种可能性时,我们也要用纵向思维进行验证。因此,两种思维都是创造性思维所必需的组成部分。

(三)逆向思维和正向思维

逆向思维是指思维主体有意识地把人们正常的思维顺序进行颠倒,从相反方向进行的思考,由结果进行反推,避免正向思维的机械性和限制性,这种思维方式往往会产生超常的构思,获得创造性的发现。

科学上的一些发明创造也与逆向思维有关。在奥斯特发现了电流的磁效应后,法拉第重复其实验时想到:既然电流能产生磁场,那么磁场也许可以产生电流。他认为电和磁之间存在联系并且能相互转化,经过了十年的科学研究,法拉第于1831年提出了著名的电磁感应定律,并且根据这一定律发明了世界上第一台发电装置。

从中我们也能看到,正向思维与逆向思维存在着互为前提、相互转化的关系。在某种情况下的正向思维很可能成为另一种情况中的逆向思维,逆向思维的运用常常建立在正向思维的基础之上,没有与正向思维产生一定联系,逆向思维也很难寻找到正确的方向。因此在创造性活动中,正向思维和逆向思维也需要综合运用,共同推进问题解决。

(四)潜意识思维和显意识思维

意识是指大脑对认知、情感、抑制等心理过程的察觉、调节或控制。人们所意识到的思维活动仅仅是全部思维活动中的很小一部分,它位于心理表层,也称作显意识,其往往是有逻辑的、有指向的、与个人生理周期相关的;而大部分思维活动则存在于心理深层,主体意识不到,属于潜意识范畴。潜意识包括各种各样的先天本能与后天储存在头脑中的知识经验,与显意识思维相比,潜意识思维是无序的、不间断的、游离的、跳跃的。

在创造性思维的"酝酿阶段",一般都有潜意识思维的参与,因为创造性想法没有现成的表象可以利用,需要我们"无中生有"进行创造,因此在构想成型之前,意识中会有一段空白的时间,由于缺乏具体的加工对象,一般不能被主体所察觉或描述,这就是潜意识思维过程。

因此,显意识思维与潜意识思维多次循环往复,最终达到创造性目的。

(五)逻辑思维与非逻辑思维

逻辑思维是科学分析中一种最普遍、最广泛的思维方式,它基于主体的感性认识,运用概念、判断、推理等方式对事物进行分析概括,只有经过逻辑思维,人们对事物的感性认识才可能转为理性认识。逻辑思维是思维的一种高级形式,是创造性思维必不可少的一个部分。常见的逻辑思维主要有分析与综合、分类与比较、归纳与演绎、抽象与概括。

与逻辑思维相对,非逻辑思维常被认为是用通常的逻辑程序无法说明和解释的那部分思维活动,它的主要表现形式有联想、想象、灵感、直觉等(张敬威,于伟,2018)。联想是指由于受到已知事物的刺激,进而想到表面上与已知事物无关的事物,形成新的观点、新的概念、新的创意。想象是指通过思维,对人在头脑中储存的表象进行加工,将其改造成新形象的心理过程,它可以突破时间和空间束缚,完全由主体进行创造。灵感是瞬间产生的具有创造性的突发思维方式,它来源于长期的学习、积累的知识经验、某种突然的刺激。直觉是不受固定的逻辑规律约束直接指向事物本质的思维形式。

非逻辑思维常常带有很大的随机性,它不受个人意识的支配,触发的因素和出现的时间都无法预知,但其对于创造性思维具有重要意义,创造性活动中最重要的想法往往来源于非逻辑思维。

四、创造性思维的脑机制

创造性思维作为一种复杂的心理现象,涉及多个认知过程。近年来随着认知神经科学飞速发展,兴起的脑电和脑成像技术为探索大脑在处理复杂信息时的活动提供了技术支持。但由于对创造性思维的定义和分类缺乏一个明确的划分,研究人员多从不同的任务类型和实验范式出发,对创造性思维的脑机制进行探索和分析(何李,2020),以下主要介绍发散思维、聚合思维和艺术创作三个方面的研究。

(一)发散思维的脑机制研究

之前我们讲过,吉尔福特认为发散思维是创造性思维的核心,在对创造性神经机制的研究中,许多研究者同样将目光投向发散思维,采用多种实验任务进行测量,例如替代用途任务(Alternative Uses Task,AUT)、物品改进任务(Product Improvement Task)、新颖隐喻任务(Novel Metaphor Task)、托兰斯创造性思维测验(Torrance Tests of Creative Thinking,TTCT)。这里简单对多项研究的结果进行总结。

尽管使用了不同的实验范式,但有一些大脑区域在不同的发散思维任务中都表现出了显著的激活。一项元分析研究显示，额叶、顶叶、颞叶在发散思维任务中都起着重要作用。额叶中的背外侧前额叶（DLPFC）和腹外侧前额叶（VLPFC），都涉及发散思维中的语义处理、概念组织、选择注意、认知灵活性的转换和信息整合过程；外侧前额叶皮层，涉及概念之间的语义距离和联想过程（Abraham et al.，2012）；右侧前扣带回（ACC）与许多认知过程有关，如冲突监测、想法产生和评估、对无关想法的抑制、远距离联想等。顶叶中的顶下小叶（IPL）在发散思维任务中表现出明显的激活，左侧IPL与产生创造性想法时情景记忆的提取有关，后侧IPL是语义加工的一个重要区域，而右后顶区区域则与注意力的分配有关。同时颞叶中的后颞叶皮层也与发散思维有关，这一区域涉及客观概念的存储和检索，有助于语义的激活并将检索到的信息组织成新的想法。

由于创造性思维涉及多个认知过程，因此除了探索单个脑区，从功能连接的角度探索多个脑区在这一过程中的交互作用也是研究者关注的重点。在多项研究中，默认网络（Default Mode Network）、执行控制网络（Executive Control Network）、凸显网络（Salience Network）被认为起着关键作用，这三个区域在发散思维过程中表现出更多的功能连接（Beaty et al.，2015），并且在由这三个网络的核心节点组成的一组区域内，个体创造性得分和整体效率之间存在正相关关系。在一项通过探究被试进行发散思维任务时大脑的功能连接对个体创造性进行预测的研究中，这三个网络的连接模式可以预测个体的创造性思维能力（Beaty et al.，2018）。其中，默认网络通过记忆检索和心理模拟中灵活、自发的组合机制促进思想的生成，凸显网络的功能是识别通过默认网络产生的潜在有用信息，并将这些信息反馈给执行控制系统，执行控制系统则对这些信息进行高阶处理，例如评价、概念化或修改。

综上可以看出，发散思维是一个复杂过程，并不依赖于单一脑区的作用，而是多个功能区域相互作用、相互协调的结果，而对这一过程的探索还远远没有结束。

（二）聚合思维的脑机制研究

创造性思维的产生，除了发散思维还需要聚合思维将各种答案进行汇总，从中选出最优方案解决问题，在对聚合思维的研究中，人们发现这一过程不仅仅是简单的汇总，在找出正确答案之前往往还伴随着主体的顿悟，于是研究者设计了各种类型的任务和范式来探讨顿悟的脑机制，在这里我们通过不同的实验范式介绍远距离联想和顿悟神经机制的研究现状。

最初梅德尼克（1962）认为个体的创造性就是其远距离联想能力的体现，创造过程就是组合相关的元素，使之能够满足当前要求，并且编制了远距离联想测验（Remote Associates Test，RAT）。完成远距离联想任务不仅需要产生新的观念，还需要有很广的概念存储量，既需要记忆的搜索过程也需要与顿悟类似的过程。而后比曼（2003）认为RAT问题解决过程中与顿悟问题存在相同的特质，综合两者编制了复合远距离联想任务（Compound Remote Associated Problem，CRA）。研究显示CRA过程中，在顿悟反应将要出现之前和出现之后左外侧前额叶均表现出明显的激活，这一区域的激活可能与与解题有关的心智努力有关，该区域主要负责问题的主动求解过程，尤其是答案的搜索和提取加工（Anderson et al.，2009）。同时，不管问题是否解决，左侧扣带前回在整个解题过程中都表现出显著的激活，该区域在整个求解过程中具有策略普遍功能，主要负责问题解决的目标导向与监管。在顿悟反应出现的一瞬间，颞上回也表现出了更多的激活，这一区域在远距离语义整合中具有重要作用,它的激活说明了顿悟问题解决过程中新颖和远距离语义联想的形成(Beeman et al.,2004)。

在对顿悟脑机制的研究中,有研究采用"谜语"作为实验材料,例如,问题为"一位专业人士替老人照的相,但是照片看不出是谁"(谜底是X光片),或"你杀死了它,却沾上了自己的血"(谜底是蚊子)。这类谜语材料很难通过常规思维进行思考,需要打破思维定势才能解开谜题。在顿悟问题解决的过程中,右侧扣带前回表现出明显激活,这一区域主要参与新旧想法引起认知冲突的检测和消解(罗劲,2004)。

还有研究对原型启发情况下顿悟过程的脑机制进行探索,在"学习—测试"范式下通过提供启发信息探讨了被试主动获取答案的顿悟过程,发现楔前叶、左侧额下/中回、枕叶下回和小脑等脑区参与了顿悟过程。认为楔前叶与情景记忆的成功提取有关,左侧额下/中回与形成新异联系和打破心理定势(原型中所包含的关键性启发信息的利用)有关,枕叶下回和小脑与对字谜的再审视和注意的重置(评价产出是否符合新颖性的要求)有关(Qiu et al.,2010)。

有关顿悟的研究揭示,创造性问题的解决是一个"突变"过程,而非"渐变"过程,在这一过程中,需要多个脑区紧密地交流和协作,对这一复杂过程神经机制的探究还在继续。

(三)艺术创作的脑机制研究

艺术创作是指个人产生新颖、恰当的美学艺术产品的能力,它包括不同领域的一系列行为,如音乐创作、绘画创作和文学创作。

音乐创作主要包括两种形式:音乐创作和音乐即兴创作。两者都涉及在音乐传统的约束和惯例内创造新颖独特的旋律、和声和节奏。在神经影像学研究中,音乐家通常被要求使用磁共振兼容的仪器实时创作一首新颖的旋律或即兴节奏,研究表明,即兴创作与左侧前额叶皮层、补充运动区、运动前皮层、外侧颞叶皮层和脑岛有关(Villarreal et al.,2017)。

绘画创作,是指依赖于视觉心理意象的新颖的、美感愉悦的视觉形式(如素描、绘画和平面设计)的产生。索尔索(2001)进行的一项案例研究探索了一名职业画家在功能磁共振成像中绘制人脸草图时的大脑活动,这位职业画家的负责面部处理的右后顶叶皮层表现出较低的激活,但在右中额区表现出较高的激活。科瓦塔里(2009)认为,绘画创作与右侧前额叶有较大关联,认为右侧前额叶对左侧和后部区域施加自上而下的控制、抑制干扰刺激,并支持内部注意力需求、视觉想象和想法产生过程中信息的整合。在对非职业画家的研究中,创造性绘画时左额叶皮层的参与增加了。

对文学创作进行研究,霍华德(2005)发现了在故事生成任务中,双侧额内侧回、左额中回和前扣带回皮层表现出激活。霍华德的研究中的被试专业水平的差异,影响了区域的定位和激活,与没有经验的作家相比,专业作家存在更强的脑区激活(Liu et al.,2015),参与记忆检索和情绪处理的区域也有所增加。在诗歌创作的研究中,诗歌生成过程中,默认网络区域和控制网络区域的耦合减少,诗歌评价过程中网络区域之间的耦合增加(Liu, Erkkinen, Healey, Xu, Swett, Chow, Braun, 2015)。这些发现强调了默认网络和控制网络之间的动态互动(Shi et al.,2018)。

虽然不同的艺术形式需要不同的领域特定的技能、知识和工具,但它们都有一些领域通用的创作需求,例如新颖元素的产生、非常规表演和克服定势,我们可以看出在艺术创作中涉及的脑区有一定的重叠,但是针对不同的领域还是存在特定的激活区域。

复习巩固

1. 创造性思维的特点是什么?
2. 什么是发散思维和聚合思维,它们在创造性活动中有什么样的作用?

第二节 创造性思维的过程

从创造性思维的特点和结构来看,其表现形式是多种多样的。那么创造性思维作为一种复杂的、综合性的思维方式,有着怎样的思维过程?只有了解了整个思维过程,我们才能分析相关的影响因素,才能更好地理解和训练创造性思维。本节将探讨创造性思维的一般过程——王国维三重境界论、华莱士四阶段模型、双通道模型、双加工模型和创造性思维中关键点——顿悟。

一、创造性思维的一般过程

创造性思维的结果不是突然出现的,是一个相对较长时间的思维过程的综合结果。对于思维过程的研究,有利于我们了解创造性思维结果是怎样产生的,影响因素有哪些,怎样根据心理学关于创造过程的研究成果来开发人的创造性思维能力。以下介绍几个有代表性的观点。

(一)王国维三重境界论

王国维是清代学者。在他的《人间词话》中,对创作的过程作了如下总结:

古今之成大事业、大学问者,必经过三重之境界:"昨夜西风凋碧树,独上高楼,望尽天涯路。"此第一境也。"衣带渐宽终不悔,为伊消得人憔悴。"此第二境也。"众里寻他千百度,蓦然回首,那人却在,灯火阑珊处。"此第三境也。此等语非大词人不能道。

笔者看来,王国维将创造性思维分为三个阶段:第一阶段为广泛思考、发现问题阶段;第二阶段是不断探索、寻求答案的过程;第三阶段是经过求索后顿悟的阶段(陶伯华,朱亚燕,1987)。这可以看作是对创造性思维过程的最早描述。

(二)华莱士四阶段模型

对创造性思维过程的分析,最具有影响力的理论是华莱士(1926)在他《思维艺术》一书中阐述的四个阶段理论。他将创造性思维过程分为准备阶段(preparation stage)、酝酿阶段(incubation stage)、明朗阶段(illumination stage)、验证阶段(verification stage)。

(1)准备阶段,在这个阶段中,创造主体寻找并明确要解决的问题,然后围绕这一中心,进行资料搜集,广泛涉猎与之有关的材料,并试图将其概括化和系统化,形成自己的思维方式,了解问题的性质,解决问题的关键等,进而开始尝试和寻求初步的解决方法,但在这一阶段往往求而不得,问题解决停滞不前。心理学家在划分阶段时,有时将创造主体相关知识的学习、技能的训练等创造之前的必备条件包括在这一阶段内。

(2)酝酿阶段,在不断尝试但求而不得的过程中,需要解决的问题被暂时搁置起来,此阶段最大的特点是潜意识的参与,主体并没有做什么与问题解决相关的有意识的工作,甚至将精力转入其他事情,表面看问题被暂时搁置而实则主体在潜意识中继续思考。在这一阶段,思维自由发展,灵感交互碰撞,因而这一阶段也常常被叫作探索解决问题的潜伏期、孕育阶段。

(3)明朗阶段,经过上一阶段的酝酿,问题的解决一下子豁然开朗。创造主体突然被特定情境下的某一个特定启发唤醒,创造性的想法突然出现,之前的困扰被一一化解,问题得以顺利解决。这一阶段伴随着明显而强烈的情绪变化,而且是在问题解决那一刹那出现的,是突然的、完整的、强烈的,给创造主体以极大的快感。这一阶段常被称为灵感期、顿悟期。

(4)验证阶段,这一阶段是对整个创造过程进行反思,检验解决问题的方法是否正确的时期。在此阶段要将抽象的、停留在思考维度的想法落实到现实层面,创造主体提出的解决方法必须详细、具体并且在现实中进行操作运用。如果问题得以解决,说明提出的创造性想法是正确的,如果出现问题,则需要返回前几个阶段重新进行思考。

许多研究证实了华莱士的观点。例如,帕特里克在实验室条件下研究了创造性思维的过程(汤姆生,1985)。帕特里克所研究的活动是写诗、绘画和解决科学的问题。被试分成两组,一组由受过训练的专业人员组成,另一组则是非专业人员,并注意使两个组在年龄、智力和性别上一致。他给每个被试一种刺激物。给诗人的是一张风景画,给画家的是一首诗。当他们工作时,鼓励他们谈论他们的工作、所遇到的问题和处理问题的倾向。实验者借助录音机记录他们的活动。实验不限定时间,每经过一段时间,就让被试填写有关"工作的方法和问题"的问卷。帕特里克从这些数据中得到了一般性的结论,其中之一是创造性思维所经历的一系列阶段:

准备阶段,在这一阶段中,让被试熟悉情境和材料;

酝酿阶段,问题开始明朗,提出了假设,作品最终的一些片段出现了;

明朗阶段,面对特定的目标,并且开始朝着目标工作;

验证阶段,进行彻底的修订、改动,直到完成。

帕特里克的研究结果支持了华莱士的观点。

(三)双通道模型——灵活性和坚持性

德德鲁等人(2010)提出了创造性的双通道模型,该模型的核心是两条通路,即灵活性通路和坚持性通路,创造性想法或产品是认知灵活性和坚持性二者交互作用的结果。

灵活性通路表示通过多种不同的认知类别,通过在类别、方法和集合之间的灵活切换,以及通过使用远程关联,实现创造性见解、问题解决方案或想法出现的可能性。创造性思维常常和远距离联系、打破思维定势和转换问题表征等联系在一起,人们在创造性思维过程中打破习惯性思维和固定的任务策略,更加灵活地在多种不同的任务方法之间切换。灵活性通路主要负责获取有用的想法或顿悟信息以及认知类别转换,其特点是认知控制相对较少,自动思维激活、扩散以及注意

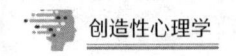

散漫,较少使用工作记忆。

坚持性通路代表了通过努力工作,系统探索,以及对少数类别或观点的深入探索,为实现创造性想法、顿悟和问题解决方案提供了可能性。要获得原创答案需要持续努力。坚持性通路主要负责获得创造性的结果,需要更多的认知控制加工和认知类别探索。

灵活性通路和坚持性通路都会受到情境变量和性格变量的影响,并且两条通道并不是两种绝对相互对立的过程,个体可以自由地在两条通路之间切换和平衡。因此,在创造性问题解决的过程中,个体可以先用灵活性通路来寻找多种不同的问题解决方案,再用坚持性通路仔细思考这些解决方案,以此共同促进创造性的表现。

(四)创造性的双加工模型

认知的双过程模型表明有两种类型的思维:支持假设思维的第一类过程和依赖工作记忆的第二类过程。第一类过程被描述为快速、非意识、自动和联想性质的,与我们的直觉相对应,能够快速地将存储在记忆中的信息与来自当前环境的感官信息结合,而无须费力地思考和干预,但经常被认为会导致偏见。第二类过程被描述为缓慢、受控、努力、有意识和分析性的,使用这些过程的思维被视为能力有限且基于规则,将这些规则明确应用于当前信息,这一过程通常被认为是规范和理性的,有助于产生相应的决策,并且与认知能力相关。

创造性的双加工模型指出创造性思维包含两个不同的认知过程:想法产生和想法评估。前者依赖于自发性的思维过程,基于记忆系统或利用已有知识产生大量的探索性想法;后者需要控制加工对想法的新颖性和适宜性进行评价、修正,过滤掉无意义的答案。这两个过程循环往复,共同支持了创造性产品的产出。

二、顿悟过程

关于创造性思维过程的理论有很多,分析的角度也多有不同,但仔细分析这些理论就能发现,它们都认为顿悟在创造性思维过程中起着关键作用。那么什么是顿悟?关于它有哪些理论阐述?影响顿悟的因素又有哪些?

(一)顿悟的提出

顿悟的概念最早是由格式塔心理学家柯勒提出的。柯勒认为顿悟问题解决的关键过程是以"突变"而不是"渐变"的方式发生,是将整个情境改组成一种新结构的过程,表现为对整个问题情境的顿悟。在格式塔心理学家们看来,顿悟包含着一种特殊的加工过程,不同于常规的、线性信息加工思维(张奇,王霞,2006)。上文提到的华莱士四阶段模型也有类似表述:创造主体进入明朗阶段后,会突然被特定情境下的某个启发信息唤醒,产生新奇的想法和意识,之前的困扰一一化解,问题顺利得到解决。

西蒙(1995)对顿悟所下的定义是:"通过理解和洞察了解情景的能力或行为。"他认为,顿悟具有如下特征:顿悟前常有一段时间的失败,并伴随有挫折感;在顿悟中,突然出现的或者是问题解决方案,或者是解决方案即将出现的意识;顿悟通常与一种新的问题表征方式有关;顿悟前有一段"潜伏期",在这期间不会有意识地注意到该问题(张庆林,2002)。西蒙认为,新的问题表征的形成和"潜伏期"是顿悟产生的重要条件。

(二)顿悟的相关理论

1.表征转换理论

卡普曼和西蒙提出了顿悟的"表征转换理论",用问题表征方式的转变来解释顿悟的认知机制(1987)。问题表征是问题在人头脑中的表达形式,在许多关于顿悟的实验研究中,都涉及了问题表征的转换。例如邓克的功能固着实验、苛勒的黑猩猩实验、梅尔研究的双绳问题、卡托纳研究的火柴棒问题、残缺棋盘问题。下面将举例说明什么是问题表征和问题表征方式的转变。

请思考这样一个问题:

131名运动员参加羽毛球单打比赛,比赛采用淘汰制,即前一轮比赛的胜利者进入下一轮比赛。问总共要比赛多少场才能产生冠军?

对这个问题,很多人在头脑中是这样表达的:比赛采用的是淘汰赛,因此要比赛很多轮,才能决出冠军。第一轮比赛需65场,淘汰65名,剩下的66名进入第二轮;第二轮32场,第三轮16场……然后将各轮比赛场次相加,共需比赛130场。结果是正确的,但是求解过程过于繁杂。

如果换一种表征方式:最后的冠军只有1人,因此要淘汰130人;因为是淘汰赛,每场比赛要淘汰1人;要淘汰130人,就需要比赛130场。

两种问题表征方式,优劣立现。如果在思考问题的过程中,能及时转换思路,对问题进行重新表征,有助于顿悟的产生。

对于问题表征方式的转变,西蒙用"残缺棋盘问题"(以下简称MC问题)作为实验任务进行了深入探讨。MC问题是:有一个64格的棋盘和32个多米诺骨牌,每个骨牌可盖住2格棋盘;如果切除棋盘左上角和右下角各一格,使棋盘只有62格(如图4-1),能否用31个骨牌去覆盖这个残缺棋盘,为什么?

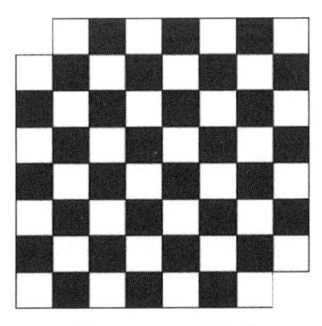

图4-1 MC图形

这是一个很难的问题,很多人经过几个小时的努力也不能解答它。人们通常使用的方法是尝试各种覆盖方法,由于有成千上万种覆盖可能,多次失败后大感挫败。

实验发现:适当的知觉线索可以帮助被试很快地解决这一问题。例如,可提醒被试注意这一事实:当几次尝试失败后,剩下未能被覆盖的两个小格通常具有相同的颜色。此时,被试开始考虑不管是横着放还是竖着放,每个骨牌都只能盖住一个白方块和一个黑方块。也就是说,31个骨牌应该覆盖31个白方块和31个黑方块(对等性)。但是,在残缺棋盘中,白色方块有32块,黑色方块只有30块,因而不存在完全覆盖的可能性。这一问题得到解决的关键在于形成了一个全新的问题表征方式,即从单纯地考虑覆盖的方式转换到同时考虑方格的数量和颜色。

按照西蒙及其同事的观点来看,人在解决问题时,往往根据题目本身所提示的方式(能不能覆盖)来表征问题,并进行探索(Simon,Hayes,1976)。如果长时间找不到能使问题得到解决的方法,就应该寻找新的问题表征方式。而潜在的可能的新表征方式是很多的,这就需要仔细寻找一个恰当的表征(2011)。就MC问题而言,被试一开始在"覆盖"问题表征形式下进行探索,一旦被试发现"总是不成功"时,就可能放弃这一表征,寻找新的表征(张庆林,肖崇好,1996)。如果被试发现"黑白对等性"表征,就会产生顿悟。表征方式的转换就是顿悟的心理机制。

这里的关键问题是如何才能防止在错误的问题表征形式下花太多的时间。西蒙及其同事认为,人在解决问题时,适时地提醒自己不要囿于一种思路,不要被定势所束缚,是促进表征转变的重要思维策略。

2.原型启发理论

顿悟过程要求"打破已有的思维定势",创造和发现新的思路,针对这一过程,我国学者提出了顿悟的原型启发理论(张庆林,2004)。现实中的顿悟发生往往都离不开原型的启发,从鲁班由带锯齿的茅草得到启发发明了锯子,到瓦特由沸腾的开水壶得到启发改良了蒸汽机,都说明了原型启发在创造性思维中的重要性(张庆林,朱海雪,邱江,罗俊龙,2011;Yang et al.,2022)。这一理论更符合现实生活中的创造性思维过程。以下是对原型启发理论的基本介绍和围绕这一理论所做出的部分实验探索。

(1)原型启发理论的基本观点。

顿悟的"原型启发"理论认为,顿悟过程是原型启发的过程。在解决问题的思考过程中,如果创造主体能够激活储存在大脑中的原型事件与其包含的关键性启发信息,那么顿悟就能够发生。

这里的"原型",不是指客观的外界事物,而是指头脑中对于某一事物的主观认知和表征,它来源于创造主体的日常生活、知识经验。由于原型中包含的信息很多,并不是所有信息都对主体的顿悟有启发作用,因此只有原型事件中所包含的对于解决当前问题具有启发的信息才是"关键性启发信息"。"激活"则指将当前问题与大脑中的原型事件所包含的关键性启发信息联系起来,帮助其发生顿悟并达到问题解决的目的。

因此,原型启发包含两段认知加工机制,第一步是头脑中的原型激活,即想到对眼前问题有启发的某个已知事物(原型);第二步是头脑中的关键启发信息的激活,即想到原型中所隐含的某个关键信息(如原理、规则、方法等)对问题解决的启发作用(田燕,2011)。

(2)原型启发理论的实验范式。

邱江等(2005)以九点四划问题为实验材料(见图4-2),先让被试学习五个点线问题,其中三个(A、B、C)是有启发作用的源问题,两个(D、E)是干扰问题,然后让被试进行九点问题的限时解决。

主要考察在解决问题过程中,被试能否有效激活源事件并排除干扰信息,以及被试在源事件中获得启发信息的个体差异。

A 问题　　　　　B 问题　　　　　C 问题　　　　　D 问题　　　　　E 问题

图 4-2　九点四画问题

实验以 49 名大学新生为被试,采用两阶段的实验范式。第一阶段为学习阶段,设置了内隐学习和外显学习两个实验组,内隐学习组的指导语为:现在请你用规定数目的直线把下面的所有点连接起来,一旦落笔笔尖不能离开纸面也不能重复画线;外显学习组的指导语在内隐学习组的基础上加上:请你认真完成这些任务,尽可能找到每一个问题的正确答案,并注意每个问题的解法,特别是一些不同寻常之处,他们会有助于你解决接下来的一个类似问题。每一个问题允许被试学习 5 分钟,如果 4 分钟内不能解决某一个问题,则主试将会给被试呈现正确画法。第二阶段为问题解决阶段,让被试解决标准的九点问题,在实验过程中,被试只要找到正确画法,就立即进行口语报告。

该实验结果表明,对问题的学习,提高了被试解决九点问题的正确率,内隐学习与外显学习两个实验组的被试正确解决九点问题的百分比都显著高于控制组。被试能否激活相关的源问题以及是否能从中获取关键性的启发信息是个体成功解决问题的关键因素。

曹贵康等(2006)设计了三个实验来研究四等分问题解决中,原型事件及其关键性启发信息的激活机制是自动加工还是控制加工。

该研究选取了用于顿悟研究的"四等分问题",具体表述为:下图是一个正方形去掉其中一角后剩下的部分,请将该图分成四个大小和形状都相同的图形。解决该问题的基本思路是先将该图等分为三个正方形,然后将每个正方形分为四个小的正方形,再将每三个小正方形按形状组合在一起。

在实验一中,根据四等分问题解决的几个环节,编制了 4 个相应的原型题目,分别为:三等分题、四等分题、十二等分题和"L"图形组合题,每一道题目中都包含了解决四等分问题所需要的关键性启发信息。然后将被试分为三组,其中一组为控制组,直接解答四等分问题;一组为原型组,先解答四个原型题目,再解答四等分问题;最后一组为提示组,先解答四个原型题目,再解答四等分问题,并在解决四等分问题的过程中得到如何思考的提示。

接着又通过实验二和实验三,考察了四等分问题解决中原型事件和关键性启发信息的激活机制。实验二研究了原型学习量的增加,是否会促进原型事件和关键性启发信息的激活。实验三研究了提示信息对原型事件和关键性启发信息激活的影响。

实验结果显示,激活原型的被试正确解决四等分问题的比例显著高于未激活原型的被试,再次证明了顿悟问题的原型启发理论。但激活原型事件的被试并不是一定能够成功,只有激活了关

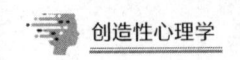

键性启发信息的被试才能成功,因此关键性启发信息是顿悟的重要条件。原型题目学习量的增加并不能有效促进关键性信息的激活,在实验中使用提示语也没有促进关键信息的激活,因此可以认为原型的激活是自动加工的结果。

(三)影响顿悟的因素

从以上分析可以看出,顿悟的产生受到许多因素的影响。在这些因素中,思维定势、判断障碍、问题情境的干扰对顿悟的产生有很大的影响。

1.思维定势

思维定势是指人们在日常生活中由于知识经验的积累,对一些事物或者问题有熟悉的认知和解决方式,形成了固化的思维方式。

例如一个非常简单的问题:一斤棉花和一斤铁,哪一个比较重?

如果要求人们快速进行回答,那么有相当一部分人会脱口而出:铁比较重。因为在人们的认知之中,钢铁是坚硬沉重的,棉花是蓬松轻盈的,尽管题目中已经说明了两者的重量,由于思维定势,人们还是会下意识地认为铁的重量大于棉花的重量。

从这个例子可以看出,思维定势形成后,会对人们的思考过程产生影响,如果人们按照既定方向思考问题,结果往往不尽如人意。

2.判断障碍

解决问题其实就是由已知判断推出新判断的过程,但已知判断有时会出现错误或在正确中掺杂错误,结果阻碍新判断产生,这就是思维障碍中的判断障碍。

例如有这样一个问题:一个人手中有一叠50元和10元的人民币,其中50元的张数是10元张数的7倍多5张,10元人民币的总值比50元的总值多2290元,这个人有50元和10元的人民币各多少张?

这是一个有矛盾的问题!仔细审查题目就会发现,10元人民币的总值不可能多于50元人民币的总值。但是题目的信息会使被试产生判断障碍,形成对问题的错误表征。

产生这种障碍的原因可能是过分依赖已知条件,而对问题叙述错误、定义错误不敏感,找不出问题的症结,使问题得不到正确解决。

判断障碍可能还来源于人们认为凡事只有一个正确答案、做事要循规蹈矩、别人把一切都创造好了、现在一切都很好了等等方面的想法,这些想法导致他们怕犯错,对事物的模糊性不能容忍,对矛盾对立的现象不能接受,持有非此即彼的思想,因而不能保持思维开阔灵活,只停留在问题表面。

3.问题情境的干扰

问题情境是指在探求问题解决时主体所处的内外环境,这个环境可以由客观外界物体构成,也可以由主体对问题的主观理解构成。当创设的问题情境有利于问题解决时,它会帮助并引导主体,激发其创造性,促使问题解决。当问题情境对问题解决造成干扰时,它可能会使人拘泥于表象,片面化地看待问题,不利于主体创造性地解决问题。

问题情境对问题解决的影响,大体上可归纳为下述几个方面(叶奕乾,2010)。

(1)问题情境中物体和事件的空间排列不同,能促进或妨碍问题的解决。

一般来说,解决问题所需要的物体都在创造主体的视野之内,并且主体意识到其可用性,有利于问题解决。

德国心理学家邓克曾做过一个"蜡烛问题"实验。在实验中,被试被要求将三支蜡烛放置在与视线平行的门上,并且蜡烛应垂直于地面。给被试提供的材料有:几枚大头钉,几根火柴,三个用纸板做成的盒子以及三支蜡烛。正确的解决方式是将盒子用大头钉固定在门上作为底座,再将蜡烛点燃后放在纸盒上。实验分为三个情境进行:情境一中,盒子是空的,所有材料放置在桌面上呈现给被试;情境二中,大头钉、火柴、蜡烛被分别装在盒子里提供给被试;情境三中,盒子中装着解决问题非必需的材料,例如纽扣。然后统计在三种情境下被试成功解决问题的比例,结果在情境一中,所有的被试都成功解决了问题;情境二中,只有43%的被试解决了问题;情境三中,仅有14%的被试成功解决了问题(坎特威茨,郭秀艳,2001)。

在这个实验中,问题情境中物体的排列方式的不同,影响了主体对物体功能的内部表征,进而影响了问题解决。在情境二和情境三中,被试将盒子理解为"一个容器",并没有考虑其作用,情境一中,盒子被单独考虑为解决问题所需要的一种材料,其作用很快被主体发现并且正确应用。

(2)问题元素的空间集合方式不同,可能会促使或阻碍问题的解决。

一个实验要求学生完成两道几何问题,两道题的题干完全相同,即已知正方形的内切圆半径为2英寸,求解这个正方形的面积,两道题目的差别在于示意图中内切圆半径的位置不同(见图4-3)。将学生分为甲乙两组分别完成题目,结果乙组(对应图4-3的右图)的学生解题正确率和速度都要优于甲组(对应图4-3的左图),出现这一结果的原因是在乙组题目的配图中,被试很容易就能看出内切圆的半径为正方形边长的一半,进而求出正方形的面积。可见问题元素的空间集合方式不同,会影响到问题的解决。

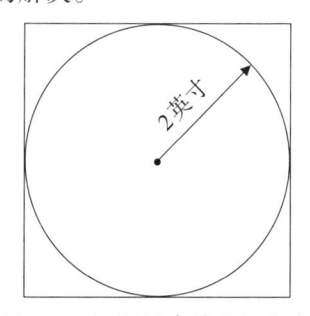

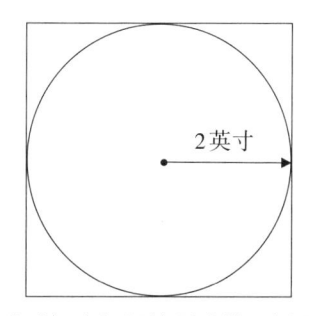

图4-3 问题元素的空间集合方式对解决问题的影响的示例题

(3)问题情境中所包含的物体或事实太少与太多都不利于问题的解决。

太少可能遗漏事实,太多则会对问题解决产生干扰。卡茨研究过多刺激对解决问题产生的干扰作用。他给被试呈现了一些简单的算术题目——加法与减法。有几组被试做的是无名数题目,例如10.50+13.25+6.89等;有几组做一些有熟悉名称的算术题,如10.50美元+13.25美元+6.89美元等;再有几组做一些带有瑞典货币名称的算术题,如10.50克朗+13.25克朗+6.89克朗等。结果表

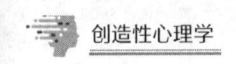

明，货币名称的出现对问题解决产生了影响，增加了计算的困难，出现不熟悉的外币名称困难更大。

实际上，把与问题解决不相干或被试不熟悉的因素加在一项简单或者熟悉的任务之上，由于"心理眩惑"的作用，会影响人们对关键信息的提取和处理，进而对问题解决产生干扰。

复习巩固

1. 华莱士将创造性思维分成了哪几个过程？
2. 影响顿悟的因素有哪些？

第三节　创造性思维能力及其培养

从之前的论述中可以得出，创造性思维能力是一种新颖的、打破传统的思维，能够创造性地提出想法并解决问题的能力。那么如何提高自身的创造性思维能力？有哪些培养创造性思维的方式？

随着人们对创造性这一特质的重视，许多提高创造性的方法和课程被提出，创造性思维是创造性的核心，如何开发这一思维能力也受到广泛的关注。过去的半个世纪，研究人员开发并应用了许多课程和技术方法，其目的都是扩展人们的思维，使其能够产生更多、更实用的想法，以下是被广泛认可和大量使用的几种方法。

一、智力激励法

智力激励法作为目前应用最广泛的方法，有集思广益、相互启发的作用，其宗旨是解放个人思想、将个人灵感与团体智慧相结合，产生更多新颖独特的观点和想法。以下为几种应用较广的智力激励法。

（一）头脑风暴法

头脑风暴法（Brain Storming），由美国心理学家奥斯本提出，是指一组人员通过召开特定主题的会议，针对某个问题进行相互交流、相互激励、相互补充修正，从而产生大量新颖想法的集体讨论的方法。

这一方法的基本方式是：针对需要解决的问题，召开一个小型会议，鼓励参会者积极思考、畅所欲言、自由联想，发挥自身的创造性，并且大家自由讨论，互为补充，将个人创造性与集体智慧相结合，在短时间产生大量有价值的想法。

1. 原则

智力激励法能够区别于传统讨论会议的核心，在于其遵守的原则，这些原则体现了人们对创造性的认识和个体的创造性的保护，智力激励法代表性的原则有以下四条：

自由思考原则。这一原则要求参与者尽可能解放思想,大胆设想,突破思维定势,不被传统观念和权威束缚,甚至可以打破惯用的逻辑规则,以求提出新颖、独特的观点。与会者要积极参与,只有集思广益才能达到头脑风暴法的最佳效果。

禁止评判原则。在自由发言期间,对所提出的想法不发表肯定或否定性的评价,仅对他人想法进行补充完善。创造性想法的提出是一个循序渐进、逐渐发展的过程,有些看似荒谬的想法也许可以启发出有价值的灵感,因此不能在初始阶段随意否定或质疑某一个想法。同时也不应发表肯定性的意见,这样会使其他与会者产生冷落感,也会让大家的注意力转移到这一个想法之上,影响思维的发散性。

以量求质原则。在头脑风暴会议中,提出的想法数量越多越好,要鼓励参与者尽可能多地提出设想。奥斯本认为,理想答案的获得要经过逐渐逼近的过程。尽管初期的想法往往不太成熟,但由此可以启发其他与会者,并在之后的讨论中逐渐完善,实用价值也会变高,以数量谋求质量。在讨论期间,追求数量的活跃气氛也可以促进参与者积极思考、增加参与力度。

结合改善原则。指与会者要从他人想法中获得启迪,与自身想法进行综合,以形成新的设想。"头脑风暴"一词的本义就是让参与者通过相互讨论、相互激发产生思想碰撞的火花,扩大思维的广度。由于每一个人擅长的领域不同,提出问题的角度也不同,因此初期提出的想法往往是不完善的,参会者根据自身的想法进行改善,使其更具有创新性和实用性。

以上四条原则相辅相成,各有侧重。第一条原则突出思想解放,是会议成功的基础;第二条原则营造良好氛围,是发挥创造性的保障;第三条原则提出要求,是获得高质量想法的条件;第四条原则点明做法,是会议所想要达到的最佳结果。只有遵循这四条原则,才能保证头脑风暴法的有效性,才能取得预期的效果。

2. 程序

准备阶段。此阶段在会前进行,主要做如下四项工作:选择理想的主持人;主持人与问题提出者一起详细分析要解决的问题;确定参加会议的人选,人数以5—15人为宜;提前几天将问题通知与会者,以使与会者对问题有充分的酝酿。

热身阶段,这一阶段的目的,一是使与会人员进入角色,把注意力集中到会议上来,二是营造激励气氛。畅所欲言的气氛不是一下子就可以形成的,需要一个升温并逐渐强化的过程。经过热身阶段就可以促使与会者的大脑开动起来并形成有利于激发创造性思维的气氛,以保证在畅谈阶段开始时与会者的大脑能处于极度兴奋活跃的高潮状态。此阶段只需要几分钟即可,具体做法是提出一个与会上所要解决的问题毫无关联的简单问题,促使与会者积极思考并说出自己的想法。

明确阶段,此阶段的目的是通过对问题的分析陈述,使与会者全面了解问题,开阔思路。

畅谈阶段,在此阶段,与会者充分发挥想象力,克服种种心理障碍,借助与其他与会人员之间的知识互补、信息刺激和情绪鼓励,通过联想和想象等思维方式提出大量创造性设想。畅谈阶段是智力激励法中的实质性阶段。

加工整理阶段,会上提出的设想大多都未经过仔细考虑和评价,加工完善后才能有实用价值。此阶段的任务包括对设想的整理、评选和发展等工作。

智力激励法一般来说只适用于解决比较单一、目标明确的问题。如果问题涉及面很广,包含因素太多,或者需要仔细推敲研究,就不适合用这种方法。此外,对会议中所得建议和设想的整理评选,工作量大,费时过多。但这些局限无损其在创造活动中的作用和地位。

生活中的心理学

思维的碰撞

有一年的冬天格外严寒,大雪纷飞,通信线路上积满冰雪,大跨度的通信线路常被积雪压断,严重影响通信。过去,许多人试图解决这一问题,但都未能如愿。后来,电信公司经理应用奥斯本发明的头脑风暴法,尝试解决这一难题。他召开了座谈会,参加会议的是不同专业的技术人员,大家热烈地议论开来。有人提出设计一种专用的通信线路清雪机;有人想到用电热来化解冰雪;也有人建议用振荡技术来清除积雪;还有人提出能否带上几把大扫帚,乘坐直升机去扫通信线路上的积雪。对于这种"坐飞机扫雪"的设想,尽管大家心里觉得滑稽可笑,但在会上也无人提出批评。相反,有一工程师在百思不得其解时,听到用飞机扫雪的想法后,大脑突然受到冲击,一种简单可行且高效率的清雪方法冒了出来。他想,每当大雪过后,出动直升机沿积雪严重的通信线路飞行,依靠高速旋转的螺旋桨即可将通信线路上的积雪迅速扇落。于是他提出"用直升机扇雪"的新设想,解决了这一难题。

(二)默写式智力激励法

默写式智力激励法也称"653"法,是德国心理学家霍利格根据德国民众的性格特点,对智力激励法进行改进而提出的。

具体做法为:6人一组,由主持人先宣布议题,并对参与者提出的疑问进行解答,然后发给每人一张设想卡片,每张卡片标有1、2、3三个号码,号码之间留有较大空间。在第一个5分钟内,每个人针对议题填写3个设想,然后将卡片传给下一位参与者,在第二个5分钟内,每个人可以从他人的设想中得到启发,再写出3个设想传给下一位,如此循环,半小时内可以传递6次,每组可以产生共108个设想。具体实施时,根据不同的条件可以做适当的变通。

这种方式,克服了与会者可能不善言辞、会议气氛无法调动等不利因素,但相比于传统头脑风暴法,无法完全激发思维缺少自由活泼的氛围,并且因为文字表述的限制,人们提出的想法可能会更加保守和谨慎,不利于高新颖性想法的提出。

拓展阅读

智力激励法的其他变式

三菱式智力法(MBS法)延伸自头脑风暴法,头脑风暴法虽然能够产生大量的想法,但是由于它严禁批评,难以对想法进行评价和集中,日本的三菱公司进行改革,创造出了三菱式智力法。会议时,要求参与者预先将和主题有关的想法写在纸上,然后轮流提出自己的想法,接受其他人的提问和批评,接着将所有想法用图解的方式进行归纳,最后进入集体讨论阶段。此种方式更注重实用性,可以讨论出具体实用的方案,但由于其正式的氛围和对于他人质疑的担忧,想法的创造性会有所下降。

CBS法是日本一位创造研究学者在智力激励法的基础上提出来的。具体做法是:召集3—8人参加智力激励会议,会前明确主题,会议时间为60分钟。每人发50张卡片,头10分钟个人单独填卡片;此后30分钟轮流宣读卡片,每次读一张,读毕的卡片放在大家均可看清的桌上,他人可质疑,也可填写由此启发出来的设想。此法的特点是把口头畅谈和书面表述结合起来,且把对设想的评选、改善纳入会议之中。

二、设问法

提出问题能够激发人们的思维,设问法是对要解决的问题进行层层提问,以明确问题的性质、范围、目的等,从而由问题的明确化来缩小需要探索和创造的范围。设问法的特点是以提问的方式寻找创新的途径,并从多角度看待问题。

(一)奥斯本设问法

奥斯本设问法又称检查表技术(Check-list technique)。它从需要解决的问题出发,从不同角度列举出一系列的相关问题,然后逐个进行分析讨论,逐一考虑可以进行创新的方向,从而确定出最好的创新方案。奥斯本设问法是能产生大量设想的一种简单易行的创新激励法,适用于很多需要不断创新的场合中。

奥斯本设问法的9个提问方向是:(1)能否他用:现有事物有无其他用途;保持原样能否扩大用途;稍加改变有无其他用途。(2)能否借用:现有的事物能否借用其他经验;能否模仿其他事物;过去有无类似创造;能否引入其他创新性设想。(3)能否改变:现有事物能否改变。(4)能否增扩:现有事物能否扩大应用范围。(5)能否缩减:现有事物能否缩减某些部分。(6)能否代用:现有事物能否用其他材料;能否用其他原理;能否用其他结构。(7)能否调整:能否调整已知构架,如调整方案、先后次序、因果关系。(8)能否颠倒:正反、黑白、前后、上下这些关系能否颠倒。(9)能否组合:现有事物能否进行组合。

应用此方法需要注意几点:一是要逐条检核,不能遗漏;二是要多次检核,不断创新;三要边检核边思考,尽可能发挥自身的创造力和想象力。

(二)5W1H法

5W1H法是美国陆军首创的提问方法,是一种通过问为什么、做什么、何人、何时、何地以及何法等六个方面的问题,从而形成创造方案的方法。它的运用步骤是:对一种现行的方法或现有的产品,从六个问题的角度检查其合理性,这六个问题是:为什么(why)、做什么(what)、何人(who)、何时(when)、何地(where)、何法(how);将发现的难点疑问列出;讨论分析,寻找改进措施。如果现行的方法或产品经过六个问题的审核已无懈可击,便可认为这一方法或产品可取,如果有哪一个答复不能令人满意,则表示这方面还有改进的余地。如果哪方面的答复有着独到的优点,则可以扩大产品的效用。5W1H法属于抓住主要矛盾进行分析的方法,实用性强,效果显著。当然有些技术问题在进行6个方面的分析后,还要使用具体的技术方法和手段,才能解决。

后来,还有人把5W1H法发展成5W2H,增加了一个how,即把how分成怎么样(how to)和多少(how much)两个提问。

设问法的优点是能克服不愿提问的心理障碍,还有助于克服不能利用多种观点看问题的局限。促使从多种角度、多个方面用多种方式去思考并解决一个问题。设问法提供了技术发明最基本的思路,使发明者正确有效地把握发明创造的目标和方向。实际上,这些提问是对大量创造发明的思路的综合概括,几乎适用于任何类型与场合的创造活动。

设问法的缺点是忽略了对技术对象的客观规律性的认识,所以在使用这种方法解决较复杂的技术发明问题时,仅能提供一个大概的思路,还需要进一步与技术方法结合,才能做出有使用价值的发明。最初使用设问法进行创造发明,可能不如自发创造那么自然,但是坚持用下去,久而久之,当提问题成为习惯,原来封闭式、直线式的思维方式得到改善时,就能走上一条有效且自觉运用创造技法之路。

三、特征列举法

特征列举法由美国心理学家克劳福德提出,他认为创造是对旧事物的改造,只有对旧事物的某些特征进行继承和改造,才能做出创造。此方法的程序是先列出产品的关键特征,然后列出对每一特征可能做出的改变,或设想把一物体的特征加到另一个物体上去,使该物体产生新的用途。

列举法通常分为特征列举法、缺点列举法和希望点列举法。

特征列举法的步骤是:选择明确的创新对象,宜小不宜大;把事物的特性用名词(整体、部分、材料)、形容词(大小、形状、颜色、性质)、动词(功能、机制、作用)一一列举出来;经分析研究后提出改进设想。

缺点列举法是有意识地寻找现有事物的缺点,通过归纳、分析提出改进措施。缺点列举法实质是一种批判性思维方法。

该方式的程序是:明确主题事物;集中列举对象的缺点;对缺点进行分析归类,找出造成缺点的原因;针对主要的缺点采用智力激励法,提出改造方案。

希望点列举法是创造者根据社会需求或从个人愿望出发,通过列举希望来提出批评或进行创造的目标,从而促进创造性活动。

在希望点列举法中,首先要重视发散思维,人们思维自由发散,才能列出尽可能多的希望点;其次要对列举的希望点进行分析与鉴别;最后在确定希望点和相应的新设想后,设计拟定具体的操作方案。

四、形态分析法

形态分析法由美国茨维吉首创,它是根据形态学来分析事物,特点是把研究问题分为一些基本组成部分,然后单独对某一基本组成部分进行处理,分别提供各种解决问题的方法,最后形成解决整个问题的总方案。这时候会有许多个方案,因为是通过不同的组合关系得到的不同方案,其是否具有可行性,必须采用形态学方法进行分析。

具体分为四个步骤:明确所要解决的问题;把问题按照主要功能划分为几个基本组成部分,列出有关的独立因素;详细列出各独立因素所包含的要素;将各要素排列组合,形成许多创造性设想。

最后需要注意的是,创造性思维能力的培养,离不开对相关知识和技能的高质量的掌握,也离不开创造性动机的激发和创造性人格的培养。只有同时从这些方面着手,才能真正促进创造性思维能力的发展。

复习巩固

1. 创造性思维的培养主要有哪几种方式?
2. "头脑风暴法"的原则有哪些?

研究性学习专题

怎样提高创造性思维能力?

本章介绍了许多培养创造性思维能力的方法,请选出其中一种,进行练习和实践。一段时间以后,观察效果,看这种方法是否有助于提升你的创造性思维能力。

本章要点小结

1. 创造性思维广义概念是思维活动的高级过程,是在已有经验的基础上,通过多角度思维产生出新颖、独特、有社会价值产品的思维过程。狭义概念是对某一主体而言,具有新颖、独特、有个人价值的思维过程,都可视为创造性思维。创造性思维的特点是独创性、灵活性和综合性。
2. 创造性思维的一般过程:王国维三重境界论、华莱士四阶段模型、双通道模型、双加工模型。
3. 创造性思维的培养方式有智力激励法、设问法、特征列举法、形态分析法。

关键术语表

发散思维	Divergent thinking
聚合思维	Convergent thinking
默认网络	Default Mode Network
执行控制网络	Executive Control Network

凸显网络　　　　　　　Salience Network
代替用途任务　　　　　Alternative Uses Task
远距离联想测验　　　　Remote Associates Test

本章复习题

一、选择题

1. 下列不属于创造性思维特点的是（　　）。
A. 独创性　　　　B. 重复性　　　　C. 灵活性　　　　D. 综合性

2. 创造性思维过程的华莱士四阶段模型中包括（　　）。
A. 准备阶段　　　B. 酝酿阶段　　　C. 明朗阶段　　　D. 验证阶段

3. 创造性思维是一个复杂过程，包含多种思维方式，以下说法不正确的是（　　）。
A. 创造性思维具有多向性，可以按照思维的不同延伸方向分为横向思维和纵向思维
B. 逻辑思维是科学研究中常用的思维方式，但创造性活动中最重要的想法往往来源于非逻辑思维
C. 不被主体察觉的潜意识有助于个体的创造性思维
D. 发散思维是创造性思维的核心，创造性活动不需要聚合思维

4. 顿悟是创造性思维的一个关键过程，属于影响顿悟的因素是（　　）。
A. 题目表征方式　B. 判断障碍　　　C. 问题情境的干扰　D. 思维定势

5. 头脑风暴法的原则不包括（　　）。
A. 自由思考　　　B. 及时评判　　　C. 以量求质　　　D. 结合改善

二、简答题

1. 请叙述创造性思维的含义和特点。
2. 请叙述华莱士四阶段模型理论。
3. 本章描述了多种创造性思维的培养方式，请描述你最认同的一种方式。

第五章

创造性人格特征

在心理学中,人格是指一个人的稳定的心理特征和行为倾向,它揭示了人的个体差异和行为的一致性。行为的一致性有两种形式:跨环境的和跨时间的一致性。跨环境的行为一致性主要指人的典型行为不会随环境的不同而不同;跨时间的行为一致性主要是指人的典型行为不会随时间变化而不同。本章将从个体差异和行为一致性两方面来探讨创造性人格的特征。

本章的主要内容是:

1. 创造性个体的人格特征。
2. 创造性人格的发展一致性问题。
3. 创造型学生的人格特征及其影响因素。

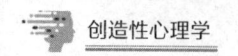

第一节　创造性个体的人格特征

人与人之间在人格上存在的个体差异会直接影响创造性的发展与表现。美国著名心理学家韦克斯勒曾收集了许多诺贝尔奖获得者在青少年时期的智商测试结果,经过统计,发现这些获奖者中的大多数人,并非高智商者,而仅拥有中等及中等偏上水平的智商,因此促使他们取得如此大的创造性成就的原因很大程度上来自非智力因素。根据韦克斯勒的观点,非智力因素主要是指气质和人格因素。下面对众多的创造性人格研究进行总结,阐述在艺术和科学这两个专业领域中创造性个体的人格特征。

一、艺术创造人才的人格特征

弗雷斯特认为在探求艺术创造人才的人格特征之前,有必要说明怎样界定艺术家这一问题。他认为艺术家不仅包括创作视觉作品的艺术家(画家、雕刻家、电影摄影家、摄像师、建筑师),也包括创作文字作品的艺术家(作家、诗人)和表演艺术家(音乐家、歌唱家、演员)。在此基础上,他对创造性领域的26项研究进行了元分析,总结出艺术领域的创造性人才具有以下人格特征。

(一)非社会性方面的人格特征

1. 经验开放、富于想象

对电影摄影师进行研究发现,他们非常愿意接受新鲜事物,具有经验开放性。此外,创造性艺术家(画家、诗人、作家和电影导演)与他们的同龄人相比,更具有审美取向、审美想象力和对美的直觉。这些发现证实:与非艺术家相比,艺术家具有更高的经验开放性,更容易接受幻想、想象等。

2. 易冲动、少理智

这一点与艺术家的难以控制的、不愿服从的气质有紧密联系。他们似乎都很冲动、缺乏理智,并且艺术类学生在自我控制上大都得分非常低。与同龄的没有创造性的人相比,艺术家明显更冲动,更缺乏理智。

3. 高情绪感受性

多项相关研究一致发现,艺术家的创造性和艺术情感病之间有密切联系。各种形式的心理变态(酒精或药品滥用、精神病、焦虑症、身体缺陷、自杀等)在艺术职业中比在其他职业中更常见。极端的情感错乱与艺术领域的创造性联系更紧密。作家比自控力强的人更容易出现情感错乱,并且这种情感错乱有可能会导致极端的情况。此外,艺术家的分裂质(schizotypy)得分也显著高于普通人(通常分裂质得分高的人在创造性测验上表现也更好)。

艺术家的另一个典型特征是情感上容易受伤害,敏感,易表露出狂躁情绪。研究表明艺术家比非艺术家情感更丰富、更敏感,他们的情绪感受性更高,比较为大众所熟知的例子是荷兰后印象派画家凡·高。有一些心理学家怀疑凡·高的大脑构造和激素分泌等因素导致了其人格的与众不同,进而产生出很强的创造性,但是这种创造性非常容易突破社会规范,如果社会对其不宽容,就很容易使其心理不健康进而影响其创作。

4.有内驱力、有抱负

艺术家与非艺术家相比,有更高水平的成就需要。青年舞蹈家比其他青年群体有更高的成就取向和成就驱动力。

(二)社会性方面的人格特征

1.对准则的怀疑性、不遵从性

艺术创造人才存在一些与艺术创造性相关的社会取向的人格特征,其中一个就是具有反叛精神,即不遵从准则。艺术家可能比其他社会成员更易提出问题,更喜欢反叛已有的准则。比如,一个有名的实验将美国建筑工程师分为三组:第一组是41名美国最著名的建筑工程师;第二组是43名与第一组年龄相当的工程师,但他们在工作上是第一组建筑工程师的助手;第三组是41名年龄相当,但在工作上表现很一般的建筑师。研究采用测量、专家观察、写自传等方法,对三组人员的创造性人格进行研究。研究发现大多数有创造性的建筑师的人格是矛盾的、冲动的、不服从的、怀疑准则的、多疑的、独立的、不关心责任和义务的。

2.冷漠

艺术家具有一些与艺术创造性相关的反社会人格特质。作家、创造视觉效果的艺术家以及科幻小说家在"热情"这一因素上的得分都低于一般人。相反,艺术家在侵略性、冷漠、反社会、自我中心和固执等维度上得分都比非艺术家高。

3.内向

艺术家大多都相当内向。实际上,独处对创造性行为的产生是必要的。只有那些愿意长时间独处的人,才能把必要的大量时间花在思考和创造上。然而,一些研究也表明,创造性艺术家有高水平的外向性,但这只局限于表演艺术家,如演员、歌剧家。专业演员与非专业演员相比,更外向、社会性高、不羞怯。

总的来说,创造性艺术家的人格特质是想象力丰富、易接受新思想、神经质、情感性强,但社会性低(甚至是反社会)。

♥ 生活中的心理学

艺术家的创造性案例

萨尔瓦多·达利(1904—1989),20世纪超现实主义大师,有画坛"怪才""20世纪艺术魔法大师"之称。出生于西班牙巴塞罗那的菲圭拉斯,曾就读于马德里美术学院,自小就表现出与众不同的诡异个性。他的作品千奇百怪,充斥着魔幻的色彩,梦呓般的形象。他也是一个褒贬不一、备受争议的人物,但是他的作品在不同领域、不同人群中拥有历久不衰的美誉,却是不争的事实。代表作有《记忆的永恒》《欲望的顺应的诱

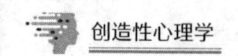

感》《飞舞的蜜蜂所引起的梦》《加拉丽像》《圣安东尼》《哥伦布之梦》等。

天才的萨尔瓦多·达利受到弗洛伊德等精神分析学派思想的启发,开创了名为"偏执狂批判法"的特殊艺术手法,用来作画:在自己身上诱发幻觉,使自己处于精神异常状态中,并且运用自由联想的方式来激发对创作的意念,追求极度的无条理性、运用意识流的手法和分解综合的方法来描绘梦境和偏执狂的幻想。达利因此创作了最负盛名的、被视为超现实主义绘画史上的经典之作《记忆的永恒》。

二、科学创造人才的人格特征

科学家不一定都有很高的创造性,只有很少的科学家真正从事具有很高创造性的工作。研究发现,科学创造人才大都具有以下人格特征。

(一)非社会性方面的人格特征

1.易接受外部信息、思维灵活

研究发现,高创造性的著名科学家都比那些低创造性、不出名的科学家更乐于接受外部信息,思维更灵活。

2.驱动力强、有抱负

研究表明,大多数著名的、有创造性的科学家都比不出名的同龄科学家更有抱负、驱动力和成就取向更强。海姆里奇等研究了196名有成就的心理学家,发现成就和驱动力的不同构成成分与实际成就有着不同的关系。研究采用自我报告的测量法,探索了成就的不同驱动力,包括:控制(喜欢挑战困难的任务)、工作(喜欢难度高的工作)、竞争(喜欢和人竞争,希望比别人好)。前两种可归为"内部动机",最后一种则归为"外部动机"。研究结果表明被试在"工作"变量上的得分与其论文数量存在正相关,并且与其论文被引用次数存在正相关;而在"竞争"变量上的得分与其论文数量存在正相关,但与其论文被引用次数却呈现负相关关系。前两个内部动机因素可以帮助科学家提高成果数量,也能帮其得到同行的正面评价。但如果科学家有超过别人的想法,虽然也能提高成果数量,但会导致同行的正面评价较低。所以可以得出推论:科学家的行为被超越别人的需要所驱动,会给其在专业领域的影响带来负面效应。

(二)社会性方面的人格特征

1.统治能力、有敌意、自信

在高度竞争的科学领域,最有成就的个体是那些具有统治能力、傲慢、有敌意和自信的人。有研究者(Van Zelst,Kerr,1954)收集了514名来自研究所和大学的技术人员以及科学家的自我报告,发现成果数量和自我报告中的"好争论的""独断的""自信的"等维度存在显著相关。巴赫塔尔(1976)测量了146名女科学家,发现她们富有统治欲且自信。

2. 自治、内向、独立

杰出的科学家一般比那些低创造性的同行更冷漠、更内向。相比于缺乏创造性的同行,他们有更高的成就动机,但更缺乏合作性。他们独立、焦虑、敏感、聪明,在智力工作中喜欢投入感情,收获快乐。与那些低创造性的同行相比,高创造性的心理学家、化学家明显更有统治欲、抱负,更加自满。而高创造性的女数学家与低创造性的女数学家相比,明显更多的"非传统的思考过程",更"反叛、不喜欢合作",更少用传统的方式评判自己或别人。

总的来说,创造性科学家一般思想更开放,更灵活,更有冲动,更有抱负。当与别人交往时,他们都趋向于有几分傲慢、自信、敌意。

三、艺术和科学领域创造性人格特征的异同

从前面的分析可以看到,艺术家和科学家的创造性人格特征既有不同之处,又有相同之处。

(一)艺术家和科学家的创造性人格特征的差异之处

与科学家相比,艺术家似乎更焦虑,更情绪化,更冲动。然而,更普遍的是,有艺术创造性的人似乎有强烈的带有情感体验的气质。艺术家和科学家的创造性人格主要的差别是前者更沉浸在感情状态中,从某种程度上来说,艺术创造更多的是一种外部集中精力的过程。艺术家比科学家在内心情感体验上更敏感,更善于表达。但艺术的创造过程并非完全是情感化的,而科学的创造过程也绝非与情感无关。研究表明科学创造在发现阶段常常靠的是直觉和情绪,就如同在艺术创造的精细制作阶段技术性很强一样。然而从气质上来说,艺术家和科学家确实在对自己和别人的情感状态的敏感程度上是有区别的。

艺术创造性人格的第二类特征是低社会性、低责任感。尽管低社会性、低不合作性确实都是创造性艺术家、科学家的特质,但不合作性的形式在这两种职业中却是不同的。对于艺术家来说,低社会性、低尽责性表明他们是喜欢提问、怀疑、对抗社会准则的人,他们会更多在行动上表示不合作,而科学家则很少会公开表现得不合作。科学家一般都比艺术家更理智,更有纪律性。

有研究者对和创造性关系最为密切的两个特质——经验开放性(Openness to Experience)和智力(Intellect)进行了研究,结果也发现了艺术创造人才和科学创造人才的区别所在,即经验开放性预示着艺术领域的创造性成就,而智力则预示着科学领域的创造性成就。

关于精神疾病与创造性的关系,近年来这方面的研究也有所进展,低系统化的语言艺术领域较多发现精神分裂症阳性症状倾向(反复出现的幻觉和异乎寻常的思维)和轻度躁狂,而在高度系统化的科学技术领域,则较多发现阴性症状倾向(社会退缩、情感淡漠和快感缺乏)及孤独症谱系障碍。此外,有研究者对精神分裂的不同亚型进行了区分,正向冲动型(Positive-Impulsive)和未指明分裂型(Unspecified schizotypy)均与创造性呈正相关,而消极紊乱型(Negative-Disorganized schizotype)与创造性呈负相关,这说明创造性和分裂型之间的联系是不统一的,阳性症状代表了创造性和分裂型的交集。

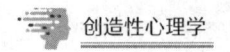

(二)艺术家和科学家的创造性人格特征的共同之处

如果艺术家和科学家在感情化、冲动、不合作、反叛性等诸多方面表现出不同的人格特征,那么创造性艺术家和创造性科学家有没有共同的人格特征呢?材料表明,创造性个体一般具有高水平的自我中心特征,即内向、独立、敌意、傲慢。许多人认为孤立、退缩、独立的人格特征对创造性成就来说是必要的。另一类共同特征与动力和对不同信息的搜寻有关:有驱动力、有抱负、自信、乐于接受新信息、思维灵活、想象主动。这些特征在高创造性的个体身上常能看到。在他们身上,从自信到傲慢、有敌意只有一步之差。如果一个人为了解决某个问题,需要独处,不想被人打扰,这时就不会过多考虑他人的感受。

四、创造性人才共同的人格特征

从上面的讨论可以看出,不同类型、不同领域的创作者,其创造性人格特征是存在差异的,用一种模式概括所有创造者的人格特征显然不合理。但是,个性之间也有共性,各类创造性人格也必有共同之处。有鉴于此,心理学家在研究各类创造性人格的同时,也研究了各类创造者身上所共有的人格特征。

一般来说,具有创造性的人独立性强,自信心强,勇于冒险,具有好奇心,有理想抱负,不轻易听从他人的意见,对于复杂奇怪的事物能感知到一种魅力,而且有艺术上的审美观和幽默感,兴趣既广泛又专一。

吉尔福特认为有创造性的人有以下的几个特征:①有高度的自觉性和独立性,不肯雷同;②有旺盛的求知欲;③有强烈的好奇心,对事物的机理有深究的动机;④知识面广,善于观察;⑤工作中讲求条理性、准确性与严格性;⑥有丰富的想象力、直觉敏锐、喜好抽象思维,对智力活动与游戏有广泛兴趣;⑦富有幽默感,表现出卓越的文艺天赋;⑧意志品质出众,能排除外界干扰,长时间地专注于某个感兴趣的问题之中。他认为,需要方面的认知需求、兴趣方面的趋向、态度方面的坚持性之间的有机联系、互相作用,促成了真正的创造行为。

我国研究者周昌忠认为创造性个体的共同特征有:①勇敢,敢于对公认的事物表示怀疑;②甘愿冒险;③富有幽默感,对饶有趣味的事物很敏感;④独立性强;⑤有恒心;⑥一丝不苟。

在生活中也许我们会有这样的经历,有的人极富想象力和好奇心,喜欢去冒险,勇于尝试并愿意承担风险;而有的人相对来说比较循规蹈矩,更倾向做事沉稳,避免风险。通常我们认为前者更容易展现出创造性行为,在解决一个问题的时候更容易有新奇的想法。邱江团队与北京师范大学刘嘉团队合作进行研究(2015),通过威廉姆斯创造性人格测验来测量大学生的人格特质,利用基于体素的形态计量学方法(Voxel-based morphometry,VBM)来探寻个体大脑结构与创造性特质上的关系,结果发现高创造性个体的右侧颞中回后部(posterior middle temporal gyrus,pMTG)灰质体积更大。他们认为,pMTG可能与新异联结、概念整合以及隐喻理解在内的新意寻求过程有关。此外,尽管诸如开放性、外向性、责任性以及宜人性等人格特质都属于创造性人格特质,但只有开放性在pMTG和创造性特质之间起到中介作用(图5-1)。因此,可以认为,早期的开放性人格特点培养对于激发个体的创造性潜能具有重要的促进作用。

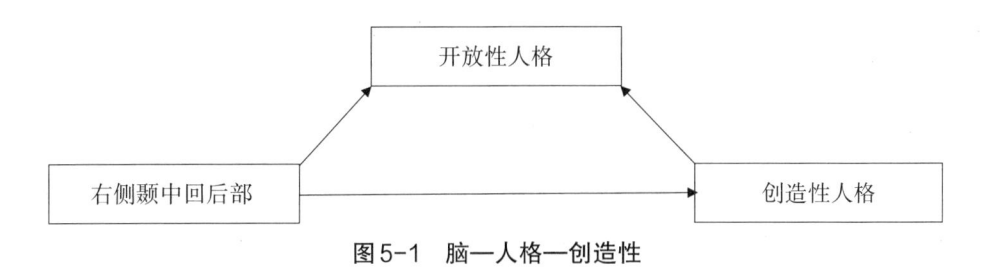

```
                        开放性人格
                       ↗         ↘
        右侧颞中回后部  ────────→   创造性人格
```

图5-1 脑—人格—创造性

除此之外,邱江团队还通过VBM手段探究了创造性的另一种人格特质——模糊容忍度的大脑结构基础(Tong et al.,2015)。简单来说,模糊容忍度就是一种学习方式,也是学习者人格特质的一种体现,是个体在学习过程中对于模糊、不确定的事物的一种态度。该研究采用了Multiple Stimulus Types Ambiguity Tolerance Scale(MSTAT-II)自评测验测量被试对不熟悉、复杂、新异的刺激的容忍程度,结果表明:模糊容忍度与背外侧前额叶(Dorsolateral prefrontal cortex,DLPFC)的局部灰质体积呈正相关,与楔前叶的局部灰质体积呈负相关。也就是说,DLPFC灰质体积越大,个体对复杂环境中的新颖刺激越敏感,也会更倾向于尝试创新。

综合以上研究结果,以下8个方面应为各类创造性人格的共同特征:①求知欲强,喜欢接受各种新事物;②想象力丰富,富有幻想;③好孤独,能全身心投入所从事的事业中;④对未知东西有强烈的好奇心,敢于探索,渴求发现,不满足于已有的结论;⑤坚韧不拔,执着追求,深深理解自己行为的价值;⑥独立自信,不从众,不轻易相信别人的看法;⑦自制力强,能克服困难达到成功的目的,并在此过程中体验到快乐;⑧反叛,不顺从。

需要强调的是,把创造性人格特征绝对化是不恰当的,创造性个体拥有相互矛盾的人格特征,如既内向又外向。研究者认为,其实在每一个人身上都有这些互相矛盾的品质,但大多数人都只发展了一方面,如可能培养了侵犯、竞争,却忽略了温顺和合作这一方面。具备创造性的人,在行为中表现出各种相对立的特征,这种两极对立的特征强烈地表现在具有极高创造才能的人身上。当然,复杂人格并不意味着神经质,也不是指处在两极人格的中点,而是指一种视情况的需要,从某一特征的一极转向另一极的能力。研究者们列举了几对矛盾但确实又统一在创造性个体身上的人格特征:①既聪明又天真;②既内向又外向;③既谦虚又自负;④既反叛又传统;⑤有时非常富于想象,爱幻想,但有时又非常现实。

复习巩固

1. 根据本节所学,谈谈科学创造人才和艺术创造人才的人格特征有何差异。
2. 简述创造性人才的共同特征。

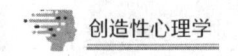

第二节　创造性人格的发展一致性问题

前面主要讨论了创造性人格的个体差异问题(涉及跨情境的一致性,即在不同的情境中所表现出来的不同于非创造性人才的稳定特征),本节将探讨创造性人格的跨时间的一致性问题。跨时间的一致性涉及两方面的问题:首先是创造性人格的一致性,即创造性人格特征在整个生命发展过程中是否稳定,这可用于鉴别创造性人才;其次是创造性成就的一致性,指小时候有创造性成就的个体在成年后是否仍能做出创造性的成就。最后本节探讨了人格与创造性的关系。

一、创造性人格的一致性

要考察创造性人格特征的一致性,可以采用纵向研究(即追踪研究)方法。也只有纵向研究才能说明创造性个体在幼年时期的人格特征是否能在以后仍然使他们出类拔萃。这个问题非常重要,如果这个问题的答案是绝对肯定的,那这就使预测一个人未来的创造性成为可能。

创造性人格特征是否具有一致性呢？有研究表明,独立、内向、开放、有敌意、征服等特征在早期处于高水平并不意味着以后创造性就强。也就是说,人在幼年时期具有这些被认为是创造性的人格特征,并不一定代表他长大后仍然具有这样的人格特征。从这个角度看,通过这些人格特征并不能预测未来的创造性。但有研究者认为这与幼年时期人格还很不稳定有关,所以得出这样的结果是能理解的。而在成年以后创造性人格特征具有一致性,能用于预测创造性。

沙佛对一些青年人进行测试后,开展了5年的跟踪调查。他把这些青年人按四个标准分成四组(每组100人):创造性男作家/艺术家、创造性男科学家、创造性女科学家、创造性女作家。5年后,对每个组中大约一半的人进行再次测试,这时他们都已进入成年期(成年早期)。结果发现,青年时期创造性人才测试的许多得分明显很高的项目(自立、自控、有教养),在成年后得分仍旧明显较高。这说明从青年期到成年早期创造性人格是具有一致性的。还有研究分别以三个建筑家群体和具有创造性的妇女群体为对象得出了相似的结论:低创造性的群体一直保持其社会合作性,而高创造性群体则一直保持其自主性、独立性;52岁的创造性妇女在21岁、43岁的时候都被评价者认为是以美为定向、有趣、有驱力、反叛、独立、不传统、不保护、不谦逊的。

从这些研究可以看出,从幼年时期到成年时期,创造性人格可能不具有一致性,但到了青年时期以后,创造性人格就具有了一致性,能作为区分创造性个体的创造性人格特征的一个标准。从这个角度上说,人格特征是影响创造性的一个非常重要的稳定因素。

二、创造性人格的一贯性

儿童青少年时期有成就(或专长)的学生,到了成年以后,是否也能成为创造性人才,并取得创造性成就呢？实际上,有研究者报告,在5年一次的高中生发明比赛中得奖的学生,成人后大约有20%的天才男性、40%的天才女性不从事科学相关的职业。在研究音乐天才早熟的研究中,研究者发现在音乐领域,小时候的天赋并不一定代表以后有创造性成就。也就是说,儿童青少年时期有成就(或专长)的学生,到了成年以后,不一定能取得创造性成就。

尽管有许多证据说明，智力的早熟预示着学业上的成功和事业上的成功，但这并不预示着成年后能取得创造性成就。更具体地说就是，天才学生（高智商的学生）在学校一般会更成功，能取得高分数，也比一般的人更易成为专家或成功者，但有相当比例的天才学生成年后表现平平，要么没有从事他们早期表现出创造性天赋的职业，要么就是从事了这样的职业但没有取得任何创造性的成就。米尔格拉姆等人（1993）的研究就是一个很好的例证，他们用18年的时间跟踪研究了一些高中生，等这些学生成年后，对他们进行了成就测量（包括创造性成就测量），结果发现，尽管在学校的考试分数与他们学业上的成功有关，但与他们工作后的成就（包括创造性成就）没有多大的关系，但是，18岁时产生的创造性想法却能预示18年以后（36岁时）的工作成就。

总的来说，对于青少年时期的天赋能否转化为成年后的职业上的成功这个问题，答案是肯定的。毫无疑问，高智商儿童比他们的同学更易获得高成绩，更易进入高校接受高等教育，通常更易从事高薪职业。但他们就真的更有创造性吗？答案是否定的。常令人惊奇的是，最有天赋的儿童和青少年也过着相对没有创造性的生活。实际上天赋既不是成年后取得创造性成就的必要条件，也不是充分条件。这可能是由于智力、人格、早期成就等因素只是取得创造性成就的一个方面的条件，根据系统论的观点，其他许多方面的因素也十分重要。也就是说，有创造性成就的人一般都具有创造性人格特点，这并不意味着反过来也成立，具有创造性人格特点的人就一定能取得创造性成就。

三、人格与创造性关系的理论解释

既然研究表明人格确实与创造性有着密切的联系，那么它们之间究竟存在什么样的联系？下面介绍一些学者的观点。

（一）艾森克的观点

人格心理学家艾森克（1995）对人格和创造性进行了研究，提出创造性的因果理论。该理论认为，遗传的决定因素、海马化学成分（多巴胺、5-羟色胺）、神经质、认知压抑、精神病等因素导致了创造性人格的形成和最后的创造性成就的获得。

（二）任迪和克拉里奇的观点

任迪和克拉里奇（1977）认为神经病和创造性两者可能与同一个因素有关，而这个因素又与反传统的愿望、反社会的行为有关，如前面提到的激进、低社会性、自我中心甚至是反社会的行为。这些特征在艺术家中比在科学家中更普遍。但这些特征在科学家中仍然很普遍。创造性人格似乎既不稳定，又是能被控制的、稳定的。如巴伦所说："因为自由自在等同于原始的记号，也等同于严厉的逻辑推理，所以，创造性天才既是朴实的，又是知识渊博的。他比一般人既更朴实又更有教养，既更有破坏力又更有建设性。偶尔更疯狂，也更理智。"

（三）拉斯的观点

拉斯（2013）详细阐述了在创造性过程中起促进作用的情感特质。她认为，富有情感的思考和情感状态的开放性,是通向以下这些创造性能力品质的路径:自由联想的发散性思维能力、注意的广度、思维的流畅性以及变化性、认知的灵活性。这些路径基本等同于艾森克所提出的通往创造性的路径——联系情感状态、忘我思考。而且,拉斯暗示在竞争中感到快乐和内在动机驱动能提高个体对问题的敏感性,因为思维敏感、开放、灵活反过来又成为同创造性有联系的重要的人格特质。

曼斯菲尔德和布斯(1981)在此基础上进一步提出了创造性人格发展的先行因素,即"人格先兆"。他们发现,一些发展的先行因素是先于人格特征的,而人格特征又先于创造性过程。发展的先行因素是父母与孩子间联系的低情感强度、父母对自治能力的培养、父母对智力的刺激、学徒关系等。这些是自治、灵活性、开放性、对新奇的需要、对工作的允诺、对专业认知的需要和艺术敏感度的先行因素。

(四)麦克雷的观点

现在,人格心理学领域大都采纳了五因素模型(five-factor model,FFM)。这个模型认为人格有5个关键的两极维度:神经质、外倾性、开放性、宜人性、责任心。人们对FFM中的各个因素与创造性的关系做了大量的研究。创造性和开放性有最强的联系,这一结果在近年的研究中得到了功能性磁共振成像研究结果的支持,即在创造性活动中前额叶、颞叶和顶叶会被激活,这些区域将连接到默认网络和认知控制网络的其他关键区域,而个体的开放性在任务中与这些区域的功能连接相关。对于外部信息的开放性与创造性的联系,麦克雷提出三种可能解释:第一种是思维开放的人对未定论的、创造性的、问题解决型的问题更感兴趣,因此他们可能仅在这类问题的测验中有高分;第二种是思维开放的人可能已发展出与创造性思维、分散思维相关的认知技巧,即思维的灵活性和流畅性;第三种是思维开放的人可能更喜欢寻找新异刺激,更愿改变经历,而这些经验可能是思维灵活性、流畅性的基础。

(五)新近的研究进展

第一,关于创造性人格的作用,现在的研究者认为创造性不只可以体现在积极的方面,与之相对的恶意创造性(Malevolent Creativity)的概念也在近年进入研究者们的视野。有研究在对被试的大五人格数据和恶意创造性数据进行回归分析后发现,大五人格中的尽责性(conscientiousness)可以负向预测被试的恶意创造性成绩;并且被试的身体攻击特质(trait physical aggression)和敌意特质(trait hostility)均与其恶意创造性行为成绩(例如使用砖块和铅笔对他人进行伤害)有显著的正相关。

第二,无聊和厌倦与创造性人格的关系在之前的研究中被认为是正面的,即处于无聊状态可能会激发创造性。但这仅仅发生在把无聊作为一种状态来诱发的情况下,并未从人格的角度探究其与创造性的关系。当研究者使用无聊倾向量表(Boredom Proneness Scale, BPS)将其作为一种人格特征考量时,无聊特质则与创造性特质表现出了负相关(Jennifer, Eleenor, Andrew, Lauren, John, 2016)。这可能是因为无聊特质与行为抑制系统密切相关,有无聊倾向的人也倾向于人际的抑制或退缩(外向性);容易产生情绪,特别是消极影响(情绪性);报告对世界缺乏热情或兴趣(经验开放)。

第三，对发散性思维的测量一直被认为是评估创造性的有效手段，如上文所述过去的研究也一直认为大五人格中的开放性与创造性有着正相关，而神经质则被认为与创造性有着消极联系，但有研究者在对发散思维的不同种类进行区分后发现，开放性依然是对发散思维影响最大的特质，但对创造性影响排名第二的特质外向性，则几乎只对发散思维的流畅性产生影响；而一直被认为与创造性呈负相关的神经质，却被发现和发散思维中的灵活性的相关性最大，为正相关(Puryear, Kettler, Rinn, 2017)。这可以引起我们的一系列思考，按照我们对外向性的理解，在这方面得分高的个体愿意分享他们的想法并获得高流畅性分数，但为什么它与灵活性和其他因素的关系要小得多呢？相反，为什么高神经质个体在流畅性方面得分较低，但在灵活性方面得分较高？这些问题可以在未来的研究中进一步探讨。

第四，虽然人格在很多研究中已经被证明与创造性有关，但创造性不应该被单纯地当成一种人格现象，尽管一些核心的人格特征会影响创造性，但针对创造性与人格的元分析研究表明，人格因素只占创造性自我信念(creative self-beliefs, CSBs)变异的40%左右。并且，人格因素和创造性变量之间的联系在领域一般结构(如创造性自我效能、创造性个人身份或自我评价创造性)中较强，而在艺术和科学领域特定的CSBs中较弱。

总的来说，有关人格和创造性的关系目前还处于不断探讨的阶段，与人格相关的更多变量正在被纳入创造性的研究体系中，拓展研究范围，增强应用价值，都是未来的研究中可以去探索的。

四、未来研究方向

研究者们要想在创造性人格问题上取得共识，仍有很长的一段路要走。虽然在创造性人格这一研究领域，已经取得了很多成果，但仍然有许多重要的问题没有很好的答案。如，尚未对儿童时期创造潜能和能力进行过系统研究，并在他们成年后继续跟踪调查。从儿童时期到成年，创造性是否稳定呢，即上文提到过的创造性人格的一贯性如何呢？创造性和智力一直都是分开的吗，还是到了一定年龄才分开呢？与创造有关的特征怎样和其他创造性心理过程(如成熟、认知、社会影响)相互作用的呢？还有，心理过程能解释人格和创造性之间的关系吗？只有这些问题被系统地研究后，创造性个体的理论模型才能得到最后的评价和修订。

另外，一些新近的研究，虽然未有定论，但取得了很大的进展。如，创造性与道德人格的关系是什么样的？是道德感越强则个体越有创造性，还是道德感越弱的人越有创造性呢？创造性在不同文化中又有着什么样的表现形式呢？中国人的中庸特质，又会对创造性产生什么样的影响呢？

关于创造性与道德人格的关系，近年来已经逐渐排除了认为创造性和道德之间没有关系的说法。一些研究人员认为，道德作为一种以规则为基础的东西，要求人们做正确的事情，也就是遵守一套预先确定的规范。相反，创造性是打破常规的过程或产品，打破传统或规则，创造出对社会新颖和有用的东西。因此，道德很大程度上依赖于可能妨碍创造性的惯例或现有价值体系，因为创造性需要原创性，即新颖性、不寻常性或稀有性。换句话说，创造性高的人被认为比创造性低的人更有可能扭曲规则或违反法律，这支持了创造性和道德负相关的观点。经验支持通常来自专注于恶意创造性的研究，或将创造性与不诚实或撒谎联系起来的研究。之前关于恶意创造性的研究表明，有创造性的个体有许多消极的结果或特征，例如，一些有影响力的研究表明，与缺乏创造性的

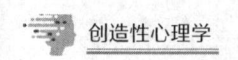

个体相比,有创造性的个体要么更有攻击性,要么更多疑,能够说出更多不同类型的创造性谎言,能够在冲突谈判中进行欺骗,表现出敌对的个性,表现得不那么正直。

而创造性和道德正相关的观点认为,道德程度越高,创造性就越强。这个论点可以追溯到"美德是知识"的观点,该观点认为,知识是创造性的核心组成部分,是道德行为的先决条件,因为如果一个人对什么是善、什么是恶有足够的认识或理解,他就会尽力正确行事,避免作恶。事实上,创造性通常只与积极的特质、环境和结果相关,这也反映在对创造性的各种定义中。通过对42个关于创造性的现代定义进行回顾,我们可以发现不少于120个典型的与创造性相关的术语。这些定义中使用的绝大多数术语通常与积极的特征或结果有关,如经济繁荣、幽默、利他主义、社会发展、技术创新和健康改善,这一观点与亚洲各国对创造性的定义一致,强调创造性的道德和社会价值。

创造性与中庸的关系与上述的与道德的关系类似,学者们的观点两极分化(沈汪兵,袁媛,2015),这可能是由于"中庸"与"创造性"两个概念都具有多重含义,尤其是学者们对"中庸"的理解不一,而在使用"中庸"概念时又不加区分,这可能是导致中庸与创造性之间关系存在争议的重要原因。中庸思维是一个非常复杂且动态的思维过程,是个人针对问题仔细斟酌、拿捏的控制性思维,而不是自动化的、无意识的习惯反应倾向,因此个体在测验中未必能够随时对其主动应用。而且目前对中庸的测量也仅处于态度层次而非具体行为层次。中庸思维又符合社会期许的方向,因此很难避免社会期许效应的影响。中庸非常依赖周围情境,是依不同情境和体验而施以不同程度的行为准则的一种思维,这也与中国儒家文化历来重视社会问题是一脉相承的。中庸思维体现了中国哲学的全局观念和对立统一的辩证式思维,代表了华人注重自我约束、不随一己心情行动、细查行动对他人的后果、选择最佳行动方案的思维方式。因此,未来在研究中,或许应在具体的社会情境中研究中庸,研究中庸对社会创造性或团队创造性的影响。

总的来说,过去的研究得出了一个令人信服的结论:创造性个体的行为在时间和空间上在一定程度上具有一致性。用这些人格测量方法可以把高创造性个体同其他一般人群区分出来。总之,创造性人格确实存在,且通常在一定程度上可预测艺术、科学领域中的中等创造性成就。

复习巩固

1. 简述艾森克对人格和创造性的解释。
2. 简述麦克雷对人格和创造性的解释。

第三节 创造型学生的人格特征及其影响因素

学生是国家的未来,现代教育提倡培养有创造性的学生。那么什么样的学生才具有创造性呢?任何一种智力活动都是智力与非智力因素的综合结果。人的创造活动也是一种智力活动与非智力活动的综合,即创造思维与创造性人格的统一。非智力因素在整个智力活动及其发展中的作用主要表现在动力、定型以及补偿三个方面(见图5-2)。

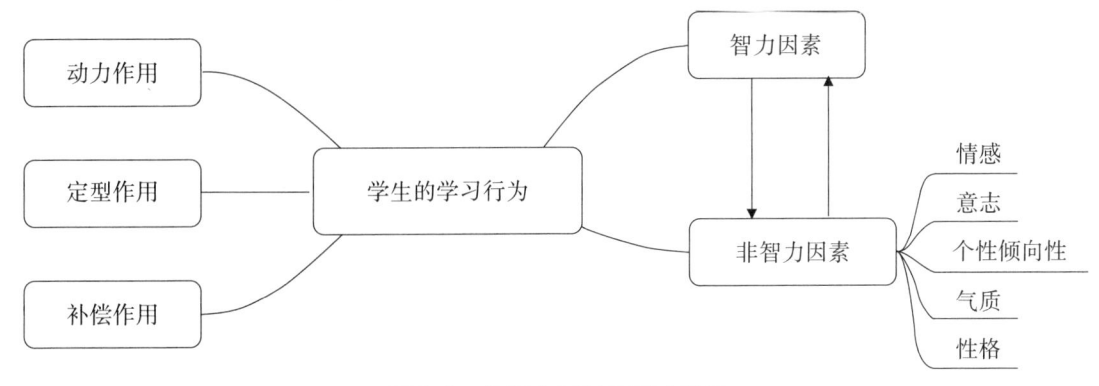

图 5-2 非智力因素作用示意图

如何比较合理地评价一个学生是否有创造性是一个很有现实价值的问题,尤其是对中小学生。他们的个性发展尚不成熟,可塑性强,因此无法确定哪些学生的人格属于创造性的,哪些学生不是。但是在中小学生身上确实存在着创造性人格的某种表现,这些表现和一般的创造性人格特征是相通的。当教师了解了学生的创造性人格表现,便可以因势利导,有目的地培养和发展学生的创造性人格。本节就简要介绍创造型学生的人格特征及学生创造性人格形成的影响因素。

一、创造型学生的人格特征

随着年龄的增长以及伴随而来的认知能力的变化,有创造才能的学生在不同的阶段也会有不同的表现。

创造性高的儿童多数具有三种特征:①顽皮,淘气,荒唐和放荡不羁;②所作所为时逾常规;③处事不顽固,较幽默,但难免存在嬉戏态度。

富有创造性的中学生多数具有以下 10 个特征:①作文想象力丰富,能独立选材,题材新颖,风趣,审美感强;②能闻一知十,举一反三,触类旁通;③对环境的感受力相当高,能觉察别人忽略的事实;④心智活动思路通畅,解答问题敏捷;⑤能提出卓越的见解,以特异的方法解决问题,用新奇的方式处理事情;⑥办事非常热心,坚持不懈,不怕挫折;⑦独立性强,有主见,不轻信他人的意见;⑧有自信心,有理想抱负;⑨兴趣广泛又专一;⑩有强烈的好奇心和探究心理。

谢光辉、张庆林(1995)对获实用科技发明大奖的大学生进行了研究,发现了高敏感性、高控制性和低乐群性的创造性人格特征。国内也有其他学者对中国科学技术大学少年班的学生进行了人格测量,发现了他们具有高稳定性、高恃强性、高敢为性、高创新性、高自律性、低乐群性、低兴奋性、低敏感性和低紧张性等创造性人格特征。陈国鹏等发现我国创造型中小学生有高智慧性、高乐观性、高敢为性和低紧张性的特征。

林崇德团队通过对青少年创造性人格各个维度之间相关矩阵进行分析(2018),最后提出自信心、内部动机、怀疑性、坚持性、好奇心、开放性、独立性、冒险性和自我接纳九个维度可以负载于三个更上位的因素,分别为内部因素、外部因素和自我因素(图 5-3)。其中,内部因素包括四个亚维度:自信心、内部动机、怀疑性和坚持性;外部因素也包括四个亚维度:好奇心、开放性、独立性和冒险性;自我因素则只包括一个维度,即自我接纳。

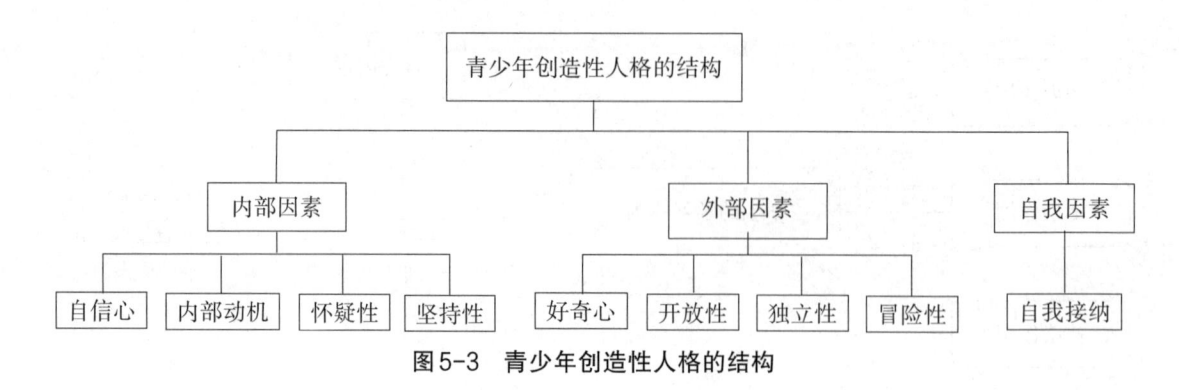

```
                    青少年创造性人格的结构
                              │
        ┌─────────────────────┼─────────────────────┐
      内部因素                外部因素              自我因素
   ┌────┬────┬────┬────┐  ┌────┬────┬────┬────┐      │
  自信心 内部动机 怀疑性 坚持性  好奇心 开放性 独立性 冒险性   自我接纳
```

图5-3 青少年创造性人格的结构

根据已有研究,可以认为创造型学生常表现出以下的特征:①兴趣广泛,对创造有强烈的好奇心;②目标专一,有毅力,这主要表现在坚持不懈地努力,百折不挠,不达目的不罢休,顽强地克服困难,敢于冒犯错误的风险创新;③独立性强,往往喜欢独立行事,很少依附他人,热爱生活,有抱负,有强烈的独立性要求;④自信心强,深信自己的所作所为是值得的,即使受到别人的嘲讽,也不改变信念;⑤情感丰富,办事热心,对创造充满热情,有高度责任感,感情易冲动,有时比较调皮,甚至放荡不羁,似乎精力过剩;⑥一丝不苟,总是用严峻的眼光审视周围,不会人云亦云,勤奋好学,孜孜不倦,锲而不舍地探索世界;⑦想象力丰富;⑧喜欢提问,不随大流。

了解创造型学生的人格特点,对于教育工作者和学生家长是特别重要的。因为在早期发展中,儿童的创造性人格并不是以专门化的形式出现的,而这又恰恰需要教师和家长努力发现和格外珍惜。虽然人格是相对稳定的,但学生阶段是儿童人格的发展时期,刻意地培养或抑制都会影响儿童将来是否有创造性人格特征,是否有创造性。

在林崇德团队的青少年创造性观念的跨文化比较研究中,我们更清晰地认识了中国青少年创造性人格的基本特点,无论是总体,还是男女群体分开研究,自信心、好奇心、开放性和冒险性的得分均相对较高,这说明这四者可能是中国青少年创造性人格中较为突出的方面;内部动机、怀疑性、自我接纳和独立性与其他国家的青少年得分差不多;坚持性的得分相对较低,并且标准差较大,说明在中国青少年创造性人格成分中,坚持性是一个相对较弱的方面,而且不论男生群体还是女生群体,均表现出较大的个体差异。我们根据这个结论,为中小学创造性教育提出如下的建议:

创造性人格在创新过程中起着非常重要的作用,所以在重视智力、知识、发散思维等认知因素培养的同时,更应注重培养学生的自信心、好奇心、探索性、挑战性和意志力等创造性人格品质。也就是说,培养和造就创造性人才,不仅要重视培养创造性思维,更要关注创造性人格的训练;不能简单地将创造性视为天赋,应将其看作后天培养的结果;不要把创造性的教育仅限于智育,而要着眼于整个教育,即德育、智育、体育、美育、劳育的整体任务。

二、学生创造性人格形成的影响因素

学生的创造性人格的形成是家庭、学校共同作用的结果。

(一)家庭方面

个体从出生到学龄前期,随着各种认知能力的不断提高,认识的范围和深度也进一步发展,这一个时期也是儿童个性形成的关键期。而家庭又以特殊的方式对儿童的人格发展产生巨大的影响。儿童早期在家庭中,主要通过观察他人的行为及结果,将其作为自己言行的榜样进行模仿,学会大量的行为及结果,并经过反复实践进而形成一定的态度体系和行为方式。幼儿从父母身上将获得关于生活和行为举止的最初概念,吸取生活经验学习并养成良好的生活习惯,逐渐形成自己的人格特征。

父母对儿童的影响有以下几种方式:①通过活动为儿童树立观察和模仿的榜样;②运用言语或身体的奖励;③提供直接的教导;④通过规则说明期望;⑤运用认知变化的策略(如评价行为,对孩子说理等);⑥建立物质环境。也就是说,父母的行为和人格特征是影响儿童形成创造性人格特征的一个因素。所以要让孩子形成创造性人格特征,父母应该以身作则,重视儿童的早期教育。

调查发现,父母的表率作用与儿童的许多人格特征的形成是相关的,比如自制力、对劳动的态度、好奇心、对人的态度、自尊心以及对待困难的态度等。父母的表率作用(其中包括家庭的气氛、家庭成员之间的相互关系等)会以一种潜移默化的方式影响儿童人格的形成。儿童从父母及其他家庭成员的行为中潜移默化地接受一些道德观念和行为规范,并积极去模仿,日积月累成为自己对待现实的稳固的态度和习惯化了的行为方式。

对中国科技大学79级少年班的29位学生的调查也发现其中有绝大多数学生受过系统的学前教育。许多家庭在孩子出生以后,就为其制定了系统的家庭教育计划,并能严格有效地加以执行。在生长的最初几年里,父母不仅尽可能地为孩子的成长提供一个适宜的环境和各种有利条件,以激发他们的求知欲,而且善于采取各种方法,因势利导,让孩子开始识字、写字、认数、计算、绘画、下棋等,接受启蒙教育,并且注意培养他们良好的学习习惯和行为习惯,以促进创造性的发展。家庭实施早期教育,实质上就是要不失时机地给儿童充分发挥智慧潜能的机会,使孩子不虚度智力发展的最宝贵的关键期,充分发挥其潜能,为其一生的发展打下基础。

家庭的教养方式也是影响儿童形成创造性人格特征的一个因素。家庭的教养方式一般分为三种:压制型、溺爱型和民主型。研究发现压制型和溺爱型的教养方式,易使孩子养成依赖、顺从的习惯,思维变得懒惰,缺乏创新性,创造性水平低。而民主型的家庭教养方式,则让孩子积极参与各种事务,以激发孩子强烈的创造动机。因此在家庭中创造一种和善、温暖、融洽和民主的气氛对孩子创造性人格的形成是非常重要的。因为在这种气氛下,孩子和父母存在着积极的交流关系,很小的儿童就会尝试想出新颖的主意,使自己的行为和思维方式更加独特;也只有在这种自由式的氛围中,父母才会有意识地培养自己孩子的独立性,容许他们有自己的想法,做自己想做的事情;也只有在这种情况下,个体的服从意识减弱,独立意识加强,创造性得以发展。此外,孩子自身的特质也会和父母的教养方式产生交互作用,这一点在近年的基因研究中也得到了证实。

因此,要从小培养孩子的创造性人格特征,父母应该表现出民主、宽容,而不是专断。从有关的文献资料中可以发现,以下几种教养方式有助于促进儿童创造性人格的形成和发展:①对规定和限制做出解释,允许孩子参与制订规矩;②适时把对孩子的期望表达出来,并恰当运用奖励和惩罚手段;③在家庭中提供丰富的玩具、材料;④与孩子一起从事学业方面的活动。

还有研究表明,母亲的人格特征和对孩子的态度也影响儿童创造性人格的形成。母爱是儿童人格发展的重要条件,特别是在幼儿时期。幼儿与母亲朝夕相处,母亲对孩子的态度对孩子创造性人格的形成有很大的作用。对母亲抚养儿童的态度的调查发现,母亲的专断性抚养态度与儿童的独创性和创造性是呈负相关的。也就是说,专断性抚养态度倾向于促进遵从,却抑制儿童的创造性。关于母亲人格特征的研究表明,具有创造性的学龄男孩的母亲表现出较高的自信、主动、自我能力强、喜欢变化和无系统的要求、更具直觉、更易宽容别人、自治和独立性。但她们同时又缺乏认真和可靠性、欠缺遵纪精神、不善交际、不太关心是否给人留下好印象、对别人更少关心和帮助。另有研究发现,创造性高的儿童,其母亲兴趣、爱好广泛,母亲更能平等待人,少专断,允许孩子与外界发生联系,更多样化而少教条。这似乎暗示着高创造性儿童的母亲可能本身的创造性就高,本身就具有创造性人格特征,并通过她们自己影响儿童的创造性人格的形成。

(二)学校方面

学生到了入学年龄以后,大部分的时间都在学校中度过,而且学校教育是有目的、有组织、有系统的教育。因此,在进入学校后,学校比家庭对学生创造性人格的形成有更大的影响。

1.教师方面

要培养学生的创造性人格,对学校教育来说,就需要创造型的教师。教师与学生存在直接相互作用(图5-4)。

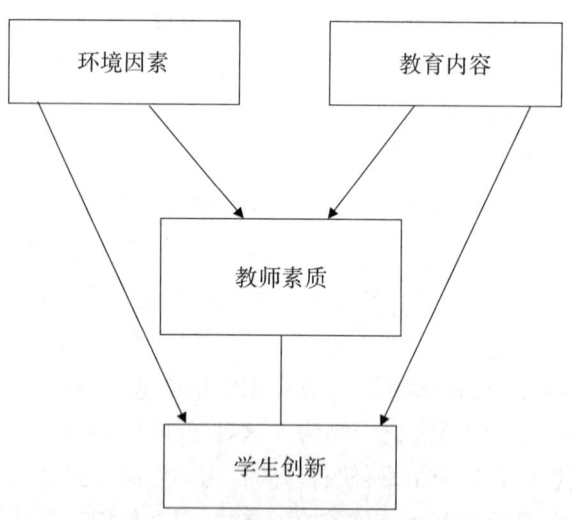

图5-4 学生创新行为的作用机制

有研究表明教师的人格特征和行为是影响学生创造性人格形成的一个重要的因素。有项研究让三到五年级的教师和学生进行托兰斯创造性思维测验,在五个言语创造性测验中,有三个测验的结果表明,如果教师的创造性测验成绩很低,那他的学生的创造性测验成绩则高。另一个研究则探讨了教师的态度对学生的创造性的影响:教师对学生自主的重要性的认识,与儿童倾向于挑战,有好奇心,独立控制自己的愿望有明显的相关,而且当学生认为自己的教师有一种积极工作的态度时,学生就会把自己看成是较有能力的并认为自己也是受到内部推动的。有人认为,所谓创造型的教师,就是那些善于吸收最新教育科学成果,将其积极运用于教学中,并且有独特见解,能够发现行之有效的新教学方法的教师。创造型的教师具有创造性的人格特征,如自信心强,热爱创造型学生,好奇心重,具有幽默感、较高的智力,兴趣广泛,言谈自由、开放等。教师在学生创造性人格特征形成的过程中起着非常重要的作用,因此教师应从各个方面,注意对学生创造性人格特征的培养。

  首先,也是最重要的是,教师要热爱创造型学生。有研究研究了来自学校的两种支持源对小学高年级学生创造性的预测作用,发现了教师支持与小学生创造性发展的强关联。教师支持正向预测流畅性的初始水平及其在个体内的发展,更重要的是,在创造性的核心变量独创性上,教师支持正向预测独创性的增长速度。这一结果说明,教师支持是小学高年级学生创造性发展的主要促进因素。一般来说,教师是不会不希望自己的学生成为有创造性的人,但不一定每一个教师都喜欢创造型学生,教师对学生创造性理解分为理解度和接受度两个维度(图5-5)。

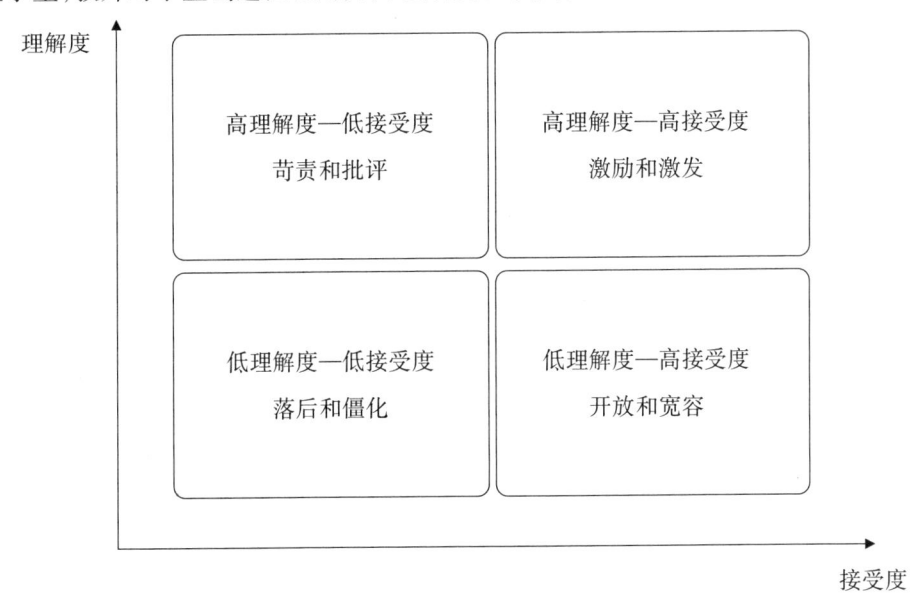

	低接受度	高接受度
高理解度	高理解度—低接受度 苛责和批评	高理解度—高接受度 激励和激发
低理解度	低理解度—低接受度 落后和僵化	低理解度—高接受度 开放和宽容

图5-5 教师对学生创造性理解分类

  一种新的量表可以对一个人是否欣赏他人的创造性人格进行评估——创造性人格鉴赏量表(Appreciation for Creative Personality,ACP)。ACP量表是一个简短的13项强制选择量表,用于评估在与有创造性的人互动的偏好上的个体差异。ACP得分被认为是人际互动水平上创造氛围的一个重要指标。ACP得分高的人被认为是培养创造性氛围的人,因为他们重视他人的创造性特质。此外,研究还显示ACP与大五人格测验中的经验开放性有很强的关系,并且其经验开放性与他们父母的ACP得分呈显著相关,父母的ACP得分可以预测被试的日常创造性活动水平。总的来说,ACP是从人际角度研究创造性人格的量表。

  创造型学生在班级中通常是不太受欢迎的,他们的行为不合群,也不友好,而且对集体活动的兴趣也很小。创造型学生的一些人格特征,如孤僻、淘气、爱质疑权威等,都是很多教师不能容忍的。由于传统教学观念的影响,教师们喜欢规规矩矩、百依百顺的学生。课堂上讨厌质疑问难,这极大地阻碍了学生创造性人格特征的培养或发展。教师应该看到,在那些调皮,甚至越矩的行为中,很可能包含了学生的天真和创造性的幼芽,同高创造性者的心理特征有许多相通的地方。教师应该热爱这类学生,善意引导,扬其长而避其短,不要动辄指责。

其次,要注意区别学生的创造性人格特征和不良的人格特征,发展和促进创造性人格特征。关于这一点,曾有人为教师提出了这样几条意见:(1)区别独立个性和倔强的个性;(2)区别保守个性和畏缩、退避的病态行为;(3)区别斟酌思量和犹豫不决的行为,创造能力强的人常常能胜人一筹地观察到事实的复杂性与多元性,因此他们不愿简单武断地解决重要的问题;(4)区别学习、求知、好奇和念书、背诵、应考的行为;(5)区别估价评判和非难挑剔的行为。富于创造性的学生多采取较新颖的、想象性的、与众不同的思想和行为。因为思想和行为不遵守成规,他们对于自身或社会群众都会有意或无意地特别严谨。估价和批判是精益求精的必要过程,但是过分的非难和挑剔可以消灭正在孕育的新思想,阻塞新的思路。

托兰斯提出了助长创造潜力的具体建议。他认为教师应遵守并用以鼓励学生的五条原则:(1)尊重与众不同的疑问;(2)尊重与众不同的观念;(3)向学生证明他们的观念是有价值的;(4)给予大量的学习机会;(5)使评价和前因后果联系起来。

最后,教师的教学风格也是影响学生创造性人格特征培养和发展的因素。如果教师的教学风格是有趣生动,有声有色,赋予教材以新意和活力,这将极大地促进学生的创造性人格特征的培养。曾有学者总结创造型教师的教学风格后,列举出了其中有利于学生发展的几条做法:(1)放弃权威态度。权威态度极大阻碍创造性的产生。教师要培养学生的创造性人格特征,就须在班上倡导合作。而创造良好的气氛也很重要,能使学生在一定限度内自由地行动和自己负责实验。(2)使学生自己主动学习,变得积极,自己去发现问题,去实验和提出假设。教师必须促进学生的自我首创精神。(3)延迟判断。教师要学会不立即对学生的创新成果予以评价,而是给他们足够的时间去创造。(4)鼓励学生独立评价。也就是学生用自己的标准评价别人的想法。(5)重视提问。教师要对学生的提问表现出浓厚的兴趣,并认真对待。同时他们自己也提一些不拘泥于课本的问题以刺激学生的思维。(6)尽可能创造多种条件让学生接触各种不同的概念、观点、材料、工具等。(7)注重对学生挫折忍受力的培养。(8)注重整体结构。教师应注重知识各组成部分的联系,不是机械地、零散地、无联系地传授给学生,而是把知识系统地教给学生。

2.教学方面

学习者之间的学习结构会对创造性科学问题提出能力产生影响,与单独学习相比,同伴互动的学习方式更能促进学生创造性科学问题提出能力的发展;小组结构对学生创造性问题提出能力有显著的预测作用,低能力的学生适合在水平参差不齐的小组中学习,中等能力的学生适合在水平相似的小组中学习,高能力的学生则更乐于与自选的学习伙伴一起学习。

适当的思维训练也会提升学生的科学创造性。研究者基于思维内容、思维方法、思维品质构成的思维能力的三维立体结构模型,提出了在知识的教学和学生活动的过程中,让学生掌握方法,培养思路,形成了基于活动的、系统的、螺旋式上升和波浪式前进的思维方法训练体系。

基于聚合科技和核心素养的科学创造性培养也是重要的途径。学科交叉、理工融合，是当今科学技术发展的趋势，也是儿童青少年科学创新素质培养的有效途径。2000年，美国国家科学基金会和美国商务部共同资助50多位科学家，启动了"聚合四大科技（NBIC），提高人类能力"的研究，研究报告对儿童青少年科学创造性的培养产生了深远的影响。通过教育体系的确立，纳米、生物、信息和认知科学所提供的统一概念将作为知识教学的基础，自然科学、工程科学、社会科学和人文科学将汇聚在一起，相应的中国创造性研究进展报告的基本结论，被引进到K-12、本科和研究生教育中。将自然科学和工程科学相结合，重视核心概念和跨学科概念的学习，利用聚合科技设计创新活动，将极大推进科学创造性的培养。科学学科素养包括科学观念与应用、科学思维与创新、科学探究与交流、科学态度与责任，这些方面是相互联系、很难绝对分割的整体，因此，在创造性培养中，需要整体规划系统实施。

复习巩固

1. 联系生活谈谈你认为高创造性的学生有什么特征。
2. 简述影响学生创造性人格形成的因素。

研究性学习专题

> **富有创造性的人有什么样的人格特点？**
>
> 经过这一章的学习，我们可以知道，高创造性的科学家、艺术家和学生具有许多不同于常人的人格特点。在我们的身边，也有许多富有创造性的科学家、艺术家和同学。请分别选取5—10名这样的科学家、艺术家和同学，采用观察、访谈等方法，了解他们的人格特点，并将你们的发现与本章的观点进行比较。

本章要点小结

1. 创造性人格的特征是多样的，综合研究结果，以下8个方面应为各类创造性人格的共同特征：①求知欲强，喜欢接受各种新事物；②想象力丰富，富于幻想；③好孤独，全身心投入所从事的事业中；④对未知事物有强烈的好奇心，敢于探索，渴求发现，不满足于已有的结论；⑤坚韧不拔，执着追求，理解自己行为的价值；⑥独立自信，不从众，不轻易相信别人的看法；⑦自制力强，能克服困难达到成功的目的，并在此过程中体验到快乐；⑧反叛，不顺从。

2. 从幼年时期到成年时期，创造性人格可能不具有一致性，但青年时期以后，创造性人格就具有了一致性，能作为区分创造性个体的一个标准。从这个角度上说，人格特征是影响创造性的一个非常重要的稳定因素。

3. 非智力因素在整个智力活动及其发展中的作用主要表现在动力、定型以及补偿三个方面。

关键术语表

经验开放性	Openness to Experience
五因素模型	Five Factor Model
恶意创造性	Malevolent Creativity
尽责性	conscientiousness
创造性自我信念	Creative self-beliefs
创造性人格鉴赏量表	Appreciation for Creative Personality

本章复习题

一、选择题

1.以下哪些属于学生创造性活动的非智力因素(　　)。

A.意志

B.个性倾向性

C.气质

D.性格

2.以下哪项不属于非智力因素在智力活动及发展中的作用(　　)。

A.动力作用

B.补偿作用

C.调节作用

D.定型作用

二、简答题

人格和创造性之间究竟存在什么样的联系？请简述以下学者的观点：艾森克、任迪、克拉里奇、拉斯和麦克雷。

第六章

创造性行为

什么是创造性行为？这是一个值得探讨的问题。在普通人的认知中，只有发明或创造出了新产品才算是创造性行为。但其实不然，创造性行为涉及领域广泛，更不乏一些我们意想不到的领域。例如，在人际关系中也存在创造性行为，送出一份精美且有创意的礼品就是日常创造性活动的表现；还例如，政治家发起的高风险政治活动也属于创造性行为。创造性行为体现在日常生活中的各个方面，它的发生包含多种复杂的认知过程，是个体根据已有知识经验，经过先发散再聚合的思维方式，进而产生新颖的观点或者是对社会有用的产品。创造性行为在艺术、科学、教育等领域中起着重要作用，不仅丰富了文化生活，有利于个人发展和幸福，更是人类进步的基石，是世界前进的动力。

本章内容将带领大家进一步了解和探索创造性行为的分类、测量、影响因素以及创造性行为的大脑结构和功能基础。

本章的主要内容是：

1. 创造性行为概述及分类。
2. 创造性行为测量及相关因素。
3. 创造性行为的影响因素。
4. 创造性行为的大脑结构和功能基础。

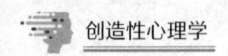

第一节　创造性行为概述及分类

创造性行为的发生包含着多种复杂的认知过程，要求个体能够产生新颖的观点或者是创造出对社会有用的产品。创造性行为涉及领域广泛，种类繁多，在日常生活当中，最常见的划分方式是按照不同专业领域进行划分，例如我们常常夸赞一个人的数学天赋很高，一个人是天才画家、小发明家，等等。此外，研究者则从更为专业的角度对创造性行为进行分类或对其进行定义，包括了按照专业领域、产品社会价值、问题解决等方式划分。接下来我们将会详细介绍不同分类方式下的创造性行为。

一、问题解决框架下的创造性行为

施建农等人（2005）在《创造力手册》一书中提出，所有的创造性行为都可以看成是某种类型的问题解决，他们认为应当将创造性行为概括为五种形式。

第一种，解决问题，特别是科学问题。当问题重大而且还没有被解决的时候，就是高度创造性的任务。例如，沃森和克里克发现DNA双螺旋结构就是对现存科学问题的突破。

第二种，建构理论。一些创造者构造出高度概括化的理论，能够对现存资料进行统筹整合，并为该领域带来新的阐述或指出新的方向。比如我们熟悉的心理学家弗洛伊德即是精神分析理论的奠基人。

第三种，用符号系统表达的永久作品。许多艺术家和发明家致力于此类创造性产品的创造，这些专家可以检验、表演、展览和评价这些作品。值得注意的是，很多作品创作的时间与被人注意的时间之间存在一定的间隔。比如凡·高等画家的作品都是在其去世后才得到广泛关注。

第四种，仪式化作品的表演。一些作品只有通过表演才能体现其中精髓，在这里创造性主要在于表演所展示的特殊风格。典型的例子是一支舞蹈可以由他人来表演，但某些极具张力的表演者却能以独特又精彩的方式进行展示，这种表演才能中也蕴含一种创造性。

第五种，涉及各种高风险行动的行为。例如个体为了带来某些社会或政治上的变革而公开采取一系列行动。典型例子是甘地和他的追随者们所进行的抗议、绝食和非暴力对抗活动。与那种可以事先设计动作的仪式化艺术表演不同，这种行动断然是"高风险"的，不可能在行动之前设计好细节，因为它在很大程度上取决于观众或战斗者的反应。其他的例子包括军事交战、体育竞赛和总统辩论等。

上述每一种创造性行为都与具体专业和学科有很强的联系（虽然不是唯一的），存在领域特殊性。可以发现，科学家会更加经常地进行问题解决和理论建构；而作家、画家、作曲家和发明家则经常致力于去创造永恒的作品；舞蹈家和演员更倾向投身于富有独特风格的表演；而政治领袖则会更多地从事高风险的活动。

二、经典二分法

值得一提的是,相对在问题解决框架下对创造性行为的分类方式,创造性行为的经典二分法更被创造性领域所推崇。在现实生活中的创造性行为方面,传统的经典二分法可以将其分为日常创造性活动与创造性成就。

(一)日常创造性活动和创造性成就

日常创造性活动即"Little-C"(Little-Creativity),几乎人人都有过,是指在日常活动中所表现出来的新颖性行为,它表现在日常生活的诸多方面,包括生活(比如穿着有创造性)、人际关系(比如善于挑选礼物)、文化参与(比如参与迎新晚会)等。日常创造性活动通常不具有广泛的社会认可度,而是由个体本人或周围小群体对其行为或产品的创造性予以肯定,个体在进行这些活动时仅仅从个人角度出发,并非从更宏大的角度去考虑。创造性成就即"Big-C"(Big-Creativity),主要是个体对群体、社会甚至整个人类所做出的有价值的发明创造,是社会认可的成就。一般解决特别难的问题,或者创造出杰出的作品,如爱因斯坦提出的相对论、达·芬奇的艺术创作等都能体现出创造性成就。

(二)日常创造性活动和创造性成就的评价体系

日常创造性活动和创造性成就面临的社会认可度不同,所以它们两者之间的评价标准也相差甚远。

日常创造性活动要求个体从原创性、新颖性、实用性这三个方面来评估其所产生的想法是否具有创造性。原创性(original)是指个体的工作是否是原创的;新颖性(novel)是指个体的创造性行为或产品的新颖程度,是否是与众不同的;而实用性(practical)一方面指创造性产品所产生的社会价值,另一方面也关注产品在生活中真正发挥的作用,例如袁隆平团队研发的杂交水稻解决中国人的温饱问题,著名的电影《泰坦尼克号》丰富了人们的精神生活。但是,新颖性评估会受到评价者主观性的影响,有的人会认为自己的想法很新颖,但他人或许会认为这些想法没什么新颖之处,甚至会觉得很无聊。

而创造性成就的评价标准则有所不同,涉及群体或者社会层面。比如在科学研究领域,评价标准由研究者共同制定,如果研究者想要发表一篇自己认为具有创造性的论文,那么必须经过处于同时代的同行专家的认可,但是在有些情况下即便是同行专家所制定的标准,也会随着时间而改变。不过他们所制定的标准也不是绝对的不稳定,因为大部分创造性成就所创造出来的产品都能够经得起时间的考验。不同的科学研究领域对创造性成就也有着不同的评价标准,一般情况下,在认同度比较高的领域,日常创造性活动和创造性成就会比较接近;而在认同度比较低的领域,则会有两种情况:(1)如果个体高估自己的观念被同行专家所接受的程度,那么日常创造性活动发生的概率就会比创造性成就发生的概率要高;(2)如果个体倾向于认为自己所产生的观念或者产品不具有创造性,并且不会被同行所接受,那么日常创造性活动发生的概率就低。

创造性行为二分法实际上反映了个体主义和社会文化两种研究取向,前者关注人们日常生活方面表现出来的各种创造性,其创造性主体是普通的个体;后者关注科研工作者,伟人或有巨大、特殊成就之人表现出的创造性，其创造性主体是伟人或天才。共同之处在于它们都比较关注创造性主体与结果，对创造性过程则比较忽略，但创造性的产生并不是一蹴而就的，需要长时间的积累。所以，研究者还应关注创造性的产生过程和创造性潜力等方向，创造性的4C模型则是对这方面缺陷的弥补。

三、4C模型

贝葛多和考夫曼(2007)认为，创造性行为研究中只使用Big-C/Little-C的分类会阻碍对创造力更具内在和发展性质的研究。为了弥补这一局限性，他们提出了创造性行为的"4C模型"，包括Mini-Creativity、Little-Creativity、Big-Creativity和Pro-Creativity。他们认为，Little-C的概念过于笼统，无法解释创造性是如何产生和发展的问题，相比之下，Mini-C的结构突出了个性和发展性方面的创造性。在此模型中加入Mini-C是为了解决是否应该将不杰出形式的创造性行为归为Little-C范畴的问题。Mini-C结构的出现有助于识别和区分创造性表达的起源以及识别创造性是如何表达的。

Little-C和Big-C之间概念易混淆，难以区分。例如，我们可能并不清楚到底应该将已经达到高成就水平但并不算杰出的创造性行为归为Little-C还是Big-C范畴。举一个生动的例子，我们可能会错误地将以演奏爵士乐为生的、有成就的爵士乐音乐家和在学校音乐会上演奏爵士乐的高中生归为同一类，因此，需要进一步区分所谓的专业创造性。具体来说，创造性的4C模型在经典二分法的基础上，引入Mini-C和Pro-C，进一步细分Little-C本身以及厘清Little-C和Big-C之间的混淆之处。下面对模型中的4C进行介绍，简要定义及举例等请见表6-1。

表6-1 创造性4C模型

	简要定义	例子	评估类型
Big-C	杰出新颖的和有意义的成就，往往重新定义整个领域	科学家牛顿的科学理论	主要奖励/荣誉；历史计量措施
Little-C	日常表达新颖和适合任务的行为、想法或产品	将剩下的意大利和泰国食物创新出一种新风味，并获得别人的认可	评分(教师、同龄人、父母)；心理测试；协商一致的评估
Mini-C	对经验、行动和事件的新颖且有个人意义的解释	学生将在数学课上学到的方法运用到其他学科的分析中去，且有新的、有意义的见解	自我评估；微观遗传学方法
Pro-C	任何创造性领域里表现出来的专业水准，超越"Little-C"而又没有达到"Big-C"的程度	从专业心理学协会获得奖励的教授的心理研究	协商一致的评估；同行给予的荣誉

(一)卓越成就:Big-Creativity

Big-C 创造性行为通常是指取得了杰出贡献的创造性成就,涉及社会群体层面,是社会认可的成就。西蒙顿(1994)关于创造性天才的著作就是研究 Big-C 的一个例子。典型的 Big-C 创造者可能是拿到了有声望的奖项的人,例如诺贝尔奖;或者是被收录进百科全书中的伟人,例如著名古典歌剧作曲家,他们的作品已经流传了几个世纪。

描述 Big-C 的心理学理论有很多,如奇克森特米哈伊(1999)的创造性系统模型。创造性表现为领域、评论者和个体三者之间的互动:领域可以像音乐一样广阔,也可以像写作曲子一样具体;评论者被定义为"守门人",如教师、编辑和评论家,他们需要对现存或者过去的创造性作品进行客观而又准确的评价;第三个组成部分是个体,即那些创造的成果被专业领域所接受的创作者。还有许多其他的理论、想法和研究都围绕着 Big-C 展开,例如加德纳(1993)的理论认为,创造者要与魔鬼浮士德进行交易才能产生创造性,创造者愿意牺牲生命中的一切来获得他们的创造性天赋。另一种对 Big-C 的研究方法是对富有创造性成就个体的个案研究,例如格鲁伯(1981)对达尔文的经典研究,他从 Big-C 个体的角度出发,展示了创造者是如何进化成为伟大的创造性思想家的。

此外,西蒙顿还对创造性成就和年龄之间的关系进行了广泛研究。Big-C 水平的创造性行为从 20 岁左右开始,在接近 40 岁的某个时候上升到最佳水平,然后逐渐接近于零产出。西蒙顿还研究了来自不同科学领域的科学家,Big-C 水平的科学家往往在 30 多岁的时候对这个领域做出了第一次贡献,40 多岁的时候做出了最杰出的贡献,而艺术家更可能在更年轻的时候就开始创作,这意味着,专业领域的不同可能会影响个体对该领域做出第一次贡献的年龄。

(二)日常创造力:Little-Creativity

创造性行为的另一个非常重要的领域是日常创造性活动,它更多地关注普通人的创造性,即普通人每天可能参与的创造性活动。西蒙顿(2012)认为,从狭义的角度来说,最适合创造性定义的领域就是"Little-Creativity"。日常创造性活动更多地表现为个体日常行为风格的一般性特征,与个体的探索性行为、好奇心等相关联。因此,日常创造力在一定程度上反映了个体的创造性潜能(creative potential),尤其对青少年而言,具有这种特征的个体将来进入特定的专业领域时,更有可能表现出创造性行为或取得高水平的创造性成果。

关注 Little-C 创造性领域的研究通常旨在说明创造潜力分布广泛,并且许多创造性理论是以 Little-C 为基础的。阿马比尔(1996)提出的创造性成分模型认为,创造性的产生需要三个变量:领域相关技能、创造性相关技能和任务动机。领域相关技能包括领域相关知识、技术技能和与特殊领域相关的天赋,例如杰出的心理学家通常具有丰富的专业知识和充足的技术技能储备;创造性相关技能则包括了适宜的认知风格,产生新颖想法所需要的内隐或外显的知识,以及自律、延迟满足和面对挫折不放弃的气质;而任务动机则包括了对任务的态度,自身承担此任务的动机或自我感知。阿马比尔(1996)认为,那些被快乐和激情驱使的人往往比那些被金钱、表扬或成绩驱使的人更富创造力。普吕克、贝葛多等人(2004)也对 Little-C 下了定义:日常创造力"是指个人或群体在能力、过程和环境之间的相互作用,通过这种相互作用,个人或群体能够产生一种可感知的产

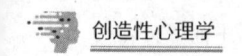

品,这种产品既新颖又有用,正如在社会环境中所定义的那样"。

总而言之,关注Little-C领域有助于避免认识创造力的常见误区:对Big-C过分关注,认为只有伟人或者天才才能拥有创造力,唯一重要的创造力是Big-C类型的创造力等。此外,Little-C也强调了创造力在日常生活中所起的重要作用,并指出在学校等日常环境中识别和培养创造力的重要性。

(三)转化学习:Mini-Creativity

Mini-C是不同于Little-C和Big-C的创造力,Mini-C主要指的是学习过程中内在的创造性,表现为对经验、行为和事件富含新颖性且有个人意义的诠释,如学生在物理课上设计科学实验。Mini-C强调了学习过程和创造力之间的重要关系,正如认知科学家指出的那样,信息不是简单地从环境中传递出来的,也不是被动地接受而没有任何改变的。相反,人们通过他们现有的观念、个人历史背景和过去的经历来过滤和解释信息。Mini-C定义的核心是特定社会文化背景下构建个人知识和理解的动态解释过程,这种创造性的观点与维果茨基的认知和创造性发展观相一致。他认为所有人都有创造性的潜能,这种潜能始于"文化工具和社会互动的内化或占有,不只是复制,而是基于个人的特征和现有知识对传入信息和心理结构的转换或重组"。

Mini-C类别的创造力研究避免了对学生创造力潜能的忽视,因为它强调了在学习新的主题时,教师或家长需要认识到学生独特的、有意义的个人见解以及对创造力进行解释的重要性。此外,Mini-C强调,尚未以有形方式表达的心理结构仍然可以被认为是高度创造性的,Mini-C创造力在个体未来的发展当中也是有机会被表达出来的。事实上,我们所要做的就是花一点儿时间观察儿童在日常学习和游戏活动中所表达的创造性见解,这样有助于教师和家长对儿童目前创造性潜能的发展有更好的把握,进而采取相应的提升措施去帮助儿童更好地成长和进步。

总之,在创造力的概念中加入Mini-C使人们重视创造力的内在和过程等方面,从而能够更多地关注常常被忽视的儿童的创造力潜力。此外,Mini-C并没有将关注对象局限于儿童,而是将各个年龄段的创造者都纳入进来,更加全面地进行研究,研究的维度包括对新经验的开放性、积极的观察以及对未知事物的惊讶和探索的意愿。总而言之,Mini-C水平的创造性不仅仅适合孩子,还代表了所有创造者所拥有的最初的对创造性的解释,这些解释后来有极大的可能会转化为可识别的创造性产品。

(四)专业知识:Pro-Creativity

Big-C级别的人物会被载入史册,然而历史上还有很多名不见经传的艺术家、发明家、科学家。这些类型的创造性行为是一个额外的类别,即Pro-C。Pro-C主要指不同创造性领域里表现出来的专业水准,它代表了Little-C水平之上的发展以及努力的进步,但又没有达到Big-C水平,如美术设计师通过一定的表现手法使某种构想视觉化的创作过程,这并不是常规的日常创造性活动,但还没有达到伟大成就的地步。个体在任意创造性领域经过专业训练并获得扎实的专业知识后,都有可能达到Pro-C级别,但并非一定会达到。在这个级别上的个体都有能力在专业领域和专业场所发挥自身的创造力,但并不是每一个Pro-C个体都能以他们的创造性追求为生,这可能是因为该领域的相关职业有时并不能为他们提供足够的收入,不过大多数Pro-C个体还是会坚持从事自己热爱的行业。

要达到Pro-C也需要获取创造力专业知识。杰出的创造者需要10年的专业知识准备,才能达到世界级专家的水准。想要在国际象棋、体育、艺术和科学等更广泛领域达到国际一流水准,10年时间只是一个初步数字。当然,10年并非一个精确的时间,想要在某些领域取得成就并达到Pro-C水准也可能需要更多时间,例如在文学创作领域,一个作家的第一次出版和出版高峰之间还有一个更长的时间差。总之,尽管学习一个领域的基础知识确实需要10年左右的时间,但根据领域的不同,要达到卓越水平的时间也会不同,一些更注重持续强劲表现的领域可能只需要10年,如国际象棋、体育和医学;而需要多种风格和范围的领域可能需要更长的时间。

根据创造性4C模型,每个人都具备创造性,并且都是从Mini-C开始的,Mini-C是所有人创造性的起源,没有Mini-C就没有Big-C。在一般情况下,Mini-C可以转变为Little-C,只有非常少的人才能从Mini-C直接跳跃到Pro-C,大部分人都要经历一个长时间的过渡期才能进入Pro-C进而生成Big-C。可见,Big-C的形成往往离不开Mini-C的最初发现、Little-C的技能发展以及Pro-C的才能磨炼,这也符合量变与质变相互转换的哲学原理。总而言之,创造性4C模型预示了个体创造性理想的发展轨迹,即要经历不同的水平与阶段。创造性4C模型的关系图解详见图6-1。

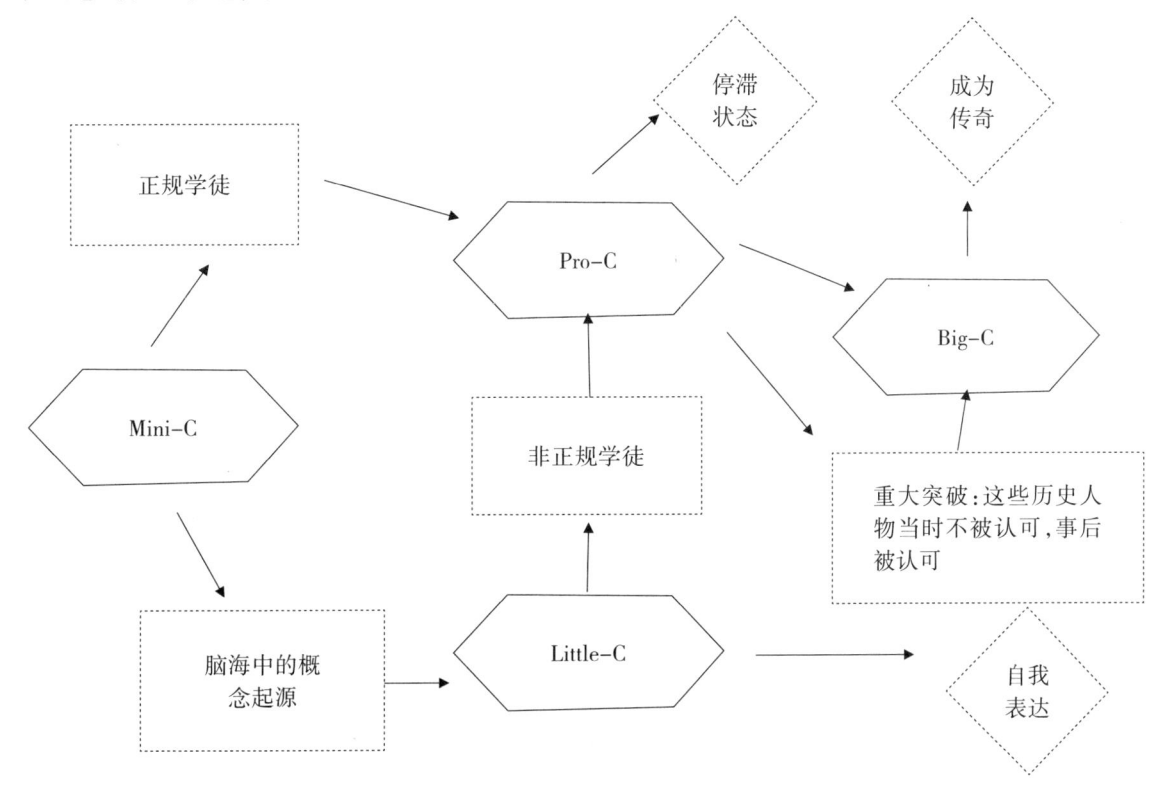

图6-1 创造性4C的关系图解

💗 生活中的心理学

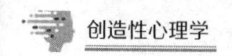

生活中的创造性 4C

　　创造性 4C 模型在生活中到底怎么运用呢？在这里给大家举一个有趣的例子——烹饪。人们常常认为只有在科学、文学领域才会产生创造性的造诣，实则不然，日常生活中最常见的领域"做饭"中就蕴藏玄机。我们如何看待创造力和烹饪呢？如果你对美国流行的饮食文化很熟悉，你可能听说过"火鸡鸭"（把去骨的鸡塞进去骨的鸭子里，然后再塞进火鸡里），这个例子显示了高度的独创性。但是一个人如何将自己培养成做出创造性菜肴的人甚至是世界大厨呢？创造性 4C 模型告诉你分为四步。例如，在很小的时候，你亲手制作了第一杯咖啡(Mini-C)，煮咖啡的过程是你对所见动作的模仿，虽不会归为创造性却是对其终生迷恋的开始；九岁的时候你去叔叔家的餐厅打工，学习了厨师的烹饪技术(Little-C)，为后来的职业生涯奠定了基础；后来你成为一名专业的厨师，提出了很多创新的点子，例如引入高度结构化的厨房层次结构(Pro-C)；正是这些创新确立了你作为杰出厨师的地位，你随后出版的书籍更是得到了国际上广泛的认可和推广，成为很多学校专业的教科书(Big-C)。这是名厨奥古斯特·埃斯科菲耶的故事，它给予我们很多思考，毅力和专业将会帮助你成就自我。

✏️ 复习巩固

1. 创造性行为有哪些分类方式？
2. 从 Little-C 怎样才能达到 Big-C？

第二节　创造性行为测量及相关因素

　　心理测量法可应用于创造性研究的四个特定方面是：创造性过程、创造性相关的人格和行为特征、创造性产品的特征以及有利于培养创造性的环境属性。其中，对创造性行为的研究主要集中在对创造性个体过去行为的考察，以确定某些特定的经历是否与创造性产品有关。当然，一些研究也会考察创造性个体当前的创造性行为，探求创造性行为产生的过程。对创造性行为进行研究的方法大致分为自我报告和他人报告两类，研究方法的选择基于被研究个体的年龄、专业领域等客观因素。自我报告法常常用于当研究者希望收集能反映创造性潜能和成就的有关个体的活动和技能资料时。根据"对将来创造性行为的最好预测指标是过去的创造性行为"的假设，研究者们编制了自我报告的自传和活动调查表，如阿尔法生物学调查表(Alpha Biological Inventory)、创造性行为调查表(Creative Behavior Inventory)等。科朗吉洛、科尔、哈洛威尔、休斯曼和格特(1992)对发明家进行研究后设计了一个发明量表，该量表结合了人格特征和成就的研究方法。这些测量工具通常要求被试报告过去的创造性成就，但也有一些工具包括一些与当前活动有关的条目，或同时包含过去和正在进行的活动。需要注意的是，在心理测量学上应用传记和活动调查工具不同于在历史测量学上应用类似的工具,因为前者基于当前行为和活动的资料,而后者则基于杰出人物或取得高成就个体的历史经验。霍瑟瓦尔(1981)和瓦拉赫(1976)认为,对活动和成绩的自我报告是测量创造性行为的可取技术,可以帮助研究者详尽了解研究对象的创造水平和产品,但这种方法太过主观,缺失客观指标。除了自我报告的方法,他人报告的方法也适用于对创造性行为的研究。对于年龄很小的儿童或是在为超常教育进行全校性筛选计划的情况下的儿童,自我报告法是行不通的。针对这一需要,人们开发了一些研究工具,允许家长、老师、其他成人,甚至同伴来评价创造性人格和以往行为方面的相关因素。流行的工具包括学前儿童和幼儿兴趣描述量表(Preschool and Kindergarten Interest Descriptor)及超常学生行为特征评价量表(Scales for Rating the Behavioral Characteristics of Superior Students,SRBCSS),SRBCSS被频繁地用于超常教育的筛选程序。然而一般来说,对于创造力或才能,由一个熟悉的人进行评价,其效度是不确定的,对此既有支持的证据,也有不支持的证据。

目前为止,相关领域发展出很多对创造性行为进行研究的方法和量表,接下来我们将主要介绍日常创造性活动和创造性成就的测量、相关因素以及创造性行为的作用。需要具体介绍的测量量表或问卷包括:创造性行为量表(Creative Behavior Inventory,CBI)、领域日常创造性量表(Assessment of Everyday Creativity across Nine Domains)、创造性成就问卷(Creative Achievement Questionnaire,CAQ)以及创意活动和成果清单(Inventory of Creative Activities and Achievements,ICAA)。

一、日常创造性活动测量

(一)测量工具

对于日常创造性活动进行测量的方法大致有两类。

1. 经验抽样调查

第一类是经验抽样调查,要求被试进行周期性的创造性行为日记记录或者对被试一天的创造性行为和感受进行随机抽样。例如,被试在每日记录中需要用一个项目来衡量今日的创造性活动——"总的来说,你今天的创造性如何?创造性包括提出新颖或原创的想法、以原创和实用的方式表达自己或花费了多少时间从事艺术活动(艺术、音乐、绘画、写作等)",然后按照李克特五点量表(0=没有;1=很少;2=适量;3=很多;4=非常多)进行自我评分。

2. 问卷或者量表的形式

第二类方法是采用问卷或者量表的形式来反映被试过往的日常创造性活动表现。例如,用于测量中学生日常创造性活动的量表和创造性行为问卷。中学生日常创造性活动量表分为了语言文学、科学技术、文艺表演、手工设计和社会活动5个领域。每个领域包括6种常见创造性行为,按照其创造性程度由低到高排列,题号为每个条目的权重分,条目采用5点计分,从"从不"到"总是"分别记为0—4分,条目得分为该题的权重分乘以量表上被试选择的分数,领域得分为该维度下条目分的总和。若问卷的内部一致性在0.81—0.89之间,则具有良好的信度。

创造性行为量表是另一个利用量表的形式测量个体创造性活动的工具。创造性行为量表被研究者广泛地用于测量日常活动中的创造性行为,包括28道涵盖了文学、艺术、工艺品以及视觉艺术这4个领域的题目。下面对该量表的不同领域题目进行举例。

文学类别的创造性行为的测试题目:在学校的文艺刊物中担任编辑、创办一种文学杂志或类似的出版物、写诗等。

艺术类别的创造性行为的测试题目:表演广播秀、在流行歌舞表演中获奖或用某种乐器作曲等。

工艺品类别的创造性行为的测试题目:制作移动壁挂,制作工艺品获奖,用塑料、树脂玻璃、彩色玻璃或者类似的材料做工艺品等(课堂作业除外)。

视觉艺术类别的创造性行为的测试题目:拍照并加以完善,根据美学原理作画,制作或帮助制作电影或录像带等。

测验最初的评分标准是对于每道测试题目要求被试在4个等级上对他们日常所进行的创造性行为进行评估(对每一个行为进行0到3的评分):"0"表示在生活中从未出现过这种行为;"1"表示在生活中有过一次或者两次这样的行为;"2"表示在生活中出现过三次、四次或者五次这样的行为;"3"表示在生活中出现这种行为多于五次。分数越高,表明个体在日常生活中所进行的创造性活动越多,其创造性能力越强。

领域日常创造性量表主要关注的是日常创造力背后的动机因素。创造力和动机的理论以及实证研究揭示了创造力的9个核心动机,包括享受、表达、挑战、应对、亲社会、社会、物质、认可和责任动机。在该量表中,每个动机都包含了两项陈述内容,例如"我参与这项活动是因为我喜欢它",9个动机共计18个陈述。在完成该量表之前,需要被试提供动机的背景,即要求他们说出通常在闲暇时间参与的所有创造性活动。创造性活动不仅要考虑艺术或手工艺方面的活动,还要考虑其他领域,如技术、设计、体育、游戏、社交活动和烹饪等。每项创造性活动只用一两句话来描述,且避免使用"艺术"等简短而过于笼统的词语。评估者会对所有报告的创造性活动进行逐一评估(是/否),以确保被试报告的内容均为创造性活动。此外,被试还可以提出参与创造性活动的其他原因,以捕捉动机量表未涵盖的其他潜在原因。

(二)日常创造性活动的相关因素

理查兹提出了关于日常创造性活动与积极心理过程的因果关系的理论。大量实证研究也表明,日常创造性活动是促进幸福的工具,是一种培养积极心理功能的手段。日常创造性活动与人格特质、心理幸福感和心理健康之间存在很大的关系。例如日常创造性活动与日常活动中的幽默和开放性有关,当个体进行了更多的创造性活动时,他们会感到更高水平的积极情绪和活力。这暗示我们,如果想在工作中具有创造力,不仅需要自身具备丰富的知识经验,还要能够描述丰富多样的情感、感知,以及与我们工作和生活质量有关的动机。日常创造性活动和日常幸福感也有很大的关系,以往有研究证实了日常创造性活动、创造性自我效能感与生活满意度、积极情绪之间存在正向的相关作用,并且创造性自我效能感在其中发挥着中介效应。总之,就日常创造性活动对个人积极心理的促进作用而言,其既能促进心理健康,也能反映心理健康(Silvia et al., 2014)。

除了积极心理过程与日常创造性活动的相互作用,一般来说,在不同的日常创造性活动类别上会存在不同程度的性别差异和年龄差异。虽然在日常创造性活动总体上并不存在所谓的性别差异,但其实男生在科学技术和社会活动领域的成就总是高于女生,而女生在文艺表演与手工设计领域的得分又高于男生。这样的社会现象是比较好理解的,这跟我们平时在生活中的"刻板印象"一致,即男生在理工领域更有优势,而女生则在文学艺术领域更胜一筹。日常创造性活动也展现出了年龄差异,有研究者发现,初一学生的各项日常创造性活动得分均高于其他年级(唐光蓉,邹泓,2014),这可能是因为初一年级的个体正处于一个智力、创造力快速发展的关键期,也可能是由于在之后的年级中,过多的学业压力抑制了创造力的发展,其背后的真正原因和机制仍有待进一步研究。

创造性活动背后的动机也是十分重要的,不同程度的动机会激发个体产生出不同水平的创造性活动。创造性动机会因创造性领域的不同而存在不同程度的差异。享受和挑战两类动机在各个领域占比均较高,而物质和责任动机相对较低。不同领域背后的动机机制也不太一致,例如与其他创造性领域相比,与音乐相关的创造性活动更易受到社会动机的驱动。总而言之,创造性活动是由一般动机驱动的,但也受特定动机影响,一般而言,创造性休闲活动具有高度内在动机,因为它们能提供愉快和具有挑战性的体验。自我表达和应对麻烦的经历是参与写作、绘画或创作音乐的强烈动机,而创作音乐又更易受到社会动机的影响。

此外,还有各种因素对日常创造性活动均会产生影响,如创新型环境、创造性人格、创造性思维特点、教师人格特质、参与创造性活动的程度等因素。

二、创造性成就的测量

(一)测量工具

对于创造性成就的测量,卡尔森(2005)等人提出了创造性成就问卷。创造性成就问卷包含了视觉艺术(绘画和雕塑)、音乐、创造性写作、舞蹈、建筑设计、幽默、发明与科学发现、戏剧、电影和烹饪艺术等10个人们普遍认为需要较高创造力的领域。问卷中,每个领域列出8个等级的创造力成就的陈述句,要求被试勾选与自己情况相符的条目,每个领域第一个选项都是"在本领域我没有任何的训练或被公认的才能,若选择'是'可以直接跳到下一个领域"或相近的表述,其余的选项按照成就从低到高的顺序列出。对于每个领域的最高成就,序号前以星号标记,如果被试勾选了该选项,则同时要填写该情况发生的次数。创造性成就问卷的计分方式如下:

每个选择项目的得分为每个选项的数字;

带星号的项目的得分为项目的分数×该项目的发生数量;

每个领域的项目得分加起来即为这个领域的得分;

10个领域的得分加起来即为创造性成就量表的总分。

(二)创造性成就的相关因素

对于创造性成就的相关因素,研究者们从多个角度对其进行了探讨,接下来将简要地进行介绍。

与日常创造性活动一样,性别差异也是创造性成就领域较为热门的话题。创造性成就在总体表现上并不存在显著的性别差异,但通过进一步探索会发现创造性的每个领域的一些方面会出现性别差异,例如在艺术(绘画和雕刻)、音乐以及舞蹈等特定领域,女性的创造力水平均高于男性。

遗传同样是影响创造性成就的重要因素,单卵双生子相关性始终显著高于双卵双生子相关性(Piffer,Hur,2014)。

认知灵活性反映了个体思想和行为适应能力,创造性是认知灵活性的缩影,认知灵活性应该作为创造性理论的核心,高创造性成就的个体会表现出更高的认知灵活性。

值得注意的是,创造性成就与精神病的情感和反社会特征也存在一定程度的关联,很多在自己专业领域有突出贡献的个体常常是疯狂的。

此外,行政职能和各种语言能力有助于艺术和言语的创造力发展;反应抑制与舞蹈领域和言语创造力存在关系;认知灵活性与艺术创造性、创造性写作等言语创造性也都存在相关性;智力、人格的开放性也和创造性成就有一定程度的关联。

(三)科学创造性成就、艺术创造性成就及相关因素

在探究创造性成就的测量时,研究者常常对其进行较为细致的划分,但是我们并不能穷尽世界上所有的领域,因此,在现实生活中,研究者将人类活动主要分为两个较大的领域:科学和艺术。事实上,艺术创造力与科学创造力之间的界限是由教育体制和结构的变化决定的。在过去的一个世纪里,欧洲政府机构强调专业化:艺术性和科学性。在中国,大学生除必修课外,还必须选修理科和文学的相关课程,这种课程分类驱使人们进入两种思维方式。针对创造性领域来说,创意又分为艺术创意和科学创意,两者各有特点。

科学创造性不同于文学创造性和艺术创造性,通常采用问题解决的形式进行研究。在对科学创造性的调查中,仅针对科学创造性的研究很少见,大多数关于科学创造性的研究都是基于解剖学的。最著名的例子应当是对科学家阿尔伯特·爱因斯坦的大脑的研究,研究人员试图通过研究他的大脑解剖结构来探索科学创造性的机制。研究发现,爱因斯坦的大脑含有比正常人更多的神经细胞和神经胶质细胞,且顶叶皮层比对照组的大脑宽15%。这些特征可能是对其创造性高度发展的解释。此外,科学创造性还与额叶、顶叶和扣带回密切相关。

"艺术一直是大脑通过其抽象过程创造的其他未满足理想的创造性的避难所,艺术加速了我们的文化进化。"艺术创造性满足了人类的精神需求,促进了精神文明的发展。艺术创造性一直是创造性特殊领域研究的热点,包括了音乐、绘画和文学等方面。

探究艺术创造性的相关因素发现,个体艺术创造性的高低可能与文化差异、生物敏感性和负面情绪有关。文化差异是一个经典的影响因素,在很多艺术领域的赛事中,美国参赛者的作品通常比中国参赛者的作品更具创造性和美感,这种差异得到了美国评委和中国评委的认可,究其原因,中国学生的艺术创造性可能因缺乏学校和家庭的鼓励而偏低,美国强调独立且自我的文化也比中国强调相互依存的文化更能促进艺术创造力的发展。此外,对艺术活动的态度、动机或社会经济因素的差异,也可能导致艺术创造性的差异。生物敏感性以及负面情绪对艺术创造性的影响

在很多名人事例中都有记录。历史和经验将艺术创造性与抑郁症和其他情感障碍联系起来。古代诗人在承受国破家亡灾难之际,写下流传至今的千古绝唱;当代青年诗人海子才华横溢却患上抑郁症并卧轨自杀,提及其自杀的原因,海子生前的挚友说:"要探究海子自杀的原因,不能不谈到他的性格。他纯洁、简单、偏执、倔强、敏感,有时沉浸在痛苦之中不能自拔。"

(四)创造性成就的作用

创造性成就的作用颇多,举个非常有意思的例子:创造性成就对焦虑的缓冲功能。很多著名学者都讨论了创造力与象征性不朽之间的关系,例如英国时装设计师亚历山大·麦昆描述了他的设计"这样当我死了以后,人们就会知道21世纪是由亚历山大·麦昆开创的"。恐怖管理理论提出,坚持文化世界观和自尊可以缓冲个体对死亡问题的害怕。而创造性成就作为一种个体输出的文化和能够提升自我效能感的产物,在总体上来说,可能是实现象征性不朽的途径。具体而言,当死亡降临时,创造力可能会促进对象征性永生需求的更灵活管理,并且如果它与一个人的文化世界观兼容,则可能会带来生存利益,即富有创造性成就的个体会倾向于不害怕面对死亡,因为他的作品存在象征永久性。

三、创意活动和成果清单

与前两项测试不同的是,创意活动和成果清单同时评估了个体的日常创造性活动和创造性成就。该清单评估了8个领域的创造性活动和成就:文学、音乐、艺术与手工艺、创造性烹饪、体育、视觉艺术、表演艺术、科学与工程。

在创造性活动量表中,参与者被要求以5点评分法报告他们在过去10年内在8个领域中开展活动的频率(从不、一到两次、三到五次、五到十次、十次以上)。一般而言,创造性活动量表衡量的日常创造力被定义为个体在日常生活的各种活动中的工作和休闲创造力。该量表包括8个领域,每个领域有6个相关活动。领域得分是通过综合特定领域活动分数获得的,总分是通过总结跨领域的分数来计算的。在创造性成就量表中,参与者被要求选择出他们在8个领域中取得的成就。在这种情况下,成就是指现实生活中的创造性成就(例如创作一首音乐、做出科学发现或写一本书)。每个领域分数相加得出领域内的成就分数,总分为跨领域分数相加。

这个清单将日常创造性活动和创造性成就结合起来测量,较为方便,研究者们可以考虑在未来的研究中使用。在过往的研究当中,研究者利用ICAA探究个性、能力等相关因素对创造性活动和成就的影响。个性特征是帮助具有创造性潜能的个体获得创造性成就的驱动因素,特质情绪智力(特别是社交性因素)和情绪创造力(即新颖性方面)调节了创造性潜能和创造性成就之间的关系,而这种关系是由创造性活动介导的。由此看来,个体光具备强大的创造性潜能是不够的,还应该积极培养自身的创造性品质以及参与更多的创造性活动,从而促使创造性成就的产生。总的来说,ICAA中,创造性活动的评估特别适合评估Little-C,而创造性成就的评估似乎更适合评估Pro-C。ICAA为研究人员提供了一个广泛而通用的评估工具,可以用于研究跨领域和跨层次的创造力。

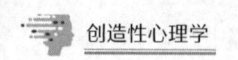

📖 拓展阅读

> **有趣的研究**
>
> 按照我们日常的理解,移情能力与创造性之间的关系微乎其微,但福姆和卡尔巴赫在2018年的一项研究中探索了社会能力(如移情能力)对创造性行为的影响。结果发现,个体移情能力与创造性成就呈正相关,与日常创造力呈倒"U"形关系。研究者认为与外界有更多的联系并不一定产生更好的创造力,社会因素与创造力的相关性不应一概而论,而应取决于所研究的创造力的大小(Form, Kaernbach, 2018)。

✍ 复习巩固

1. 创造性行为的测量主要分为哪两种形式?
2. 什么时候需要用到他人报告的形式?

第三节 创造性行为的影响因素

个体创造性行为的动力来源一直是心理学研究者们争论的焦点,也是创造力研究领域中非常重要的话题。创造性行为是个体生活中产出创造性产品的过程,产品的产出必然受到很多因素的影响。

一、基因

创造力是社会发展的动力,也是个体取得成功必须具备的能力。个体创造力受到遗传和环境的共同作用,而且随着分子遗传学的发展,人们更加关注与创造力有关的基因的遗传机制。

"富有魅力、专注和无情是精神病态者最明显的三种特征,如果同时具备这些特征,在问题出现的时候,就能一一将其攻破。这种观点并不新鲜。但是,如果你真的足够幸运,同时具备这三项特征,那么你很可能获得超乎寻常的、杰出的、长期的成功,史蒂夫·乔布斯就是典型的例子。"牛津大学的心理学研究学者凯文·达顿在他的作品《异类的天赋》中,如此描绘精神疾病与功成名就之间的暧昧关系。天才还是疯子?这个谜题在人类文化和进化史上扮演着核心的角色。这种观点是否有科学数据的支撑呢?天才跟疯子之间,是否真的具有某种剪不断理还乱的联系?接下来让我们一起来探索。

精神病特征与创造力之间存在着一定水平的关联,这是因为与精神病相关的基因在人类基因库中的持续保留。神经调节蛋白1(neuregulin1)是研究最为广泛的精神病候选基因之一,该蛋白在每个个体的染色体上都存在,影响着神经元发育、突触可塑性、谷氨酸能神经传递和胶质功能等。神经调节蛋白1一共能分为三种基因型(T/T、C/T、C/C),其中,T/T基因型与精神病发病风险增加有关。而神经调节蛋白1基因多态性中T/T组的创造性得分最高，C/C组创造性得分最低，C/T组得分居中。这样的结果可以证实创造力和精神分裂在基因上的确存在关联，这可能是因为神经调节蛋白1影响着神经发育和可塑性，这种神经发育与创造性的发展有着紧密的关系。

此外，患有双相障碍和精神分裂症个体的亲属会更多地从事创造性相关的职业。精神分裂的病人和创造性高的正常人思维都不受约束。此外，精神分裂和双相情感障碍的多基因风险分数能够显著地预测个体的创造性成就，患精神分裂和双相情感障碍的风险分别最高能够解释创造力0.24%和0.26%的变异（Power et al., 2015）。

📖 拓展阅读

相关读物《天生变态狂》

内容简介：作者詹姆斯·法隆被《华尔街日报》评为十年来成就最大的神经科学家，他有着美满的事业和家庭。多年来，他深深着迷于心理变态者的脑部结构研究，并发现心理变态者的大脑边缘皮质都存在相同的变异。在对正常人和异常人脑部扫描图的研究中，他竟然滑稽地发现，自己的脑部结构跟心理变态罪犯的一模一样。自此他展开了在心理变态脑科学领域中的探索。

在家庭聚会上，母亲悄悄塞给他一本书说："这本书或许可以让你好过一些。是关于你父亲家族的。"书的开头就讲述了詹姆斯父系血统康奈尔家族的第一桩弑母案，随后的200年里，其父系陆续曝出过杀妻弑母等数个杀亲案件。2011年后，另两支父系血脉，一支被曝出全是杀人犯，一支全是抛弃妻子的流氓恶棍。

之后詹姆斯受邀参加TED大会，他鼓起勇气讲述了自己的狗血家族史。这个演讲被放到YouTube上后引起关注热潮。显然，对大众而言，"天生杀人犯"比"神经科学家"更可以唤起注意。

这本书清晰地向人们解释了基因和成就的关系，一个天生携带危险基因的个体未来是会成为杀人犯还是一个颇有建树、取得创造性成就的科学家呢？基因并不是完全的决定性因素，家庭环境以及教养方式等会起到很大的作用。

二、家庭环境

家庭环境是个体成长过程中非常重要的一个影响因素，其中社会经济条件（Social Economic Status，SES）、亲子关系、家庭构成、教养方式等因素都能从行为和生理两个层面同时塑造儿童和青少年的创造性，进而影响其表现出来的创造性行为。家庭环境对个体的行为发展和大脑结构都有一定影响，而行为上的发展很可能是与大脑结构的变化相互作用的。

SES对儿童的社会创造性有着显著影响，这里的社会创造性指的是用独特且合适的方法解决社会问题或改善自己在社会活动中的表现，按照创造性的4C模型可以归纳到Little-C当中，即普通人在日常生活中所表现出的、与个体的探索性行为和好奇心相关联的创造性。在SES更好的家庭中长大的儿童比在SES较差的家庭中长大的儿童拥有更高的社会创造性，这主要是因为SES较好的家庭中的儿童面临更少的成长困难，同时也有机会接触到更多的优质资源，接触到更多新异刺激的他们更容易培养出较高的社会创造性。此外，人格虽然是相对稳定的一种特质，但同样会受到环境的影响，SES更好的家庭中的儿童往往拥有更高的开放性、尽责性、宜人性和外倾性，这些特质都是对社会创造性有利的。

家庭的结构同样能对儿童的创造性行为产生影响，独生子女在创造性上有着更高的灵活性。父母的教养方式以及亲子关系同样对儿童的创造性行为有着至关重要的影响。例如，父母教养方式中的交换意见、回收爱与社会创造性中的适宜性存在关系，自主选择与独创性有关联，这说明了父母是儿童信息性支持的主要来源，儿童能够在与父母的交流中获得适宜的、符合社会规范的问题解决方式，回收爱是一种不恰当的惩罚手段，长期使用会导致子女感到紧张内疚且形成不健康的亲子依恋，难以很好地探索陌生环境，在社交中表现出退缩。

总而言之，家庭环境能够从多个角度来塑造儿童的创造性行为，相对宽松的、民主的、SES更好的家庭能够给儿童以更大的成长空间，更多的自我探索机会，因此在这种环境中长大的个体往往能够在生活中表现出更多的创造性行为，而这一影响是有生理基础的，即家庭环境可以通过对儿童大脑的塑造来间接地影响其创造性行为。

三、其他影响因素

能够影响创造性行为的因素还有很多，例如智力、社会文化、创意自我效能感和创造性信心等。

高智力是高创造性的有利条件，但它们之间不存在对应关系。总体而言，智力水平与创造性行为的水平之间具有正相关的趋势，但智力越高，智力与创造性之间的相关越低。它们是两种不同的品质，高智力并不必然带来高创造性。

社会文化也对创造性行为有着一定的影响。如果过于强调社会规范，社会中的个体就会表现出因循守旧，不敢尝试、探索那些失败的可能性比较大的未知事物，个体创造性就会被限制。多元文化经验对创造性行为起着促进作用。多元文化经验是指个体在与其他文化进行接触时，所获得的所有经验。例如，国外学习或生活的经历不仅会影响特定领域的创造性，还会影响一般领域的创造性；不仅会影响个体的创造性，还能促进集体创造性的流畅性与新颖性水平。国外早期研究发现，大部分的知名发明家、艺术家、科学家都是第一代或第二代移民。

而创意自我效能感作为重要的个体因素，是指个体对于自己从事的特定活动任务是否能产生创意作品的自我评判。创意自我效能感能够正向预测个体创造力，并且日常创造性活动、创意自我效能感与生活满意度、积极情绪之间已经被验证存在正向关系（闫鹏辉，2019）。

此外，对自身创造能力有信心似乎是创造行为的必要条件。然而，这种关系可能并不是那么直接。新兴的理论和实证研究表明了创造性信心和创造性行为的关系受到其他因素的调节。创造性自信与创造性成就、艺术创造性成就、科学创造性成就和参与创造性活动之间存在较低的相关。此外，智力风险在创造性信心和创造性行为之间起到了调节作用。具体而言，个体愿意承担智力风险可以增强创造性信心和创造性行为之间的正向关系。总之，即使人们对自己的创造力有很高的信心，他们也可能需要愿意承担智力风险，以使创造性信心发展为创造性行为。

📝 **复习巩固**

1. 简述哪些因素会对创造性行为产生影响。
2. 家庭环境与创造性行为的关系是怎样的？

第四节 创造性行为的大脑结构和功能基础

科学家的大脑跟普通人的是一样的吗？这个问题很容易让人联想到科学家爱因斯坦死后，其大脑被分成240份切片进行保存研究。不只是爱因斯坦的大脑，即使是普通人的大脑，也同样充满神秘。研究者表示，人类大脑中的神经元数量大约为860亿个，且大脑拥有非常复杂的结构。正是这么复杂的大脑结构，才使得人类具备其他许多动物没有的创造力。

而当我们谈论创造力时，通常会想到牛顿、爱因斯坦、图灵这些大科学家，因为他们创造性的工作改变了人们对世界的认识。但我们很难去研究这些已逝的科学家或健在的科学家的大脑，来探寻与他们创造性行为相关的大脑特征。除了创造性成就，我们普通人最常拥有的是日常创造性活动。日常创造性活动通常是呈正态分布的，大多数人都可以表现出一定程度的创造性行为，而创造性成就呈正偏态分布，这意味着只有极少数人能达到较高的水平。目前，科学技术手段不断发展，很多研究利用神经影像技术去探究创造性行为背后的认知和神经过程。接下来，我们将从创造性行为的大脑结构基础和大脑功能网络基础两个方面进行进一步的介绍。

一、创造性行为的大脑结构基础

从认知的过程来说，日常创造性活动可能会包括：行为的计划，基于可用的线索，产生各种可能的行动计划；行为的选择，抑制和当前任务无关的行为，从多种行为计划中，选择合适的行为；行为的执行，将选择的计划付诸实际解决问题。那么根据此理论，日常创造性活动应该与上述认知过程相关的脑区存在不同程度的联系。以往的研究的确证实了日常创造性活动越多，右侧前运动区的灰质体积越大，部分印证了上述的假设。具体而言，前运动区域是高级运动计划的区域，负责新颖行为的产生和选择，是日常创造性活动所必需的。此外，日常创造性的活动越多，个体的创造性成就越高，也就是说，日常创造性对促进个体的创造性成就有重要作用。由此可见，中小学教育应当鼓励儿童多动手，多"玩耍"，这些行为应该是促进其创造性表现的一种有效手段。

创造性成就是现实生活中创造性的另一个方面，是个体在所经历的生命历程中已产生的创造性的产品的总和，包含了长期的创造性行为和多个领域的能力体现，如音乐、写作、发明和烹饪等。创造性成就是个体创造性能力差异的外部体现，具有良好的生态效度和客观性，可以在一定程度上弥补创造性思维测试的主观性。同样地，创造性成就的产生并不依赖任何单一的认知过程或者脑区，而是依赖于多个认知过程和分布广泛的认知网络。此外，在发展变化的环境中，创造性成就被认为是个体应对变化的重要方法之一，能够帮助个体灵活应对不断变化的环境。

具体来看，CAQ上得分较高的个体在左侧眶额回内的皮质厚度较低，而角回的厚度较高（Jung

et al., 2010），并且 CAQ 得分与额上回和腹侧前额叶皮质、双侧颞下回和楔前叶的灰质体积（gray matter volume，GMV）增加以及与双侧背部扣带、喙部扣带和辅助运动区的灰质体积减小有关（Chen et al., 2014）。其中，艺术创造力与辅助运动区和前扣带回皮层的区域灰质体积呈显著负相关，相比之下，科学创造力与左额中回和左枕下回的区域灰质体积呈显著正相关。总体而言，艺术创造力与突显网络相关，而科学创造力与执行注意力网络和语义处理相关（Shi, Cao, Chen, Zhuang, Qiu, 2017）。此外，大脑结构差异还能区分高创造性成就者和平均创造性成就者，两类人群的确在后顶叶和上颞叶皮层的厚度上存在显著差异（Chrysikou et al., 2020）。这些研究结果直接印证了创造性成就的产生需要多个认知过程和分布广泛的认知网络的参与。

上述研究都是基于创造性成就问卷，但我们也提到了问卷的测量相对主观，缺少效度，研究者更应该采取直接客观的衡量形式来表征个体的创造性成就，例如客观的论文和项目数量等。众所周知，高学术成就的大学教授对科学的进步和技术的发明更是不可或缺，他们总是最先发现科学问题，并提出最好的解决方案，因此，大学教授的学术成就应该与智力等认知能力、开放性和成就动机等人格特质息息相关。相关研究对高学术成就和低学术成就教授的神经机制基础进行了差异分析，结果发现高学术成就教授在左侧额下回（主要是在眶额回的后部）和辅助运动区的体积更大，这些区域负责行为和认知计划的执行；而右内侧前额叶和顶下小叶的体积更小，这些区域可能负责新颖的探索和假设的思考（Li et al., 2015）。

二、创造性行为的大脑功能网络基础

创造性行为的产生不仅仅是需要不同脑区的参与，更涉及了它们之间的协同合作，所以对创造性行为大脑网络功能的研究十分必要。左侧颞下回和壳核以及它们之间的关系对日常创造性活动影响甚远，个体日常创造性活动越多，其左侧颞下回和壳核两个脑区自发水平活动越高，并且左侧颞下回和壳核等区域（如苍白球、尾状核、脑岛、楔叶、顶下小叶、小脑、丘脑等）的功能连接显著增强；而壳核与颞叶等部位（如颞中、颞上、颞下、梭状回、舌回、小脑、枕中、枕上、中央前回、额中回、额下回）的功能连接也显著增强（田芳，2017）。具体而言，个体在日常生活中进行视觉艺术创造性的活动的时候，颞下回有助于个体更好地感知视觉刺激的颜色和形状，以及对复杂物体进行整体的感知；而壳核在个体进行日常生活中的音乐创造性行为时通过影响运动计划进而促进创造性行为的产生。总之，创造性认知过程具有复杂性，在进行创造性活动的过程中不同脑区之间的沟通起着非常重要的作用。脑区之间共同协作，通过调节动机以及工作记忆等使认知功能发挥得更加迅速，更高效，个体因此能够更好地掌控语言、注意、视空加工和想象力，进而使得创造性活动更顺利地进行。

对于创造性成就而言，也需要不同的脑区甚至更大的脑网络之间的协同工作。个体创造性成就与双侧背侧前扣带回和内侧前额叶、内侧额上回和左侧额岛的功能连接强度呈现负相关。默认网络和控制网络分别在创造性任务中起着新异思维的产生和创造性评估的作用，二者共同促进创造性活动（Jung, Mead, Carrasco, Flores, 2013）。此外，上面提到的关于高校教授的研究也证实了高学术成就教授与低学术成就教授相比，左侧中央后回和右侧豆状核、左侧框额叶和右侧颞极、左侧辅助运动区、左侧丘脑和后侧颞下回的连接强度更强(Li et al., 2015)。

总的来说,上述研究主要发现了创造性个体差异的大脑结构和功能基础,主要包括默认网络、控制网络,以及突显网络中的一些关键区域的灰质、白质体积和功能连接与日常创造性活动与创造性成就的关系。当然,个体差异的研究有其优越性,同时也存在局限性。基于神经影像的个体差异研究的优点在于实验易操作、适用范围广、信息丰富、便于大规模采集数据;缺点是所需样本大、成本高。无论如何,通过神经影像和行为测量相结合的方式来遴选人才,将有助于优化我国人才选拔机制。此外,大脑预测在教育领域也会有长足的发展空间。一是既可以观测个体创造性发展轨迹,又可以在创造性发展的关键期给予干预,以释放学生未来的创造性能力;二是可以了解个体未来可能在哪一个领域取得成就,在教育期给予针对性的指导。

本章要点小结

1. 创造性行为并不是科学家、天才和伟人的专属,普通人也可以产生创造性行为。

2. 创造性行为可以按照问题解决类型、经典二分法以及"4C模型"进行分类。问题解决类型下的创造性行为分为问题解决,理论建构,用符号系统表达的永久作品,仪式化作品的表演以及涉及各种高风险行动的行为。经典二分法分为日常创造性活动与创造性成就。"4C模型"下的创造性行为包括 Mini-Creativity、Little-Creativity、Big-Creativity 和 Pro-Creativity。

3. 创造性行为的测量大致分为了自我报告和他人报告两类,研究方法的选择应基于被研究个体的年龄、专业领域等客观因素。主要包括日常创造性行为的测量以及创造性成就的测量。

4. 创造性产品的产出受到很多因素的影响,本章重点介绍了基因、家庭环境、智力、社会文化、创意自我效能和创造性信心等。

5. 日常创造性活动越多,右侧前运动区的灰质体积越大。创造性成就与额上回和腹侧前额叶皮质、双侧颞下回和楔前叶的灰质体积增加和与双侧背部扣带、喙部扣带和辅助运动区的灰质体积减小有关。

6. 创造性个体差异的大脑结构和功能基础,主要包括默认网络、控制网络,以及突显网络中的一些关键区域的灰质、白质体积和功能连接与日常创造性活动与创造性成就的关系。

7. 大脑灰白质体积、脑区间的功能连接等神经因子能够对创造性行为进行预测。

关键术语表

日常创造性活动	Little-Creativity
创造性成就	Big-Creativity
创造性行为清单	Creative Behavior Inventory
创造性成就问卷	Creative Achievement Questionnaire
创意活动和成果清单	Inventory of Creative Activities and Achievements
灰质体积	gray matter volume

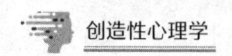

本章复习题

一、选择题

1. 制作一份有创意的礼物属于下列哪种创造性行为(　　)。
   A. Mini-C　　B. Little-C　　C. Pro-C　　D. Big-C

2. 下列说法正确的是(　　)。
   A. Mini-C的结构突出了个性和发展性方面的创力
   B. 已经达到高成就水平但并不算杰出的创造性行为属于Big-C
   C. 创造性训练应该越早越好,抓住创造性潜力提升的"关键期"
   D. 专家提出来的创造性产品都属于Pro-C

3. 对日常创造性活动描述正确的是(　　)。
   A. 参与迎新晚会节目的创作属于Little-C
   B. 爱因斯坦的相对论是在日常研究中积累起来的,所以属于日常创造性活动
   C. 日常创造性活动需要得到来自同行的认可,需要较高的评判标准
   D. 日常创造性活动需要人人都认可其新颖程度

4. 最适合测量创造性成就的方式是(　　)。
   A. 自我报告　　B. 他人报告　　C. 客观成果　　D. 问卷测量

5. 下列说法正确的是(　　)。
   A. 精神分裂的人创造性行为表现更好
   B. 家庭经济地位高的家庭就可以培养出高创造性潜力的儿童
   C. 智力和创造性行为存在着正相关关系
   D. 创造性成就具有对焦虑的缓冲作用

6. 下列说法正确的是(　　)。
   A. 男性的创造力高于女性
   B. 遗传是创造性行为的相关因素,研究表明单卵双生子相关性始终显著高于双卵双生子相关性,所以哥哥的创造性高代表他弟弟创造性也高
   C. 创造性成就问卷包含了视觉艺术、建筑设计、创造性写作、舞蹈、幽默、科学发现、音乐、戏剧、发明、电影和烹饪艺术等多个普遍认为需要较高创造力的领域。
   D. 只要肯努力,人人都可以拥有创造性成就

二、简答题

1. 简述一下为什么要提出Mini-C的概念。
2. 查阅文献,简述一下智力、人格的开放性和灵活性与创造性成就的关系。
3. 试着探讨一下现存的创造性行为的测量方式的优缺点。

第七章

创造性的影响因素

　　创造性作为人类能力和智慧的最高表现,早在古希腊时期就得到了人们的关注,当时的百姓认为创造性是缪斯女神的恩赐,亚里士多德和柏拉图等哲学家则将其视为产生前所未有事物的非理性能力。那么达·芬奇、爱因斯坦的创造性成就究竟是如何诞生的?是上天的馈赠还是后天的努力?是否真如《遗传的天才》所言,天才是遗传的?一直披着神秘面纱的"创造性"是一种为人向往的能力,在实际生活中,教育者们又该如何着手去培养这种能力?本章我们将结合已有的创造性相关研究展开讨论,综合阐述影响创造性的因素有哪些。

　　本章的主要内容是:

　　1.生物学因素。

　　2.心理因素。

　　3.环境因素。

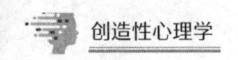

第一节　生物学因素

一、大脑与创造性

创造性是一项高级心理活动。而心理是脑的产物,脑是心理的物质载体,那么脑自然是创造性的物质载体。脑科学现有的研究水平还不能对创造性的产生机制做出明确的阐释。近年来,功能磁共振成像等技术的运用,为理解创造性的发生机制和神经生理基础提供了新可能。

有关创造性神经机制的研究最早来自解剖学。研究者们通过研究爱因斯坦的大脑来探讨科学创造性的机制(Men et al.,2014),例如:研究发现,爱因斯坦的大脑的BA9区的皮层更薄,但是神经细胞的密度较高,并且胼胝体显著厚于同年龄段的正常对照组,这些独有的特征被认为是与高创造性相关的解剖特征。随着近年来认知神经科学的快速发展,涌现出了许多借助新兴的技术手段来探索创造性神经基础的研究,关于大脑结构和创造性表现之间的关系,不同学者选择不同的指标测量大脑的结构,得出了丰富的结论。

(一)以皮层厚度为指标的相关研究结果

例如,Jung等人(2010)把皮层厚度作为指标来测量大脑的结构,采用创造性成就问卷和发散性思维任务来测量创造性表现,结果发现右侧后扣带回(Posterior Cingulate Cortex,PCC)和综合创造性指数(Compound Creativity Index,CCI)存在正向的关联,也就是说右侧后扣带回的发育对于创造性表现而言是非常重要的。

(二)以灰质体积为指标的相关研究结果

竹内(2010)则将灰质体积作为指标测量大脑结构,发现属于多巴胺系统的多个脑区(如右侧前扣带回、双侧纹状体、背侧中脑、脑干网状结构)都与创造性密切相关,这些脑区灰质体积和创造性所需要的认知能力之间有着密切的关系,多巴胺系统相关脑区的发育有助于创造性的发展。

斯勒等人(2011)也使用灰质体积为指标测量个体大脑结构,使用托兰斯创造性思维测验(Torrance Tests of Creative Thinking,TTCT)测量个体的创造性,结果发现右侧顶上叶的灰质体积和创造性有关,这也说明了顶叶负责的视觉加工能力在创造性过程中的作用。

综合目前研究进展我们发现,大脑结构复杂,多个脑区的皮层厚度、灰质体积均与创造性的表现密切相关,随着学科的发展和技术的进步,必然会有更多的研究出现,进一步解释大脑和创造性的关系。

> 📖 拓展阅读

爱因斯坦大脑的秘密

阿尔伯特·爱因斯坦(Albert Einstein)是20世纪最伟大的物理学家,1955年4月18日因腹主动脉瘤破裂病逝于美国普林斯顿医院,数小时后他的大脑被病理学家托马斯·哈维博士取出并保存。尽管目前已有一些关于爱因斯坦大脑组织学和形态学方面的研究,但是爱因斯坦的天才机制始终还是一个谜。

可以猜想,爱因斯坦的大脑半球之间的联系也必然与常人不同,那作为两侧半脑桥梁的胼胝体究竟有何特点?将爱因斯坦大脑的胼胝体与不同年龄阶段被试的胼胝体厚度分别进行对比发现,爱因斯坦的胼胝体显著厚于同龄人,胼胝体相关的白质神经纤维束连接着与计划、推理、决策和执行功能等高级认知活动有关的脑区,这说明爱因斯坦的左右大脑半球间的连接更为密切,有着更为丰富的高级认知活动,这也许是爱因斯坦创造性高的原因之一。此外,胼胝体中的部分白质纤维束也连接了与双手的运动感觉功能相关的脑区,而爱因斯坦右脑的运动感觉功能区与许多音乐家的大脑有着相似的地方,巧合的是,爱因斯坦的确有从小拉小提琴的经历。这或许说明,双手的灵活运用与创造性的培养密切相关。

研究爱因斯坦等高创造性成就者的大脑的特殊性,有助于揭开创造性成就与大脑之间关系的神秘面纱,对于推动揭示创造性成就背后的生理机制有重要的意义。

二、创造性的遗传效应

创造性是一种调用多个认知过程的能力,其遗传基础也并非由单独的创造性基因决定的。最初有观点认为,个体的创造性是智力的一部分,而智力是具有遗传性的,所以个体的创造性水平也具有遗传特征,粗略估计有25%的变异可以由遗传因素解释(Nichols, 1976)。

许多猜想指向特殊领域的能力与创造性之间有密切关系,具备音乐或是绘画才能的个体往往会表现出更高的创造性成就,这种高创造性也常会迁移到其他的领域上。事实上,个体的艺术、科学和总体创造性成就的确具有遗传效应(Ukkola et, 2009),遗传率在43%到67%之间。

总的来说,个体的创造性的确具有可遗传性,但当前的研究结果并未真正揭示创造性的遗传基础,研究者们也开始尝试从单个候选基因、多基因之间的交互作用等方向展开研究,进一步解释基因和创造性的关系。

(一)单个候选基因

已有研究将重点放在多巴胺通路遗传基因,5-羟色胺通路遗传基因,精神疾病相关基因三类基因上。

多巴胺与一些重要的认知功能如工作记忆、认知控制等密切相关,因此多巴胺相关基因也逐渐成为创造性分子遗传学研究的主要候选基因(Zhang et al., 2014)。

在多巴胺相关基因中,多巴胺D2受体(DRD2)基因是最有希望激发创造性的候选基因之一。研究结果表明,在控制年龄和一般认知能力的情况下,个体的创造性与D2受体的密度呈负相关,

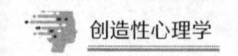

证明 D2 受体系统,特别是丘脑功能,对创造性表现是十分重要的。

也有国内学者对多巴胺相关基因甲基化模式与创造性的关系进行研究,希望可以筛选出甲基化模式与创造性有关的基因。在已有研究中,对儿茶酚-O-甲基转移酶(COMT)基因的研究发现,该基因的甲基化与工作记忆、执行功能以及任务过程中前额叶的激活状态密切相关(Alelú - Paz et al.,2015;Ursini et al.,2011);对多巴胺 D2 受体基因的研究发现,该基因的甲基化与具有成瘾行为被试的执行功能网络连接有关(Hagerty et al.,2020);还有研究者发现多巴胺相关基因的甲基化可能与创造性相关的精神疾病的发病机制有关;基于以上证据,张景焕团队推测多巴胺相关基因的甲基化可能是影响创造力的重要遗传机制(张舜等,2021)。

认知神经科学研究表明,大脑前额叶与一系列重要的认知功能(如工作记忆、注意及认知控制等)有着密切的联系,而 5-羟色胺通路遗传基因的相关神经递质对于前额叶执行认知功能具有重要的作用(张景焕,等,2015)。有研究采用托兰斯创造性思维测试中的图形任务来探讨 5-羟色胺通路遗传基因与图形创造性、言语创造性之间的关系,结果表明这种基因和创造性之间的确有显著联系。研究还发现 5-羟色胺通路相关基因还与个体的舞蹈创造性有关。进一步细化研究 5-羟色胺通路遗传基因对创造性的影响发现,5-羟色胺通路遗传基因主要表现于与情绪相关的脑区,如额叶和边缘系统,对个体的创造性产生影响(Canli et al.,2008;Egan et al.,2001)。

有观点认为,精神疾病相关的基因之所以在人类基因库得以保留是由于这些基因对个体发展存在有利影响,比如与创造性之间存在联系(Chadwick,Claridge,1997)。有研究通过招募正常被试和患有精神分裂症、双相情感障碍、单向抑郁的精神疾病被试来分析高创造性群体患精神疾病的比例是否高于普通被试,创造性与精神疾病之间是否存在联系以及这种联系是否是环境或遗传因素作用的结果,研究发现高创造性群体中患精神疾病的比例的确要高于普通群体,并且通过对比发现,患有精神疾病被试的创造性水平要显著高于健康被试,这为创造性与精神疾病之间存在行为学关系提供了基因角度的证据。

(二)多基因之间的交互作用

随着研究方法的改进和研究成果的丰富,研究者开始关注多种候选基因之间的交互作用与创造性的关系。综合已有研究结果可知,儿茶酚-O-甲基转移酶基因和多巴胺受体的多态性可能相互作用,共同调节前额叶的多巴胺含量进而影响与创造性相关的认知加工活动。

(三)全基因组关联研究(GWAS)及多基因分数(PRS)

创造性的全基因组关联研究(Genome Wide Association Study,GWAS)通过在全基因组范围内对序列变异(SNP)和创造性进行关联分析,从中筛选出与创造性显著相关的 SNP。

近期国内有研究通过托兰斯创造性测试测量了被试的创造性得分,进行全基因组关联研究分析,计算个体的多基因分数(Polygenic Risk Score,PRS),进一步探讨创造性与精神障碍之间的遗传共性。PRS 分析显示创造性与精神分裂症之间的基因有着明显的重叠。这表明,人类的创造性可能是一种多基因的特性,受到众多微小变化的影响,导致精神疾病和危险行为的基因变异从而构成了创造性的部分遗传基础。

已有研究已经从多个角度表明,无论是个体的创造性还是创造性人格特质都在一定程度上存在可遗传性。创造性基因组学作为一种交叉学科的新方法,使我们有机会深入理解创造性基因基础,丰富了我们对创造性这一重要能力的先天遗传与后天环境影响之间关系的理解。但现存的创造性基因基础研究还存在很广阔的发展空间,还有很多问题亟待深入细致地研究。

复习巩固

1. 请列举与创造性相关的脑区。
2. 简单列举与创造性有显著联系的单个候选基因并阐述其具体的影响。

第二节　心理因素

心理因素是创造性研究领域中被广泛关注的重点因素。智力、联想能力、知识等认知因素往往被认为是高创造性表现的必要条件,积极情绪状态下仿佛更容易产生有创意的想法,强烈的创造动机并不一定能带来高质量的创造性表现,动机的类型不同对创造性的影响也不一样……以上种种,都是已有研究中被广泛讨论的内容。在本节中我们将详细说明影响创造性的心理因素。

一、认知因素

对于创造性,人们常常将其和智力混为一谈,而高智力和高创造性之间究竟有没有关系?知识掌握得越多就会产生越丰富的创造性行为吗?想象力丰富是否预示着有高创造性表现呢?智力、联想能力、知识这些备受关注的认知因素究竟与创造力有着怎样的关系,我们将分别展开谈谈。

(一)智力对创造性的影响

关于创造性和智力的理论关系,研究者主要提出了3种不同观点。

第一种观点认为,创造性是智力的构成要素。在吉尔福特的智力结构(Structure of Intellect, SOI)模型中(Guilford,1967),发散思维是智力的因素之一。斯滕伯格(Sternberg,1999)将创造性智力视为成功智力的重要成分,认为创造性智力可以帮助人们构想出新颖的方案,从而更好地解决问题。在当今广泛使用的认知能力理论(Cattell-Horn-Carroll,CHC)模型中,创造性思维也被视为智力的重要组成部分。以模型中的长时存储和提取能力为例,其所包含的观念流畅性、联想流畅性、表达流畅性、原创性等认知能力,均与创造性思维密切相关。

第二种观点指出,智力是构成创造性的要素之一。比如,斯滕伯格等人提出,创造性需要6种彼此独立又相互关联的因素:智力、知识、思维风格、人格、动机和环境。领域专业技能、创造性相关技能以及完成任务的内部动机均是培育创造性的必要条件。此外,芒福德(2013)等人将创造性思维的核心认知过程归纳为8个方面,分别是:问题建构、信息编码、类别选择、类别组合及重构、观念生成、观念评估、执行计划和监控。

第三种观点则认为,智力和创造性之间相互独立又存在部分重叠。天才通常有3个特征:平均值以上的智力、创造性以及对目标任务的高度承诺(Renzulli,1978)。此外,计划能力(目标设置、结果预期、寻求反馈)与创造性也密不可分。创造性和智力被看作是两种密切相关但又不同的概念,这在相关研究对创造性的界定中有所体现:在特定才能、认知过程和环境的互动下,个体或组织产生某种新颖、适用且符合社会规范的产品的能力。

的确,智力和创造性之间一定存在着复杂的关联,高智力者往往创造性表现也更为突出。在创造性观念生成过程中,新颖的想法往往通过抽象策略(例如,将物品分解为不同的构成元素,并分别设想这些元素的功能)产生,这些抽象策略比常规策略(例如,单纯地重复物体的名称)更需要认知资源的参与,具有更高流体智力水平,在调控观念方面的表现更好,新颖的想法也更容易产生。此外,高智力水平的个体更容易抑制常规观念的干扰,这对于产生新颖观念也有重要作用。总之,高智力者在发散思维方面表现较好,也会表现出更高的创造性。

(二)联想能力与创造性的关系

联想(association)指的是由某些经验产生的概念、事物或心理状态之间的心理联结。大量的研究发现联想能力与创造性之间存在密切的关系。在实际研究中,不同的联想测验有着不同的关注重点:部分联想测验更关注联想所产生内容的性质,部分联想测验则更关注联想过程本身(Silvia,Beaty,2012)。

1.联想内容与创造性

高创造性个体可能更能产生让人觉得不寻常与新奇的联想(创造新联系)。创造的过程便是将不同的元素进行联系形成联结的思维过程(Mednick,1962),创造性越高越容易形成较远距离的联想。基于上述思想,有学者开发了远距离联想测验(Remote Associates Test,RAT),并作为创造性个体差异的测量工具。根据远距离联想理论,由于题面的三个词之间关联是遥远的程度越远,能在规定时间内产生更多联想结果、产生的想法越不寻常,个体创造性越高(林崇德,2014)。

2.联想过程与创造性

搜索联想记忆模型(Search of Associative Memory,SAM)认为,长时记忆中存储的是不同物体之间的关系以及物体和环境之间的关系,个体从长时记忆中提取内容的过程是一个依据线索(cues)搜索的过程(Raaijmakers,Shiffrin,1981)。因此,联想过程可以被认为是一个从长时记忆中提取特定事项的过程。提取能力也是创造性必备的基础能力之一,联想过程必然与创造性存在关联,具体而言,联想过程的效率越高,个体越能有效提取长时记忆中的信息,创造性表现也会越好。

(三)创造性的知识基础

一个人创造性的高低,与其知识领域是否宽广,结构是否合理有着极为密切的关系。创造性与知识之间的关系问题一直是创造性研究者们长期争议的问题之一。

1."张力观":倒"U"形的关系

"张力观"理论认为,一个人要想在某领域有所建树,他就必须具备该领域的知识,但太多的经验又会限于常规,难以有所创造。因此,知识和创造性的关系被看作是一种倒"U"形的关系,其中最大的创造性发生于中等程度的知识水平。绝不是知识越多越好,太多的知识会限制个体的思维,从而阻碍其创造性的发挥,往往个体只有打破原有知识的束缚,才会有所创新。以下介绍两种支持"张力观"的代表观点。

(1)詹姆斯:创造性是独立的。

早期美国心理学家詹姆斯(1880)在讨论知识和创造性的关系时,认为知识和真正的创造性关系最不密切,而且知识很有可能会阻碍创造性的发挥,提出创造性与知识之间是彼此独立的关系,要产生高创造性的行为,需要跳出已有知识的限制。

(2)格式塔心理学派:再造与创造。

格式塔学派的心理学家舍雷尔(1963)和詹姆斯所持观点相似。他指出了再造和创造之间的区别,认为再造是对过去成功行为的重复再现,包括维持旧的思维习惯,但一旦需要真正的新东西时,就不再管用。而创造关键在于在已有经验的基础上,结合新问题的具体情境去解决新问题。如果个体受过去经验限制,那则是詹姆斯所说的"机械化行为"。

综上所述,太多的已有经验会干扰个体对当前问题的解决,因此,要有所创造就必须超越已有知识的局限性。

2."地基观":正相关关系

"地基观"和"原有知识会限制个体创造力"的张力观截然不同,它认为知识和创造性之间呈正相关关系,知识越丰富,创造性就越强。知识就如同地基一样,地基越扎实,建起的高楼大厦就越牢固。

韦斯伯格和希克森特米哈伊等(1999)是"地基观"的积极支持者,他们对几个需要创造性的领域进行了研究,提出了达到专家级水平所应遵循的"十年定律"的观点:从接触某领域到第一件有意义的作品问世,个体要投入大量的时间——"十年"。并由此间接说明要有所创造就要掌握该领域的大量知识。那么,在处于发展中的这些年(十年)中,个体究竟做了什么?研究显示,这期间个体要进行大量的广泛的练习,从而掌握该领域的广泛知识和各种技能,为创造打下基础。专家水平也只有在大量的专门练习之后才会达到。而且,有迹象表明,个体在有所成就前所进行的专门练习几乎需要达到最大量,而不是像"张力观"所认为的那样只需达到中等水平就行了。

总之,关于知识和创造性的关系,最合理的解释应该是,知识是进行创造的必要条件。获取大量的知识是前提,包括一定的理论基础知识,较深厚的专业知识,广泛的临近学科知识以及有关方面的科学技术发展状况的前沿知识,具备了这些条件的知识是最有利于创造性发挥的知识。

二、情绪因素

情绪对创造性的重要影响已为多数研究者所认可。它是联结任务绩效与创造性的途径,也是研究创造性不可忽略的一个重要因素。情绪对创造性的影响值得深入探讨,利用不同情绪状态促

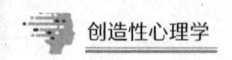

进创造性行为产生,在实践方面具有深远的意义。本节我们从积极、消极情绪两个角度展开,具体说明情绪对创造性的影响。

(一)积极情绪对创造性的影响

积极情绪常常被认为是创造性的催化剂。积极情绪也称正性情绪或正向情绪,是指当某事或某人能满足个体需要时个体产生的伴有愉悦感受的情绪,包括快乐、满意、自豪、感激等,是一种给人积极体验的良好情绪。

我们常有这样的感觉——"得意之时,才思如泉涌"。的确如此,开心的人做决策更快,开心状态下注意资源更易解放,决策较少依赖环境信息,这时个体容易形成具有创造性的问题处理策略,可以应付更多的新任务,促进即将到来的新信息的编码和提取。具体而言,情绪能影响个体对信息进行加工的方式和目的,当个体产生积极情绪时,会更加渴望追求令自己满意的结果,这时他们会应用启发式的信息加工方式加工信息,更多地借助头脑中已有的知识,很少注意外界客体带来的新异刺激,这有助于个体发挥发散思维(卢家楣,2002)。此外,还有与进化相关的观点认为,积极情绪出现在个体处于安全、没有受威胁的情境之下,此时个体更容易做出建设性和探索性行为,拓宽思维加工的范围及广度。积极的情绪体验具有认知拓展功能,会促使人们放弃机械的行为模式,追求新颖的、具有创造性的、不拘一格的思维与行动路径(Fredrickson,1998)。

积极情绪不仅可以促进个人创造性的表现,还可提升团队在创造性工作中的表现(Lazarus,1991)。积极情绪常使个体变得更为自信和乐观,表现出更多的利他和助人行为,同时愿意更加直接地提出请求或意见,更愿意从事合作性的活动,此时较少出现团队成员在讨论过程中因为某个观点针锋相对的局面。

但积极情绪对创造性表现并不总是起到促进作用。创造具有心境修复的功能,而当人们感受到快乐、满足等积极情绪时,心境则不需要修复,个体也就不会刻意去进行创造性活动。不仅如此,积极情绪状态下个体的信息加工过程会较少关注细节,这也可能会抑制创造性表现。

总之,积极情绪对创造性的影响不可一概而论,具体怎么利用积极情绪的作用,激发更丰富的创造性表现,还需要更深入细致的研究。

(二)消极情绪对创造性的影响

关于消极情绪对创造性的影响,有观点认为消极情绪有助于创造性也有论点指出消极情绪对创造性没有影响。

当消极情绪被激发时,用于创造的认知资源转向产生一种防御物,防御由情境引出的消极情绪,个体就很难表现出高创造性,因为此时除了需要运用认知资源进行创造性活动,还要耗费一定的认知资源来阻止消极情绪的产生。此外,消极情绪下的加工更为精细,能够促进个体对已有资料进行更深入细致的加工,不断更新和修正已有知识经验,不轻易被有误信息和凭感觉产生的想法、推断引导,更倾向于将注意集中到细节水平,充分的信息加工进而促进更多创造性想法的产生(胡卫平,2015)。不仅如此,心境修复理论认为,在产生消极情绪时,心境需要通过创造性活动产生的成就感来修复当前由消极情绪所引发的不悦,这会激发更多的创造性行为。

实际上，在创意方案制定的前期，积极情绪有助于提高创意的数量，对创造性的表现有促进作用，但在创意方案制定的后期，积极情绪对创造性的表现不仅没有帮助甚至会有阻碍作用；相反，在中性情绪和消极情绪状态下团队成员反而会表现出更高的创造性(Davis, Processes, 2009)。

目前，无论是在学术界或是社会生活中，情绪及其作用都引起了热烈的讨论，同时，创造性对社会发展而言也至关重要，揭示创造性和情绪之间的具体关联，说明情绪对创造性的影响及其影响机制，有利于个体认识、控制、利用自身的情绪状态，发挥情绪的积极作用。

三、动机因素

动机也是不可忽视的影响创造性的因素，不同的动机类型对创造性的影响不同，我们将从不同类型出发，讨论动机和创造性的关系。

（一）内部、外部动机与创造性

1. 内部动机对创造性的作用

内部动机指由内在需要引起的，为寻求挑战、满足好奇心而参与活动的动机(Amabile et al., 1983)。研究者往往会认为内部动机可促进创造性，例如，内部动机驱使下完成创造性任务的成绩表现相较于外部动机驱使下会更好；当从事喜欢的工作或任务时，往往会产生更强的内部动机，表现出更高水平的创造性；个体的认知需求也可以对创造性表现进行预测，较高的认知需求往往会出现更好的创造性表现。不仅如此，内部动机对个体自身创造性也有提升作用。内部动机驱使下，个体更容易专注于创造过程，投入更多的认知资源完成创造性任务，创造性表现更好。

2. 外部动机对创造性的作用

外部动机指在外界要求下产生的为了活动之外的因素而参与活动的动机(Amabile, 1983)。学界广泛认为外部动机会干扰个体对创造过程的投入，会抑制创造性。具体来看，鼓励个体创造并对创造过程提供引导的外部动机可提升创造力，而那些限制自由并使人产生控制感的外部动机则会抑制创造性。关注创造本身而发放的外部奖励可提高创造性，而关注创造活动的结果或完成度而发放的外部奖励会削弱创造性。依据个体所提出方案的新颖性发放的外部奖励（如口头表扬、物质奖励），将激励个体追求观念的新颖性从而促进创造性思维产生；若依据个体完成任务的速度或进度发放外部奖励，可能导致个体受到追求速度或进度的束缚从而阻碍创造性的发挥。对于创造意图在创造表现和外部动机之间的作用究竟如何，有学者提出创造意图充当中介的角色，外部动机越强、创造意图越强烈，表现出的创造性也越高。

简言之，外部动机对创造性的影响不一，指向创造本身的外部动机可促进创造性，而指向创造结果或任务完成度的外部动机可抑制创造性。还有一个可能的解释，即不同类型的创造任务对内外部动机的敏感度不一样，从而导致有关外部动机对创造性作用的研究结果的分化。

3. 内部、外部动机的新视角：控制性/自主性动机

以往研究发现，内部动机驱使的情况下，若能同时受到奖励暗示，往往会表现出更高的创造性

(Callan et al., 1989)，这说明动机对创造性的影响并不单纯是通过内部或外部动机实现的，而是基于个体对自身内外部动机以及环境因素的整合来实现的。自我决定理论(self-determination theory, SDT)基于外部激发因素的内化程度将动机调节方式分为五种：外在调节、内摄调节、认同调节、整合调节和内部动机。根据自我决定程度的不同，外在调节、内摄调节可归为控制性动机，认同调节、整合调节和内部动机可归为自主性动机。控制性动机指个体出于内部(如内疚)或外部(如他人的要求)压力而做出某行为的动机；自主性动机指个体出于自己的意愿行事的动机，包括传统意义上的内部动机以及具有内在激励作用的外部动机。

自主性动机相对于控制性动机更能促进创造性，因为它提供了更大的自由度，允许个体以更加发散的方式来解决问题。外部动机的激发因素可以通过自主性动机作用于创造性思维从而影响创造性表现。在实际教学中，通过设置合适的教学目标，塑造学生的自我决定动机，从而影响创造性，具体来说，趋近型的掌握目标最能促进学生的创造性，教师引导学生关注掌握新的知识和提高自己的能力，有助于培养提高学生的创造性。

(二)趋近动机和回避动机与创造性

趋近动机指由追求积极结果的目标所引导的动机，回避动机指由回避消极结果的目标所引导的动机(Elliot et al., 1997)。

1.趋近动机对创造性的作用

研究广泛认为，趋近动机促进创造性思维，而回避动机抑制创造性思维。趋近动机，使个体的思维更加灵活，从而促进创造表现；而回避动机有利于提升个体在细节指向的分析性任务上的表现，使个体的逻辑分析表现更好。

另外，趋近动机被看作是一种稳定的人格特质。在趋近动机驱使下，个体在处理信息时倾向于采用整体的加工方式，其创造性表现比在回避动机驱使下更好。趋近动机之所以能够促进创造性思维，可能是因为在趋近动机下个体更倾向于采用冒险的策略，其思维更有探索性，注意转换更灵活，从而表现出一种利于创造思维的高速、高效、低消耗的加工风格。相比而言，回避动机使个体倾向于采用更加保守的、警觉的加工方式，从而使其注意广度更狭窄，注意灵活性更低，这不利于创造性思维。也存在另一种理论解释，即回避失败可能降低了被试的内部动机，因而对创造表现有消极影响。

2.回避动机对创造性的作用

关于回避动机对创造性表现的作用，有趣的发现是，如果没能成功回避消极结果，在回避动机的驱使下，个体的创造性表现和趋近动机驱使下出现的创造性表现相似。对此有解释指出，在目标未达成的情况下，具有回避动机的个体会获得额外的动机，付出更多努力，从而补偿了保守加工风格对创造性思维的不利影响。

除此之外，也有观点认为，在不同动机驱使下，个体会采用不同的认知加工方式，从而导致不同的创造性表现。创造性的双通道模型(Dual Pathway to Creativity Model, DPCM)认为，个体可通过两个通道完成创造性任务，灵活性(flexibility)通道(采用灵活发散的思维方式)和坚持性(persistence)通道(采用保守坚持的思维方式)。灵活性通道有利于个体生成丰富多样的观念,坚持性通道利于个体在某一范畴内挖掘深邃且新颖的观念,这两种通道均可促进创造性观念的生成。个体在趋近动机和回避动机下,分别倾向于采用灵活性和坚持性通道进行创造活动,而采用坚持性通道会消耗更多认知资源,这说明,在回避动机驱使下,个体需要受到额外诱因的引导,才可以通过坚持性通道来提升创造性表现。

(三)社会性动机与创造性

社会性动机(social motivation)是以人的社会文化需要为基础,在社会生活环境中通过学习和经验而获得的动机。创造性产品的标准需要社会评判,而创造活动的主体在很多情况下亦是一个群体,群体进行创造活动过程中个人所持有的社会性动机,很可能对群体的创造性表现产生影响。

1. 亲社会动机对创造性的作用

亲社会动机(如仁爱之心、与他人为善)往往被认为会加强创造性表现(Dollinger et al., 2007)。亲社会动机较高的情况下,个体会容易换位思考、做出更多的慷慨付出行为,从而也会产生更多的积极情绪,这将有助于提高创造性。

动机性信息加工理论认为,亲社会动机有助于帮助个体跳出自身视角的局限,提高对他人观点和需求的敏感度,增强观点整合能力,继而促进内部动机对创造性的积极效应,这说明内部动机与亲社会动机可能共同影响创造性(Grant, Berry, 2011)。

亲社会动机还可以通过影响求知动机,进一步影响创造性表现,如果是求知动机较强的个体,在亲社会动机的驱使下会表现出更高的创造性,这种差异不会受到文化的影响,在集体主义、个体主义文化背景下均有所体现。

利他动机也同样会促进创造性表现,根据互惠模型(reciprocal model of the creative process)的观点,当个体在进行创造性活动时,往往会考虑创造性活动的受益者是谁(自己或是他人),当受益者是他人时,创造性表现会更好,或许是因为个体在考虑他人时,他人往往是心理距离较远的事物,个体会对相关信息做出更高水平的解释,这有利于创造性思维的发生(King et al., 1996)。

2. 反社会动机对创造性的作用

反社会动机指对当前社会环境的不满,往往是促进恐怖组织内部创造性与革新的重要驱动力。创造性与某些反社会人格有关,如攻击性人格、低责任心等,其中攻击性人格涉及恶意创造性表现。此外,撒谎可能给人带来对规则的破坏感,使创造性思维更容易发生,从而促进创造性。反社会动机对创造性的确有影响,而如何发挥其有利的影响同时控制其负面影响,则是在实际情况下需要考虑的方面。

3. 责任动机和权力动机对创造性的作用

群体创造不是个体创造的简单相加,而是参与者之间相互交流融合的结果。合作创造的过程除了受到参与者个体层面动机的影响,也受到合作带来的新动机的影响。合作过程中存在责任动机——合作者出于对他人及对共同获益的责任而产生的一种内部驱力(Cooper, Jayatilaka, 2006);

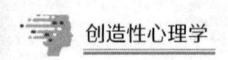

责任动机独立于内外部动机而存在,责任动机可以加强个体对创造过程的注意,进而会促进群体的创造表现。同时,群体合作可能产生联合动机。联合是一种在共同目标下相互分享创造产物的过程,联合动机强调在这种分享过程中个体会感受到其他合作者的友爱,进而提升创造性表现。

权力动机指支配和影响他人以及周围环境的内在驱力。权力动机强的情况下,员工往往会表现出更强的创造性,或许是因为权力动机会驱使个体对当前任务给予更高的注意,激励个体产生更多的新颖性想法。领导对员工的支持度越高,这种正面的影响也越明显,员工会因此产生更多的创意。

复习巩固

1. 请简要阐述智力和创造性的关系。
2. 请简单说明消极情绪对创造性的影响。
3. 请简要阐述知识和创造性之间的关系。
4. 趋近动机、回避动机对创造性的影响是怎样的?

第三节 环境因素

一、社会文化因素

个体一出世,便被置于一种特定的文化环境之中,这种文化环境构成个体心理发展的重要背景。个体创造性的发展与这个大背景密切相关,文化中的诸多因素对创造性都有很强的影响,但是目前研究较多的是观念、语言、性别等方面因素的影响,所以下面主要从观念、语言等角度讨论社会文化因素对创造性的影响。

(一)观念对创造性的影响

个体的心理发展是由个体与环境的相互作用决定的。遗传为心理发展提供了可能性,而环境则影响到心理发展的现实性。个体生活在一定的社会和集体之中,在与他人、社会进行各种交往的过程中,必然会形成各种各样的观念。观念上的某些文化特征(例如价值观、个人主义或集体主义倾向、对顺从和传统的态度)对创造性有着极大的影响,它们可能起激励作用也可能起阻碍作用。

1. 个人取向或集体取向的价值观及其对创造性的影响

东西方在价值观念上的差异很大,西方文化强调个人价值,看重独立、自立和创造性;东方文化则强调集体价值,强调合作、责任感和对集体中权威的认可。这种差异对创造性的发展和表现有着深刻的影响。

心理学家给不同文化的人看鱼的互动,然后让他们回答一下这条鱼在做什么,为什么这么做。

调研发现个人主义和集体主义文化对我们的判断有很大的影响。例如在一条鱼领先,鱼群紧随而后的情况下,问被试这条领先的鱼是高兴还是不高兴?在美国的被试中,有75%的人认为鱼不高兴,因为它本可以自由自在地游动,现在却被其他鱼围观、妨碍。而中国被试的回答则正好相反,有75%以上的被试认为这条鱼很高兴,因为大家都来了,它就会有伙伴了。

关于个人主义和集体主义对创造性的影响,一般来说,个人主义取向的价值观更有利于创造性的发挥,但创造性的发挥也会受到工作任务性质的影响,在强调个人能力和水平的工作中,个人主义或个性化的人格特点有利于创造性,而对于强调集体协作的工作,两种取向的价值观的均衡就十分重要。

2.成就和工作的伦理观及其对创造性的影响

在成就和工作的伦理观方面,西方文化把创造性定义于可观察的创造性产品上,强调积极主动性和卓有成效的价值观,鼓励开拓创新,做出一番前人未做过的、杰出超凡的事业。这种观念培养了用西方标准来衡量的创造性。而东方文化特别是传统的中国文化则要求人们不偏不倚,走中庸之道,善于预见未来的危险性,这种观念使人们更愿意维护现状,因而在某种意义上容易压抑创造性的发挥。

3.对顺从和传统的态度及其对创造性的影响

西方文化推崇个人价值,追求自我价值的实现,不盲从于权威和传统,这在一定程度上有利于创造性的发挥。东方文化相对而言更加维护秩序,顺从权威,尊重长辈,强调做事情要符合自己的身份。汉语中很多复合词的排列顺序就充分体现了中国人的尊卑观念,如:国家、君臣、父子、长幼、老少、夫妇。这些观念对个体的创造能力、创新精神具有一定的负面影响,导致个体观念和行为上的保守性。

当然,一种特定的文化既包括培养创造性的要素,也包括阻碍创造性的要素,从而产生一种可能是积极的、消极的或中性的总影响。因此,不能一味地肯定或否定某种文化。再者,文化并不会影响创造活动的所有领域。例如,一种文化,在音乐的表达方面强调顺从,但在视觉艺术方面则可能允许逆反。总而言之,文化对创造性的影响是复杂的,当今社会愈发推崇去营造多元文化的环境,这将有助于提升整个社会的创造性水平。

(二)语言对创造性的影响

同观念一样,语言也是思维方式中不可缺少的要素。语言作为思维的工具,直接影响着思维的结果。丰富、灵活的语言有利于思维的活跃性、开放性和创造性,而贫乏、呆板的语言则导致狭窄、保守的思维方式。因此可以认为,语言作为文化的载体,对创造性是具有导向作用的。

关于语言与创造性的关系,研究者主要对双语者的创造性特点进行研究。大多数研究表明,语言和创造性之间有密切的联系,双语促进了人们创造性地思考问题,有利于产生创造性的观念(Krippner,1967)。

当然文化对创造性的影响经常是多种文化共同作用的,实际上一种文化与其他文化的关系或者说一种文化对其他文化的态度也影响到社会及其成员的创造性。有研究者指出,文化开放有利于创造(曹守莲，司继伟，2003)。另有研究者也提到那些对文化刺激开放、接受不同的甚至对立的文化刺激的文化更能促进社会成员的创造性(Arieti，1976)。这说明"活性"文化、开放文化是培植创造性的沃土，通过加强文化交流，丰富文化环境，能够为整个社会的创新和创造能力提供良好的氛围。

总之，应注意如何吸收其他文化中有利于创造性发挥的积极因素，同时避免所处社会文化中不利于创造性发挥的因素，而绝非全盘否定某种文化或肯定某种文化。

二、社会环境因素

社会环境是指在自然环境的基础上，人类通过长期有意识的社会活动所创造的人工环境。社会环境是人类物质文明和精神文明发展乃至人类创造发明的标志，并会随着人类社会的演进不断丰富。

(一)政治环境对创造性的影响

政治是经济的集中表现，在上层建筑中居于统率地位，它是重要的"长期系统环境"。

社会政治环境影响创造性。创造性活动作为人类社会活动的一种形式，在本质上体现的仍然是一种社会关系，具有社会属性。创造性活动的开展必定有赖于既定的社会环境因素。民主自由的社会政治环境有利于人们的创造性发挥，民主与自由是一对"孪生兄弟"，政治上的民主与思想上的自由往往是联系在一起的。回顾科学技术发展的历史可以总结出，哪个时期思想禁锢，哪个时期的创造活动就受到极大制约，创造性人才的成长也受到极大压制；哪个时期的思想自由，哪个时期的创造活动就活跃，创造性人才涌现就越多，创造性成果就越多。古希腊、古罗马和欧洲中世纪的科技发展史表明，思想的自由对于人类的创造活动是十分重要的，甚至可以说是产生科学的思考方法的必要条件，思想的自由促进了崇尚探索风气的形成，促进了知识的进步和科学研究的发展。

(二)组织环境对创造性的影响

美国心理学家索里·特尔福德认为，创造性是由主体所处的那种"社会气氛"，即"创造性环境"培养出来的。组织结构是否合理和科学，将直接影响到组织能否高效地运转，影响到组织成员创造性的发挥。管理幅度和管理层次的反比关系决定了两种基本的管理组织结构形态：扁平结构形态和锥形结构形态。扁平结构的优点在于较大的管理幅度，使得主管人员权力得以分散，组织规模也由于结构形态的变化而化大为小，主管对下属不可能控制得过多，从而有利于下属的主动性和首创精神的发挥。当然，扁平结构也有一定的缺点，当一个组织有过少的等级，那么决策将很难实现或者决策会出错，因为雇员们缺乏经验、责任和动力去执行经理该做的事(Henricks，2005)。锥形结构具有决策效率高的优势，但缺点就在于过多的管理层次使得权力过于集中在上层主管手中，较大的组织规模和过于严格的职责范围可能使各层主管感到自己在组织中的地位相对渺小，从而影响创造性的发挥。

(三)家庭环境对创造性的影响

家庭是儿童最初的社会化场所。迄今进行的研究一致表明家庭环境的性质和特点直接或间接地影响着儿童早期认知能力、社会性情感及各种人格品质的发展。良好的家庭关系和家庭气氛有利于个体早期人格的健康成长;反之,不良的亲子关系,家庭成员关系紧张,家长缺乏对子女的监管,以及过分严格、易变或宽容的家庭约束方式,则可能导致儿童青少年时期的各种问题行为。

1. 教养方式

在各种家庭因素中,父母教养方式尤为重要。从20世纪六七十年代起,一些研究者开始从类型学的思路,比较广泛地研究了父母教养行为与亲子交往的不同风格,从温情与控制两个维度将父母教养方式划分为权威型、专制型和放任型三种类型。父母教养方式对其子女创造性倾向确实有影响,父母越能够理解、温暖自己的子女,子女越容易呈现更高的创造性表现。安全、自由、民主和理解的环境对于子女的创造性发展来说具有促进作用,这种环境有助于子女的自主探索能力和独立决策能力的形成及发展。

同时也发现,如果父亲在教养过程中过分干涉,母亲采取拒绝、否认的教养方式,子女的创造性也会有更好的表现。虽然这种教养方式在一定程度上会对儿童的创造性有所限制,但同时也能够对儿童的不合理行为、想法给予及时的校正或否认,这将有助于儿童辩证、批判地处理自身和周围环境之间的关系,同时有助于发展批判思维能力,促进问题的创造性解决。事实上,父亲过分干涉的教养方式和冒险性人格正相关,而母亲拒绝、否认的教养方式和想象性人格正相关,这可能反映了父亲过分干涉、母亲否认的教养方式下,家庭要求比较严格,子女必须为自己的行为寻找足够合理的理由才能满足父母的要求,由此在满足家长严格要求的情况下提高了自己的创造性。

综上所述,父亲过分干涉和母亲拒绝、否认的教养方式与其子女创造性倾向的正相关,可能反映了此种教养方式下子女批判思维能力的提高,从而促进了创造性倾向的发展。

2. 亲子关系

(1)母子亲密度对创造性的影响。

母子亲密度指母亲与子女之间关系的亲密程度,是幼儿情感及社会性发展的重要体现,这种关系建立在血缘和共同生活的基础上。拥有良好、和谐、积极的亲子关系的家庭,具有较高的母子亲密度,其子女的偏差行为较少,社会适应能力与生活适应能力较佳,且认知能力、创造能力也较高。

能与母亲建立亲密关系的幼儿,往往能获得母亲提供的各方面良好的支持,会更加自信,勇于面对困难和挑战,乐于探索并发现自己的兴趣点,在自身有潜力的领域展现出创造性潜能;而能够与幼儿建立良好亲密度的母亲往往采用民主开明的积极教养方式,不对幼儿施加过于权威的控制,使幼儿处于相对宽松的家庭氛围之中,为幼儿提供进行自由创造的家庭环境条件(董奇,1993),这将是日后孩子创造性培养和发展的有利条件。

(2)父亲参与教养对儿童创造性的影响。

近年来随着对家庭教育关注度的逐渐提高,更多的研究开始注意父亲在家庭教育中的重要性。父亲较多地参与幼儿的活动,在提高幼儿的认知技能、成就动机和对自己能力的自信心方面有很大的帮助。总之，父亲更多地参与教养照顾幼儿能够使幼儿具有更高的社会认知能力，父亲缺席会对幼儿的认知发展产生消极的影响，孩子缺乏父爱会阻碍其认知发展，这对于幼儿创造性的发展也是不利的。

不仅如此，父亲参与教养水平越高，幼儿的心理安全程度往往也越高，更容易适应陌生环境，能更好地与陌生人相处（Kotelchuck，1976），对新颖的信息的接受也更加容易，这将有利于其处理信息时产生更多创造性的想法、更好地完成创造性任务。

三、教育因素

学校教育对创造性的发展究竟有什么样的影响，一直是一个有争议的问题。下面我们将讨论学校教育因素对创造性发展的影响。

（一）教师对学生创造性的影响

1. 教师的个性品质

身教重于言教。教师的行为和人格特质会对学生产生深远的影响（周从标，贾庭秀，1989）。犹如父母对子女的榜样作用，对学生而言，教师的优秀角色榜样，的确能促进他们健康成长，如1981年获诺贝尔化学奖的洛德·霍夫曼认为，老师的主要工作就是启发学生的心灵，开发学生的智力，辅导学生的学习。每一个老师都会极力去帮助自己的学生来接受各种各样的新知识。从道德层面来讲，老师要以身作则让学生体会到人类的关爱和同情心（黎健，2020）。受人欢迎的教师，往往具有以下特质：合作、民主、仁慈、体谅、忍耐、兴趣广泛、和蔼可亲、公正无私、言行一致、有幽默感、对学生问题有研究兴趣、处事有伸缩性、了解学生、给予鼓励、精通教育方法。

2. 教师的教学观

教师的教学观主要是指教师对教学活动的根本观点和看法。教师的教学观可以分为六个不同的类别：

①把教学视为课程大纲中概念的传递的过程；
②把教学视为教师知识的传递的过程；
③把教学视为帮助学生获得课程大纲中的概念的过程；
④把教学视为帮助学生获得教师的知识的过程；
⑤把教学视为帮助学生发展概念的过程；
⑥把教学视为帮助学生改变概念的过程。

教师的教学观，直接影响着教师的教学方式和教学策略，也直接影响着学生创造性的培养。所谓欲培养"好思的学生"，须有"长于启思的教师"，欲培养"创造性的学生"，须有"善于创造的教师"。创造型教师应该具备以下特质：

①自身具有创造性；
②具有强烈的求知欲；
③努力设法形成具有高创造性的班集体；

④创设宽容、理解、温暖的班级气氛；

⑤具有与学生们在一起共同学习的态度；

⑥创设良好的学习环境；

⑦注重对创造活动过程的评价以激发儿童的创造渴望。

3.教师和学生的关系

师生关系是指教师和学生在教育教学活动中结成的关系，包括彼此所处的地位、作用和态度等。师生关系在教育内容上是授受的关系，在人格上是平等的关系，在社会道德上是相互促进的关系。良好的师生关系是教学活动取得成功的必要保证，也是创造性培养的重要保障。

(1)良好的师生关系能够营造安全的心理环境。

环境对创造性的发展起决定性的作用。现代建构主义学习理论也强调学生与环境的积极建构。在课堂环境中，教师和学生和谐、民主的关系能够给学生营造安全的心理环境，正如人本主义心理学家罗杰斯所强调的，当外部威胁降低到最低限度时，学生比较容易觉察和同化那些威胁到自我的学习内容，当学习内容对自我的威胁很小时，学生就会用一种辨别的方式来知觉经验，学习就会取得进展。在一种相互理解和相互支持的环境里，在没有等级评分和鼓励自我评价的环境里，学生可以消除内心的恐惧，在一种安全的心理环境下积极地思考，努力地探索，形成创造性品质和能力。师生关系紧张，学生经常会处于一种惊慌、害怕的状态，这极不利于学生心理健康成长和创造性的培养(田友谊,2007)。

(2)良好的师生关系能够促进理性批判和怀疑精神。

良好的师生关系能够给学生营造自由、宽松的学习环境，也有利于学生理性批判精神和怀疑精神的培养，这两种精神正是形成创造性人格所必需的心理品质。理性批判和怀疑精神是科学精神的重要组成部分，它主要是指学生不盲从权威，本着求真、求实的态度，对主、客观事物进行理性的分析、评判、思考和怀疑。

(二)教学组织形式和教学方法对创造性发展的影响

教学组织形式(唐松林,2001)是指教学活动的结构方式，即教学过程中教学活动如何组织，教学的时间、空间应怎样有效地加以控制和利用的问题。教学组织形式直接关系着教学任务的完成情况、教学质量的好坏和人才培养的情况。

传统教学组织的基本形式是班级授课制，班级授课制的主要优点是有利于经济有效地、大面积地培养人才；有利于学习活动循序渐进地进行，并使学生获得系统的科学知识；有利于教师发挥主导作用；有利于教学活动有组织、有计划地安排。而局限性使学生的主体活动受到限制，实践性不强，几乎没有动手机会，探索实践、自主创新较少，所以培养出来的学生"高分低能"，缺乏创造精神、创新思想和创新能力。

针对传统教学组织形式的局限性，人们做了各种有益的探索和实践，并取得了一定的效果，这里列举几种有利于培养学生创造性的教学组织形式。

(1)三次停顿法。即教师在一堂课中停顿3次，每次大约5分钟。在这5分钟里，教师让邻座的两个学生比较各自记录的笔记,并对所学内容进行自由讨论。

(2)思维—同伴—分享法。即教师在课堂上提出一个问题,学生用一分钟时间写出自己的答案(思维)。接着,他们和邻座的同学讨论并阐述彼此的答案(同伴),最后学生要在全班同学面前阐述答案(分享)。用此教学方法授课,一段时间后,几乎每个学生都愿意在课上大胆地说出自己的观点和见解。

(3)问题—讨论法。即教师让学生带着问题来上课,问题主要是他们课后阅读遇到的关键的或困惑的问题。在教室里,教师把两个学生分成一组,然后让他们轮流向对方提问,彼此回答,并进行讨论。在实际教学中发现,带着问题上课的学生成绩的确较好。

(4)一分钟纸条法。即在临下课前几分钟,教师要学生回答两个问题:"你今天学到的最重要的内容是什么?你还有什么没弄明白的问题?"学生下课时交上纸条,通常无须记名,一分钟纸条一方面让教师了解学生学到了什么以及还存在什么问题,另一方面促进学生更加认真听课,并对他们所学的内容分析、判断和调控。目的都是激发学生的学习动机,提高学生的学习兴趣,培养学生的实践和创新能力。

(三)学业评价对创造性发展的影响

学业评价就是依据一定的评价指标,采用恰当的、有效的工具和途径,对学生学习和发展水平进行价值判断的过程。学业评价指标和评价标准就像"指挥棒"一样,为学生指明努力的方向。但是,评价是"双刃剑",既能促进学生的创造性发展,又可能阻碍学生的创造性发展。

1994年获诺贝尔化学奖的乔治·A.欧拉说:我招学生不看他们的分数,我喜欢看学生有没有求知的欲望,眼睛里是否闪烁着激情的光芒。钱学森中学时就读于北京师范大学附中,他回忆说,那时他们考试前根本不复习,因为即使你很认真地复习了,能得80分的人,也不会得90分,而即使你没复习,能得90分的人也不会得80分,因为每次考试都能正确地评价你真实的水平和能力。

在学业评价中,要打破单一的评价模式,采用多元评价模式,应分类、分项进行评价。另外,应树立以学生发展为目标的新的评价观;将评价作为教学活动的一部分;评价方法、手段要多样化;让学生成为评价的主体。达到以上评价标准的评价模式有利于学生创造性的发展。

(四)课程结构对创造性发展的影响

课程结构是指在学校课程的设计与开发过程中将所有课程类型或具体科目组织在一起所形成的课程体系的结构形态。课程结构将影响学生的知识结构,而知识结构又在很大程度上决定了人们创造性的高低。

要改革落后于社会和时代发展的知识体系,建立使学生认识和把握未来发展的知识体系和活动体系;课程建设要立足培养学生的创造性,立足于学生的发展,体现主体性,发展丰富的个性;课程要适应不同年龄学生的水平和需要,具有针对性,建立适合学生个性差异和潜能差异的必选和自选相结合的课程体系;课程要具有时代特点,能及时反映人类最新的文明成果;课程应该为学生提供思考、探索、发现创新的最大空间,具有开放性、综合性和选择性;课程还需要贯彻理论联系实际的原则,突出实践性,便于学生的操作和活动,培养实践能力。满足了以上条件的课程结构才会对创造性发展有积极的促进作用。

(五)教育环境对创造性发展的影响

环境是一种无言的教育,具有潜在的影响和熏陶作用,通过创造良好环境可培养学生的创造性。这种环境既表现在校舍、图书、课堂这样一些硬环境上,还表现在课程结构、气氛、风气、交往关系、教师的态度等软环境上。由于软环境具有潜在性、隐蔽性,教师往往看不到它的作用。然而培养学生的创造性,固然需要一定的硬环境,但更重要的是需要一种好的软环境。

(六)课堂气氛对创造性发展的影响

关于课堂气氛对创造性的影响的研究,近年来主要集中在开放课堂与传统课堂的差异上。开放课堂是一种教学模式,包括空间上的灵活性、学生对活动的选择、学习材料的丰富性、课程内容的综合性、更多的个人或小组教学等要素。开放课堂的气氛有助于增强学生的批判性、好奇心、冒险精神和学习自主性;开放课堂模式下的儿童,在小学四年以后,发散性思维水平仍较高;而且,开放课堂中的儿童在思维的流畅性、灵活性和独创性方面,比传统课堂里的儿童得分要高。最有趣的是,儿童进入开放课堂仅8个月,就在解谜测验中表现出与传统课堂中的儿童的差异,在讲故事的活动中,开放课堂的儿童能使用较生动的语言,且句子结构变化较大。

(七)教室的布置对创造性发展的影响

教室的墙壁、黑板一般要给学生表现创造才华的机会,要给学生的创造作品提供一定的空间,否则将不利于学生创造性展现。也可设置专门的创造活动教室,为儿童提供进行创造的材料。如无这样的活动教室给学生足够的空间和支持,将不利于创造活动的开展。

复习巩固

1. 东西方不同文化取向对创造性有何影响?
2. 父母的教养方式对创造性培养的有何影响?
3. 有利于学生创造性培养的教师个人品质有哪些?
4. 学校背景下培养学生创造性可采取的措施有哪些?

研究性学习专题

> 现代社会,大规模的人口流动背景下,人们会将自己出生地或常住地的生活习惯、宗教信仰或民族文化带入另一个新的环境中,同时也接触或融合新环境中的生活方式、信仰特征以及民族文化,这就形成了多种行为特征、多种文化出现在同一环境下的新局面,也就是所谓的多元文化。请结合创造性的影响因素,探讨不同文化背景下,如何开展创造性教育。

本章要点小结

1. 关于创造性神经基础的相关研究表明：以皮层厚度为指标的相关研究发现，右侧后扣带回的发育对于创造性表现而言是非常重要的；以灰质体积为指标的相关研究发现属于多巴胺系统的多个脑区（如右侧前扣带回、双侧纹状体、背侧中脑、脑干网状结构）和右侧顶上叶与创造性密切相关。

2. 多巴胺与一些重要的认知功能如工作记忆、认知控制等的执行密切相关，被认为是最有希望激发创造性的候选基因之一，其甲基化与具有成瘾行为被试的执行功能网络连接有关；儿茶酚-O-甲基转移酶（COMT）基因的甲基化与工作记忆、执行功能以及任务过程中前额叶的激活状态密切相关。5-羟色胺通路遗传基因的相关神经递质对前额叶执行认知功能具有重要的作用，和图形创造性、言语创造性之间有密切关系；5-羟色胺通路遗传基因主要表现于与情绪相关的脑区，如额叶和边缘系统。高创造性群体中患精神疾病的比例的确要高于普通群体，并且通过对比发现，患有精神疾病被试的创造性水平要显著高于健康被试，这为创造性与精神疾病之间存在行为学关系提供了基因角度的证据。

3. 关于创造性和智力的理论关系：(1)创造性是智力的构成要素；(2)智力是创造性的子集；(3)智力和创造性相互独立但又有部分重叠。

4. 联想指的是由某些经验产生的概念、事物或心理状态之间的心理联结。个体产生的联想内容具有越高的不寻常性，个体的创造性就越强。个体越能有效地提取长时记忆中存储的已有知识，个体的创造性就越强。

5. 内部动机指由内在需要引起的为寻求挑战、满足好奇心而参与活动的动机，内部动机有利于个体专注创造过程，投入更多认知资源完成任务，因而可促进创造性思维并提升创造性表现。外部动机指在外界要求下产生的为了活动之外的因素而参与活动的动机，外部动机对创造性的影响不一，指向创造本身的外部动机可促进创造性，而指向创造结果或任务完成度的外部动机可抑制创造性。

6. 控制性动机指个体出于内部（如内疚）或外部压力（如他人的要求）而做出某行为的动机；自主性动机指个体出于自己的意愿行事的动机，包括传统意义上的内部动机以及具有内在激励作用的外部动机。自主性动机相对于控制性动机更能促进创造性，因为它提供了更大的自由度，允许个体以更加发散的方式来解决问题。

7. 趋近动机指由追求积极结果的目标所引导的动机，回避动机指由回避消极结果的目标所引导的动机。趋近动机促进创造性思维，而回避动机抑制创造性思维。

8. 文化环境构成个体心理发展的重要背景，个体创造性的发展与这个大背景密切相关。文化在某些观念上的特征（例如价值观、个人主义或集体主义倾向、对顺从和传统的态度）对创造性有着极大的影响，它们可能起激励作用也可能起阻碍作用。

9. 语言作为思维的工具，直接影响着思维的结果。丰富、灵活的语言有利于思维的活跃性、开放性和创造性，而贫乏、呆板的语言则可能使思维狭窄、保守。

10. 父母教养方式对其子女创造性倾向具有显著影响。安全、自由、民主和理解的环境对于子女的创造性发展来说，具有促进作用，这种环境有助于子女的自主探索能力和独立决策能力的形成及发展。

11.教师和学生之间和谐、民主的关系能够给学生营造安全的心理环境,可以消除学生内心的恐惧,使学生在一种安全的心理环境下积极地思考,努力地探索,形成创造性品质和能力。师生关系紧张,学生经常会处于一种惊慌、害怕的状态,这极不利于学生心理健康成长和创造性的培养。

关键术语表

创造性成就问卷	Creative Achievement Questionnaire
综合创造性指数	Compound Creativity Index
托兰斯创造性思维测验	Torrance Tests of Creative Thinking
远距离联想测验	Remote Associates Test
智力结构	Structure of Intellect
搜索联想记忆模型	Search of Associative Memory
创造性的双通道模型	Dual Pathway to Creativity Model

本章复习题

一、选择题

1.关于"单个候选基因"与创造性的关系说法正确的是(　　)。
A.多巴胺与一些重要的认知功能如工作记忆、认知控制等的执行密切相关
B.儿茶酚-O-甲基转移酶基因是最有希望激发创造性的候选基因之一
C.对多巴胺D2受体基因的研究发现,该基因的甲基化与具有成瘾行为被试的执行功能网络连接有关
D.多巴胺D2受体基因的甲基化与工作记忆、执行功能以及任务过程中前额叶的激活状态密切相关

2.CHC模型认为,以下与创造性思维无关的成分是(　　)。
A.观念流畅性　　　B.联想流畅性　　　C.表达流畅性　　　D.传统性

3."张力观"认为知识与创造性的关系是(　　)。
A."U"形曲线关系　　B.倒"U"形曲线关系　　C.线性关系　　D.无关

4."心境修复理论"认为创造具有心境修复的功能,以下说法错误的是(　　)。
A.产生负情绪时,心境需要通过创造性活动产生的成就感来修复当前由消极情绪所引发的不悦
B.当人们感受到快乐、满足等积极情绪时,心境则不需要修复,所以个体也就不会刻意去进行创造性活动
C.个体心境是否愉悦不会影响个体的创造性活动
D.个体心境愉悦与否会影响个体的创造性表现

5.关于内部动机或外部动机及其与创造性关系的说法中,正确的是(　　)。
A.内部动机指在外界要求下产生的为了活动之外的因素而参与活动的动机

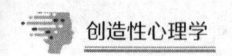

B.内部动机有利于个体专注于创造过程,投入更多认知资源完成任务,因而可促进创造性思维并提升创造性表现

C.外部动机指由内在需要引起的为寻求挑战、满足好奇心而参与活动的动机

D.内外动机在不同类型任务中的影响没有差异

6.关于家庭环境因素与创造性的观点,以下说法错误的是(　　)。

A.良好的家庭人际关系和家庭气氛有利于个体早期人格的健康成长

B.不良的亲子关系,家庭成员关系紧张,家长缺乏对子女的监管,可能导致儿童青少年时期的各种问题行为

C.在教养类型方面,从温情与控制两个维度将父母教养方式划分为权威型、专制型和严厉型三种类型

D.父亲在教养过程中过分干涉,母亲拒绝、否认的教养方式与其子女的创造性倾向表现出正相关

二、简答题

1.请简单阐述,创造性与智力关系的三种观点。

2.简述趋近动机和回避动机对创造性的作用。

3.简述个体主义倾向、集体主义倾向对创造性的影响。

4.学校培养学生创造性,应该注意什么?

第八章

科学发现和技术发明中的创造性

科学发现是指人们在认识自然、探索未知的科学研究活动中,有计划、有目的或意外发现了过去未被发现的某种自然现象或规律,并用符号、概念、原理或理论加以表达的过程。技术发明则是在科学发现的基础上,把人们认识自然界的成果——自然界的本质和规律,转化和提炼为技术原理、技术模型、设计方案、实物样品、生产样机等物质成果的形式。

创造性是科学研究的灵魂。人们在长期的认识、改造、控制和利用自然界的科学实践活动中,从科学发现到技术发明,任何一个环节和成果都包含着丰富的创造性。可以说,科学发现与技术发明是科技创新的基础和保证。探究和了解科学发现、技术发明过程中可能的影响因素,能够促进科技人才的培养、营造更好的创新环境,为国家培养出源源不断的拔尖创新人才。

本章主要内容是:

1. 科学发现和技术发明的过程。
2. 科学发现和技术发明中的影响因素。
3. 科技人员创造性的预测、评估和培养。

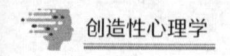

第一节　科学发现和技术发明的基本过程

纵观人类科学史,我们仿佛总能在"偶然间"获得一些新发现,然而,伟大而革命性的创造和发明,往往不是一蹴而就的,需要经历一个漫长的积累过程,这一过程通常需要创造性的参与。可以说,科学发现、技术发明的过程,就是创造性思维活动的过程,主要包括提出科学问题、设计实验、实验观察、分析处理实验结果、验证科学假说和科学理论等。

一、发现和提出科学新问题

提出问题是科学研究的起点,是一项科技创新或发明得以开始的最关键一步,具有非常重要的意义。一个好的问题的提出,可以激发出一系列科技发明灵感的碰撞,尤其是那些能够突破人们思维定势的颠覆性问题,有时这些问题的研究解决甚至可以引领科学发明界的新潮流,比如我们现在所熟知的日心说、进化论等理论,在当时的背景下都是极具颠覆性的新异观点,也正是这些敢于站在权威对立面的人,引领了后人在科学道路上的深入探索。正如爱因斯坦所说:"提出一个问题往往比解决一个问题更重要。因为解决问题也许仅仅是一个数字上或实验上的技能而已,而提出新的问题、新的可能性,从新的角度去看旧的问题,却需要创造性的想象力,而且标志着科学的真正进步。"

从一个前所未有的崭新角度去看待旧问题往往作为创新的开端,故而越来越多的心理学研究者开始关注创造性问题提出的研究。要想更好地鉴别创造性问题提出的能力,关键在于探索出更有效、更科学的测量创造性问题提出能力的工具,张庆林团队通过对收集的科学发明创造实例进行整理、测量、访谈、再测量,建立了拥有多项指标的创造性科学问题提出材料库,通过这些材料的研究,可以考察个体如何受到启发从另外一个角度来提出新问题。

值得一提的是,虽然在人类科学文明的进步史上也有许多科学发现和技术发明具有偶然性,但是,机遇只青睐那些有准备的人。故而,科研工作者与技术人员应该在每日的研究与工作中孜孜不倦地思考,敢于打破常规、质疑权威,并不断地提出新的问题,厚积而薄发,才能摘取创造性的果实。

(一)发现和提出问题的渠道

一般来讲,发现和提出问题的渠道主要有以下几个方面:

从困惑中发现问题;

从疑问中发现问题,这里主要强调要有怀疑精神,不怀疑不能见真理,学贵善疑,只有善思,才能善疑;

从旧理论与新事实的矛盾中发现问题;

从不同学派或理论之间的矛盾中发现问题;

从科学理论内部的矛盾中发现问题；

从不同学科的交叉点上发现问题；

通过阅读别人的学术论文发现问题；

通过参加学术研讨会、学术讲座、论文答辩会来发现问题等。

(二)发现和提出问题的前提

发现和提出新问题的前提之一，是研究者具有一定的专业基础知识和广博的知识面，只有掌握了全面、系统的知识，才能拨开未知的迷雾，提出新的问题。"给我一个支点，我就能撬起整个地球"——阿基米德就是一个很好的例子，在"力学之父"的桂冠下，他同时也是出色的哲学家、数学家、物理学家，广博的知识注定了他的杰出。对当代的科研人员来说，要做到这一点，就必须通过图书、报刊资料、文献索引系统和电子计算机网络系统，收集国内外有关课题研究的科研信息，掌握科技发展动态，从最能激发创造性的某些前沿问题、热点问题中去选择自己的兴趣指向。正如著名物理学家李政道所说："随便做什么事情，都要跳到最前线去作战。问题不是怎么赶上，而是怎么超过。不能是老跟，那就永远跑不到前面去"，"要下决心走自己的路，才能做出开创性的工作"。

发现和提出新问题的前提之二，是研究者要打破传统理论观念的束缚，围绕着某一个兴趣领域，不拘一格地从各个方位、各个角度、多个层面去发现用原有的知识解释不了的新的现象。这就要求科研人员们敢于思考，敢于质疑，多反思事物现象背后的本质原因，勇于开辟新的视角和理论。如果没有新的视角，即使面对一个新奇现象，也不会有新的想法，当然就发现不了新的问题。便利贴的发明便是如此，该发明最初的目标是想研究一种黏力很强但又不会破坏纸张的胶水，却一直未能实现，而就在这时，该项目工程师突发奇想，或许它的缺点也是一种优点吧，于是将其应用在一种随贴随撕、反复利用的贴纸上，这才有了我们办公学习都离不开的便利贴。

发现和提出新问题的前提之三，是时时刻刻做一个寻求新问题的"有心人"。遇到问题多思考，善于追究结果背后的原因，善于质疑日常生活中已经被"合理化"的规则，要学会用科学的怀疑眼光看待一切。那些唯书本是从的人，绝对服从权威的人，是面临新问题却不可能发现新问题的人。譬如伽利略，敢于挑战亚里士多德的权威和既定的"真理"，在人们的嘲讽与猜疑中走上比萨斜塔，用实证击破了统治西方学术界将近2000年的错误观点，这才能发现自由落体定律。

在发现和提出科学问题之后，科学家们不会止步不前，而是会积极寻找解决问题的对策。面对高创造性的新问题，寻找出恰当的解决方案，关乎着一个新的想法是否能真正成为现实，带来期望的社会价值。问题解决的过程，有时需要经历一个漫长的摸索过程，有时需要不断试误来找到正确的方向，但在某些时候，曾在科学家头脑中"灵光乍现"的某个想法，或许恰恰就成为解决问题的关键所在。

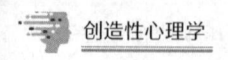

生活中的心理学

"梦"中发现的苯环

1825年英国科学家法拉第发现了有机化合物"苯",但是此后几十年里,人们一直都没弄清楚其结构。已有的结论认为苯分子是对称的,但6个碳原子和6个氢原子如何对称而又稳定地排列呢?

直到1865年,德国化学家凯库勒提出全新的苯分子的环形结构,而这一颠覆性的观点,居然是从梦中得来的!当时的凯库勒一直陷在既往研究结果的窠臼中,无法跳脱出来,总是苦苦探寻苯分子的链式结构而无果,屡战屡败,几近心灰意冷。有一天,在工作后,他一不小心睡着了。在梦里,是另一番景象,奇幻瑰丽,仙乐飘飘。忽然,画风一转,一条蟒蛇呈现在眼前!蟒蛇扭动着身躯前行,凯库勒无处可逃,只好屏住呼吸观望,就在此时,蟒蛇扬起脖子,向凯库勒张开血盆大口!下一刻,凯库勒发现,蟒蛇张开嘴巴转而咬住了它自己的尾巴,形成了一个环。

忽然,仿佛电光石火般,凯库勒想起自己一直不能攻克的苯分子的真实结构!那条蛇是一条链,它咬住自己的尾巴就变成了环,会不会苯分子也是一个环呢?凯库勒重新抖擞精神进入了实验室,于是,苯环结构确立了。

二、实验设计和实验观察

心理学之所以是一门科学,就在于心理学家们采用科学和实证的方法来验证自己的观点并得出结论。通常在发现和提出新问题之后,研究者就会提出自己的科学假设,并运用科学的手段来检验自己的假设。在这一过程中,最重要的是设计一个合理、有效的实验方案,并根据该方案进行实验观察。

(一)实验设计

实验设计包括实验目的确定、研究对象和仪器设备的选择、实验方法的确定以及实验原理的构思等。

在实验设计中,实验原理的构思是非常重要的一环,因为实验所依据的科学原理的科学性、先进性和可靠程度,不仅需要建立在已有的、最新的科学研究成果基础之上,而且还需要设计者进行反复构思,创造出新的观察实验的方法和新的实验原理。例如,如果需要采取科学的研究方法,去探索记忆遗忘的规律,就应依据记忆本身的特点去构思出该实验的原理,而不是简单地照搬一个通用的实验逻辑。例如,从我们在学习工作中的常识可以得知,人们在记忆一些东西过后,随着时间的推移,有些东西会慢慢遗忘,并且遗忘的程度和速度各有不同。根据这样一个原理,就可以设计出具体的实验了。

(二)实验观察

在实验的实施过程中,要注意仔细观察实验中出现的情况,一边观察、一边记录、一边思考。

要善于探究和反思观察到的现象背后的深层原因,善于"寻根究底",见人皆所见,思人所未思。

💗 生活中的心理学

> **青霉素的发明**
>
> 虽然我们最初的实验的目的总是针对自己的科学假设的,但科学史上其实不乏实验中"歪打正着"的例子。例如,青霉素的发明就源于这样的"意外"。葡萄球菌是一种毒性很强的病毒,曾经夺去了许多人的生命。英国生物学家佛雷明立志找到消灭葡萄球菌的方法。他用培养皿培养出了许多葡萄球菌。1928年秋天的一天,他像往常一样来到实验室,打算继续观察培养液中的葡萄球菌。他突然发现,一个玻璃皿的盖子忘记盖了,里面长出了一簇绿色的霉菌。他为自己的粗心后悔不迭。他正准备倒掉这杯培养液时,突然发现,霉菌附近的溶液已经变得十分清澈。通过放大镜一看,葡萄球菌已经全部死亡。佛雷明叫上助手,立即对这种霉菌进行培植,然后把霉菌溶液滴入葡萄球菌的培养液里。几小时后,葡萄球菌全部死亡。第二年,佛雷明从霉菌中提炼出杀菌物质,制成了青霉素。
>
> 所以,在实验观察中,要特别留心实验过程中出现的意外现象,并展开想象,敏锐判断意外现象的原因及其潜在价值。许多科学发现、技术发明,都是来源于研究者对实验过程中意外情况的敏锐觉察。

三、实验结果的处理和实验假设的验证

实验结束后,需要对实验过程中所获得的数据、材料进行整理和分析,并根据整理分析的结果对实验假设进行验证。

(一)实验结果的处理

实验结果的处理包括对实验数据的处理和对实验中所观察到的现象的处理。对于数据的处理,一般运用数理统计或其他数学方法进行,以图表、坐标曲线或数学式等形式表达出来,以便从中找出规律性的东西。对于现象的处理,则一般是采用客观的不加任何判断的综合描述,以便于以后的深入研究。例如,前面提到的关于记忆遗忘规律的科学实验,如果我们通过实验获得了被试在30分钟、1小时、3小时、1天、3天、7天、15天、21天、30天后的记忆遗忘的结果,即获得了本次实验的数据,我们就可以以时间为横坐标、以遗忘率为纵坐标,画出坐标曲线,以图表的方式直观呈现出记忆遗忘的规律,并可以根据这个结果来探究它的成因和影响因素。如果期间研究者发现了其他在实验假设中未预料到的现象,比如说在实验过程中发现有的人无论间隔多久的时间,记住的东西一点都不会忘记。这种情况,就应该如实描述,说清楚出现该状况的被试人数、他们的记忆特点是什么等。

(二)证实或修改实验假设

根据实验的结果,就可以对自己提出的实验假设的真伪进行判断。如果自己的实验假设得到

证实,就可以提出进一步的思考,发展自己的假设,直到进行了一系列的实验验证之后,进一步提出新的理论,或一个新的科学概念,或一个新的数学模型。

不过,通往真理的道路并不总是平坦的,在进行实验验证的环节时,可能会出现实验假设不能被实验结果证实的情况。这可能是因为受到各种偶然因素的干扰,而这种时候往往是决定实验能否成功的关键时刻,也是检验人的创造性高低的重要关头。科研工作者应该保持乐观、充满信心,敢于面对困难,不轻言退缩,锻炼自己的求异思维和发散思维。大胆假设、小心求证,并保持思维的灵活变通,不断及时修改自己的实验假设,提出新的实验方案和新的思路,才能在多次失败之后,最终取得成功。

复习巩固

1. 发现和提出科学问题的前提是什么?
2. 请回忆科学发现、技术发明的过程。

第二节 影响科学发现和技术发明的因素

在众多的科技工作者中,有的人对新事物具有敏锐的嗅觉,头脑灵活、思维跳脱,取得了许多重要的创造性成果,而有的人却按部就班、墨守成规,沿着前人的道路徐徐前进,没有表现出什么杰出的创造性。产生这种差异的原因主要有个体知识结构因素、认知因素、人格因素、年龄因素和外在社会环境因素等。其中知识结构因素对创造性的影响,在第四章中已经进行了讨论,这里主要分析后四种因素对科学发现、技术发明的影响。

一、个人因素

(一)认知因素

我国学者王极盛(1986)使用自我评定的方法对认知因素在我国科技工作者的创造活动中的作用进行了调查研究。调查对象分为两类。一类是中国科学院学部委员,共28人。一类是一般科技工作者,共127人。对不同研究类型的科技工作者进行研究发现,总的来说,思维能力、记忆力、想象力、观察力、操作能力对科技创造的影响是最大的。其中,思维能力在各类科技创造中的影响都是最重要的。

除了客观的认知能力以外,主观的态度也可能会影响科技人员的创新态度,进而影响科技人员的创造性行为。创新态度可以分为内生态度和外生态度,内生态度指的是科技人员源自内心的对创新的真实感受,主要受人格特征、责任感和兴趣取向的影响;而外生态度是科技人员受到外界的物质或精神的激励而产生的态度想法,受经济需求和精神认可的影响。

(二)人格因素

创造才能只是科技人员取得创造性成就的必备条件之一。而人格因素对创造性才能的发挥也起着至关重要的作用。国内外许多专家、学者都对此做了研究。

1.国内学者的研究

张庆林和谢光辉(1993)依据国家科委评审委员会公布的科技发明奖的获奖名单对获得者的人格特点进行了分析。研究发现,中国科技领域的杰出创造者的人格特点在以下十个方面异于一般的科技工作者:①低乐群性;②高稳定性;③低兴奋性;④高有恒性;⑤低情绪性;⑥低妄想性;⑦低忧虑性;⑧高实验性;⑨高独立性;⑩高自律性。

此外,刘帮惠、张庆林、谢光辉还研究了大学生实用科技发明大奖赛获奖者的人格特征。将大学生发明创造者与中老年创造发明者的特征相对照发现,他们在低乐群性、高独立性和高自律性三个方面具有共同的典型特征。同时,还发现了创造性人格在发展上的特征:大学生发明创造者在稳定性上更稳定,在兴奋性上更严肃审慎,在敢为性上更畏缩、退却,在幻想性上更现实,在忧虑性上更安详、自信,在实验性上更自由、批评和激进。

在经典研究的基础上,陆陆续续有更多的研究者对创造性的个人特质进行研究,其中不乏针对显示出高创造性的儿童青少年及科研人员的研究。例如,以青少年创造发明奖获奖者为对象的研究证明,创造型青少年学生具有好奇心、独立性、恒心、适应性、自信、精力旺盛等个性特点。对青少年科技竞赛优胜者的非智力因素的研究表明,科技竞赛获奖儿童在有抱负、独立性、好胜心、坚持性、求知欲和自我意识等方面要显著地高于一般儿童,其中最显著的特征是好胜心和有抱负。

张景焕等人利用访谈法对取得创造性成就的科学家进行研究,发现取得创造性成就的科学家认为"成就取向""主动进取"是创造者最基本的心理特征,且无论是取得"一般成就"还是"创造性成就",都需要科学工作者具有较强的"成就取向"(张景焕,金盛华,2007)。

根据对2015年入选的133名中国科学院和中国工程院院士的访谈、新闻、自传等396篇文献进行词频分析、语义分析、高词频统计分析的结果,可以发现我国自然科学家的人格特质按词频高低的顺序排列,共有16个因素,分别是:良好的合作精神、创新精神、科研兴趣强、直觉敏锐、严谨、好奇心强、注重能力提升、毅力强、知识面广、工作效率高、追求完美、谦虚、早期表现优秀、愿意学习、能吃苦、善于学习(Chen,Song,2020)。

至于高创造性人格,有研究者认为事业心、勤奋、兴趣、责任心和求知欲是五种最重要的因素,也有研究者认为创造性人格的结构由7个因素构成:神经质、勤勉坚毅、真诚友善、淡泊沉稳、激情敏感、逻辑性、孩子气(彭运石,莫文,彭磊,2013);还有研究发现,在高创造性个体身上,创新意识与创新能力、科技综合能力、深厚的专业知识、洞察力与观察力、坚强的意志、丰富的想象力、强烈的好奇心、富有创造力、独立性强、科学实践能力强等特质出现频次最高(王广民,林泽炎,2008)。有研究者发现有高创造性人格因素的群体的共同人格特征是:缄默孤独、聪明有才能、严肃审慎、冷静而又深思熟虑、敏感多疑、固执己见等。而且,他们还发现高创造性的群体中存在着较多的相同或相似的人格特征,而创造性较低的人群则缺乏共同的人格特征,呈现出各自不同的人格特点。

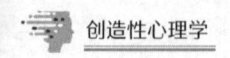

2.国外学者的研究

国外亦有许多学者不断探究创造性科研人员的特质,不同的研究总结出不同的维度。例如,研究发现创造性科学家的共同特征为:高度独立自主的强烈需要;控制冲动的高水平;超常的智力;喜爱抽象思维;喜爱独处;喜欢秩序;方法正确;接受由矛盾、例外和无秩序所产生的挑战等。

艾杜森(1962)曾研究了四十位在世的科学家的个性。她发现了几个共同特点:在对需要用智慧来解决的问题上面倾注了巨大的热情;自我陶醉于认为自己从事的是美好的事业,这些事业只能由他们来完成;把自己的感情倾注在与工作有关的人和事物之上;对于刺激很敏感;甚至在对他们的忧虑与苦闷进行分析时都可以发现这些忧虑和苦闷与工作中所遇到的矛盾冲突有关。而这些科学家在一个方面是惊人的相似:他们的认识方式和感受方式。他们都趋向于接受新的、不熟悉的事物,或者以新方式来对旧材料加以重新组织,并且承认他们渴望进行这种重新组织。

菲斯特(1998)研究了艺术和科学领域的创造性人格,对三组样本进行了人格特质的比较:科学家与非科学家、富有创造力的科学家与缺乏创造力的科学家、艺术家与非艺术家。结果发现有高创造力的人更愿意接受新体验,不太传统和谨慎,更自信、自我接受、雄心勃勃、有支配性、敌对和冲动,其中外向性和开放性是创造性和非创造性科学家最显著的区别。后续诸多研究均得到了类似的结果,即开放性与创造性的评分呈正相关(Grosul,Feist,Arts,2014;Sato,Springerplus,2016;Wang,Yang,2007)。

综合国内外学者的研究可以看出,人格因素在创造性的发挥上起着举足轻重甚至是决定性的作用。勤奋、独立、坚持、自信是取得高创造性科技成就的人员的共同特征。尽管研究表明(Batey,Furnham,Monographs,2006)创造性成就的关键预测因素是人格和智力,但最近的一些证据显示,人格可能超过智力,成为终身创造性成就的最佳预测因素(Feist,Barron,2003)。

(三)年龄因素

创造性的年龄因素也是学者非常感兴趣的课题。年龄与创造性的发挥无疑是紧密联系的。国内外许多学者对此也做了深入的探讨。

1.国内学者的研究

我国的许多学者研究了创造性与年龄的问题。中科院的路甬祥院士(2000)统计了1901—1999年诺贝尔奖获得者的年龄,发现物理学奖获得者获奖时平均年龄是52.2岁,化学奖获奖者获奖时平均年龄是54.3岁,生理、医学奖获奖者获奖时平均年龄57岁。而对获奖人做出代表性工作与获奖的时间差分析发现,物理学奖获奖人做出代表性工作与获奖的时间差平均为16.1年,化学奖为15.4年,生理或医学奖为18.1年。对物理学奖获奖人取得获奖成就与获奖时的年龄差随时间的增减情况的统计发现,年龄差大致呈上升趋势:1901—1925年平均时间差为11.6年;1926—1950年平均时间差为10.7年;1951—1975年平均时间差为13.9年;1976—1999年平均时间差为19.5年。这组数字表明,从诺贝尔获奖者做出代表性工作到最终获奖,一般需要10余年,而且由于科学研究的不断深入,这个时间差有增长的趋势。这说明高水平创新成就得到验证、理解及社会认同需要时间。产生世界级的原始创新是一项艰巨和长期的目标,不可急功近利。值得一提的是,调查发现21世纪诺贝尔奖各奖项得主平均获奖年龄明显上涨,有学者对获奖者呈现出的高龄化现象进行探讨,结果发现杰出科学家取得主要学术成果的年龄并没有发生变化,诺奖认可成果时间的延长才是造成诺贝尔奖高龄化现象的直接原因(宋亚杰,胡雨宸,陆建隆,2017)。

王广民(2008)等在探究创新型科技人才的典型特质时发现,在选取的84名高层次科技创新人才中,中青年学者比重最大,40—49岁的有40人,占48%,其中40—44岁的青年学者居多,共有26人。可见,中青年始终是取得创新成就的峰值年龄。

田起宏(2012)分析了2003年至2011年的"国家杰出青年科学基金"(以下简称"杰青")获奖者的基本情况,发现在1589名获奖者中,年龄处于37—45岁这个阶段的比例高达91.3%,呈现出明显的单峰分布,其中以44岁和45岁的两个年龄最为显著,比例甚至达到了33.2%。这些统计数据充分体现出杰出科技人员获得高成就研究成果要经历一个漫长的积累过程,在这个阶段中,除了学术经验的积累、研究质量的提高以外,各种人力资源、物质环境资源也在慢慢积累。此外,数据显示,本次研究中所涉及的"杰青"获得者,在自己深耕的领域研究和成长的平均时间为10.96年,这一数据与上文提到的关于诺贝尔奖获得者的研究中的数据非常接近。

对2014—2020年发布的"全球高被引科学家"中的中国科学家进行分析,不难发现,我国的高创造性成就学者年龄分布多集中于40—60岁之间,在351份有效样本中,40岁及以下有63人,41—50岁113人,51—60岁125人,60岁及以上50人(赵宁,范巍,张锐昕,2022)。还有研究发现,中国科学院学部委员中年时代的创造性明显高于青年时代,一般科技工作者中年时代的创造性也高于青年时代。而且,在老年期仍能完成创造活动的人也是很多的。据1984年的统计,年过70岁仍荣获诺贝尔奖的科学家有15人之多,其中75岁以上获奖者5人,80岁以上荣获奖者3人。

总之,大量研究都表明,创造性与年龄有着十分密切的关系。虽然在不同的领域,创造性发挥的最佳年龄不尽相同,但总的来看,中年时期是创造性发挥的最适宜年龄。但并不意味着这是创造性发挥的唯一时期,高水平的创造性在任何年龄段都有可能产生。

2. 国外学者的研究

莱曼从20世纪50年代就开始从事创造性活动的研究,他研究了几千名科学家、艺术家和天文学家的年龄和成就,认为25—40岁是创造的最佳年龄。研究发现,世界范围内全部重大科技成果中,有50%是由不超过40岁的科学家取得的。

虽然,一般来说,科学家在35岁左右达到创造活动的巅峰。不过,也有学者发现,科学家的创造性活动有两个高峰时期。第一个高峰是在35岁至45岁,第二个高峰是在55岁左右出现。为什么创造力在45岁以后停滞了,到了55岁却再度活跃呢?一个理由是,在55岁时度过了身心多变故的中年期,迎来了家庭、经济和地位的安定,又重新积累了知识,对工作的自信心和完成欲望增强,同时良好的研究环境也创造了有利条件,由于这些条件而产生了第二高峰。

此外,不同领域内科技人员创造力达到峰值的时间不同,其创造力随时间推移而发展变化的过程也不同。Benjamin等(2011)分析了1901年至2008年间颁发的诺贝尔物理学、化学和医学奖,通过广泛的历史和传记分析,确定了525位诺贝尔奖得主获得诺贝尔奖的确切年龄,发现,平均而言,物理学家比化学家或医学科学家做出重要贡献的年龄更早,即在不同科学领域之间,科技人员

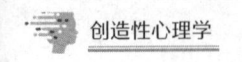

创造力达到峰值的年龄存在差异。

二、社会环境因素

大量研究表明,社会环境因素对创造力发挥起着不可低估的作用。比如在张庆林和谢光辉的研究中就发现,当要求创造者们罗列成功的障碍时,最显著的竟然是"人际矛盾"。虽然,社会文化、社会风尚、学术心理、人际关系、科技政策、学术氛围、群体环境、工作环境等对个体创造力的发展都具有重要影响,但在这里着重探讨一下学术氛围、人际关系对创造力发挥的影响。

1. 学术氛围

良好的学术氛围有助于科技人员的成长。路甬祥对诺贝尔自然科学奖获奖机构的分布研究发现,在诺贝尔自然科学奖获得者中,大部分得主都得益于他们所处的学术环境。1901—1999年间,获奖机构总数为185个,其中有20%的机构获得3人次以上奖励,占获奖总人次的69%;12.4%的机构获得5人次以上奖励,占获奖总人次的46%;4%的机构获得10人次以上奖励,占获奖总人次的22%。获奖的集中度相当高的事实证明了创新基地和创新氛围的重要性。

也有人对1901年至1972年间在美国工作并获得诺贝尔奖的92位杰出人物进行了研究,结果表明,一些诺贝尔奖获得者常常是由另一些诺贝尔奖获得者或者其他的"科学精英"训练出来的。即在92人中,有半数以上(48人)曾在其他的诺贝尔奖获得者指导下工作,如做过他们的研究生、博士后或资历较浅的实验员。诺贝尔获奖者中师生关系、学术亲缘关系屡见不鲜的事实,说明高水平人才的集中凝聚、跨学科交流以及在高水平学术带头人领导和指导下,选择前沿领域和战略方向,对于创新学术氛围的形成和重大创新突破都有重要意义。

随着科学技术的发展,各学科交叉融合趋势增强,知识的不断拓展更新和高度分化,也使得个体研究活动越来越难以实现。于是越来越多的科研工作者聚集到一起,形成科技创新团队,共享资源和成果。科研创新团队的组建,无疑为科研人员提供了相互合作、沟通、学习的平台,有利于新的想法的产生和发展,有利于增强科技人员的学术合作能力,能够大幅提高科研工作的效率。保持良好高效沟通的科研创新团队往往能够在既定的时间、经费条件下完成科研创新目标,同时又保证参与其中的科研工作者能实现自己的个人学术目标。在研究高校科技创新团队时发现,科技创新团队的领导模式、成员间联系的紧密性、团队所处的发展时期、成员的科研背景以及团队组织结构、团队文化都对整个团队的创新能力有着相当重要的影响。

2. 人际关系

科技人员的工作较为特殊,一般而言,科技人员需要长期投入大量时间从事富有创造性的工作,以往在讨论科技人员创造性行为的影响因素时,人们普遍更加关注科技人员的知识积累、科研经验等个人因素,而较少去探究他们的社会网络或连带关系。其实,诸如此类的人际关系因素也会对科技人员的创造性行为产生影响。

顾琴轩等人(2009)在研究中发现了一个很有意思的现象:科研人员与他人交流的次数对创造性行为有着显著影响,在人数较少时,影响作用表现为积极方向,而一旦超过一定的人数规模后却会对创新行为带来消极的影响。科研人员之间相互沟通带来的益处是可以预见的,与他人的沟通势必带来思想的摩擦与灵感的碰撞,能够使双方都获得更多的知识从而拓宽眼界、启发新的观点,同时,沟通过程中科研经验的分享能够使科研工作者互相取长补短,有效规避一些探索初期可能遇到的问题。至于沟通人数过多会对创造性行为起抑制作用,则可能是因为人数过多,交流会挤占科研工作者的时间、精力,另一种观点也认为大量沟通容易导致双方观点同质化,使得双方越来越不能提出不同的观点,阻碍了新的思想或观点的产生。

三、其他因素

影响科技人员创造性活动的因素是复杂而多维的,除了上文提到的个人因素和社会环境因素外,科技人员所处高校或企业的地理位置及开放程度、高校的办学经验与师资力量、当地及国家科技政策及科研评价体系的发展和变化等因素都有可能对科技人员的创造性活动产生影响。目前也有一些研究针对这些影响因素做出了讨论。

例如王广民等人(2008)归纳了创新型科技人才关心的政策环境因素:良好的科研创新环境、重视对科技创新人才的培养和教育、对高层次人才的引进政策、激励机制等;张近乐等(2014)对中国航空航天制造业科技创新能力的环境影响因素进行了研究,结果显示,经济环境、市场环境、人才环境和政策环境对科技创新能力均有显著的正向影响,但影响程度不同。其中,市场环境和经济环境对科技创新能力的影响较强;而政策环境与人才环境对科技创新能力的影响相对较弱。

高校是科研的重要力量,提升高校科研人员的创造动机对我国的创新发展有重大意义。童洪志(2020)基于重庆65所高校在1997—2018年间科研产出成果数据,发现师资队伍是推动学校科研创新的决定性力量,即高校高质量的人才队伍是产出高质量成果的不可替代的关键驱动因素。此外,专业建设也是影响科研创新产出的一个重要因素。吴宏超(2020)等人以"一带一路"沿线省份高校为研究对象,分学校类型进行差异对比分析,并根据测算结果分析外部环境因素对高校科技创新效率的影响。结果发现:经济发展水平、对外开放程度与沿线省份高校科技创新效率呈负相关,产业结构与沿线省份高校科技创新效率呈正相关,交通运输条件与沿线省份高校科技创新效率呈显著正相关。

复习巩固

1. 影响科技人员创造性的个人因素有哪些?并针对其中的某个因素详细说明。
2. 请简述两个可能影响科技人员创造性的社会因素。

第三节　科技人员的创造性

当今各国的竞争说到底是人才竞争、教育竞争。因此要更加重视人才自主培养,更加重视科学精神、创新能力、批判性思维的培养培育。长期从事创造性活动的科技人员是我国重要的创新人才,对科技人员的创造性进行评估和预测,并进一步对其的创造性潜能加以激发和培养,是建设

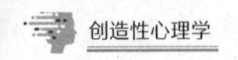

创新型国家必须进行的工作。

一、科技人员创造性的评估和预测

(一)科技人员创造性的评估

如何衡量一个科技人员是否可以被认定为科技人才,需要从多个维度综合考量。《国家中长期科技人才发展规划纲要(2010—2020年)》指出科技人才是指具有一定的专业知识或专门技能,从事创造性科学技术活动,并对科学技术事业及经济社会发展做出贡献的劳动者。但事实上,对科学技术人员的创造性进行评估是一个异常复杂的过程,目前存在的不同的评价体系,都存在一定的局限性。例如,以学历和职称为衡量标准的观点认为,具有中专以上学历、具有初级以上专业技术职称或在专业技术岗位上工作的人员可以被定义为科技人才,但问题在于学历高不一定意味着具备创新能力。而以实践结果为衡量标准的观点则认为,只有经过实践检验,确定已经或能够为科技发展和人类进步做出贡献的人,才能被认为是科技人才,而这种情况又很难适用于那些暂时没有成果产出的科技工作者。

结合目前的状况来看,围绕怎样定义创造性科技人才,还并未形成统一的概念,一个能被公认的创造性科技人才评价体系需要被建立起来。建立合理、有效、完善的评价体系,不仅能够帮助我们甄别、引进创造性科技人才,还能指导我们如何培养创造性科技人才,充分发挥他们的创造性潜力,起到指引性的作用。

国内已经有学者针对该问题进行了研究:黄文盛等(2014)提出的科技创新人才综合绩效考核方法,认为应该着重从科技创新人才的科研组织能力、科技投入产出、科研水平、学术交流、人才培养、知名度6个方面综合考虑,从而对科技创新人才进行综合考评。盛楠等人认为科技创新人才是指具有较强创新能力和创新精神,长期从事原创性科学研究、技术创新活动和科技服务的科技人才,并提出要建立以基本素质为基础,创新能力为核心,创新成果为导向的评价体系。其中,基本素质维度主要涵盖对科技创新人才在学术道德、专业知识、科研能力等方面的评价,是对科技创新人才从事创造性活动的思想、知识、能力技能方面的评价;创新能力维度主要包括对科技人才的学习能力、影响力、发展潜力的评价,尤其注重对科技人员持续创新能力的考量;创新成果维度主要包括对科技人才研究成果社会经济价值的评价,包括科研成果、成果转化情况、成果影响力等方面,从而避免了之前对科技创新人才的评价唯职称唯学历,过度重视论文发表和承担项目的问题。

(二)科技人员创造性的预测

创造性概念的多维性意味着可以从多种不同的角度入手去预测个体的创造性,目前被提出的能够预测创造性的方法有许多,包括:动机、人格、智力、思维、自我效能感、心理健康程度等。值得一提的是,随着认知神经科学等新技术的发展,越来越多不同的创造性预测方式的研究也在不断地涌现,人们对创造性的大脑结构了解愈发深入,即意味着人们或许可以通过个体大脑的结构和功能影像对其创造性进行预测。有研究已经证实能够从大脑上找到高创造性的证据。例如,Beaty

等人(2018)从经典发散性思维任务的参与者的功能磁共振成像数据中,发现了一种与高创造性思维能力相关的功能性大脑连接模式,并证明了这种大脑连接模式的强度能够可靠预测个体创造性思维能力。

如果能够对科技人员创造性进行预测,我们就能更早地甄别和挖掘出优秀的创造性科技人才,对其重点栽培,为其提供适宜的环境,尽早地激发出他们的创造性潜能。但对科技人员创造性的预测是一个棘手的问题,虽然有少数学者针对自己的研究提出了多种不同的方法,但目前还没有一个公认、普适的预测手段。

曾有研究通过评估个体在艺术与科学领域上的创造性成就与认知能力、发散思维、人格之间的关系,探究了开放性和智力的独立预测效度,证实了可以通过开放性独立预测艺术上的创造性成就,通过智力独立预测在科学研究上的创造性成就的假设(Kaufman et al., 2015)。

还有一项研究从354位科学家中收集了1382个形容词来描述创造性科学家的人格特征,评估后将创造性科学家的个性特征确定为四个因素:个性、思维能力、研究能力和独特性。他们在研究中发现,思维能力和独特性概念对研究生的创造力自我感知具有正向预测作用,研究能力对其创造性动机具有正向预测作用。最后,通过分析来自30个研究机构的283名有创造力的科学家和264名缺乏创造力的科学家的数据,发现通过思维能力最能识别出高创造力的科学家,而通过个性则最能预测出创造力较低的科学家(Tang, Kaufman, 2017)。

二、科技人员创造性的培养

人才是第一资源。国家科技创新力的根本源泉在于人。无论时代如何发展,都不会撼动科学技术对一个国家经济社会发展的重要程度。我国正处于推动自主创新、加快建设创新型国家的重要战略阶段,无论是经济社会发展还是民生改善,比过去任何时候都更加需要科学技术解决方案,都更加需要增强创新这个第一动力。能否保质保量地培养出科技创新人才,几乎决定了我国未来在国际社会中的核心竞争力和影响力的高低。

习近平在2020年科学家座谈会上的讲话中指出,要尊重人才成长规律和科研活动自身规律,培养造就一批具有国际水平的战略科技人才、科技领军人才、创新团队。要高度重视青年科技人才成长,使他们成为科技创新主力军。要面向世界汇聚一流人才,吸引海外高端人才,为海外科学家在华工作提供具有国际竞争力和吸引力的环境条件。

在科技人员创造性的培养中,合理的知识结构的构建是非常重要的一个方面,这一点在本书第四章中已有论述。以下主要从创造意识、创造性思维、创造技能、创造技法和创造环境等五个方面阐述具体的培养措施。

(一)创造意识的培养

创造意识是创造活动的前提。人如果没有创造意识,就难以开展创造活动。可以从以下几方面来培养科技人员的创造意识。

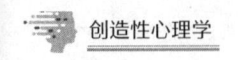

1. 培养自信心

相信自己能胜任创造任务的自信心是一切创造者共有的个性品质,缺乏自信心的人,绝不可能有创造性的想法。强化科技人员的创造意识,首先就要破除只有少数人才能从事创造活动的错误思想。科技人员要对自己的创造能力充满自信,要坚定信念,坚信只要通过刻苦努力,创造性思维水平就会不断提高。

提倡自信是有心理学依据的。一位美国心理学家曾用追踪观察的方法研究早慧儿童的才能发展。他的研究表明:一个人的能力大小同儿童时期的智力高低关系不大,有才能有成就的人并不是老师和家长认为聪明的人,而是那些长年锲而不舍、精益求精的人。数学家华罗庚在谈到成功的体会时认为,自己身上并没有什么数学天才的痕迹,所谓天才就是靠坚持不断的努力。爱因斯坦也说过,终身努力便成天才。由此可见,在创造才能的发挥中,后天的因素起着至关重要的作用,甚至是最终的决定作用。后天的因素是能够控制、把握的,所以科技人员们有充分的理由对自己的创造性充满信心。当然,自信不等于盲目乐观,因为自信与自傲之间的界限是很模糊的,过分自信就会变得夜郎自大,故步自封、刚愎自用。

2. 培养创造动机

动机对人的创造性开发具有指引、激发和强化作用。在没有创造动机的情况下,一个人的创造性潜能不太可能得到很充分的发挥,因为他不能坚持不懈地进行发挥创造性所需要的艰苦努力。只有当人具有创造的需要和动机时,他才有可能以进取的态度寻觅创造的方法和步骤。可以说,对创造持漠然态度的人是绝不可能有高创造性的。

在创造性的发挥上,动机的效应遵循耶克斯—多德森定律,即中等程度的动机要优于过低或是过高程度的动机。如果渴望发明创造的动机太过强烈反而会阻碍创造性的发挥,这是由于当动机水平太高时,个人将太集中注意于目标的实现而不能有效地把注意力集中到创造活动本身。而过低的动机则会使人降低对创造性活动的内部兴趣,因而不可能有效地产生出创造性产品。此外,集中于活动本身的内部动机比指向活动目标的外部动机在促进创造性上更为有效。

3. 激发和维持创造热情

人在创造过程中会有各种各样的情感体验。当情绪处于高潮期时,就会表现出强烈的创造性,丰富的想象力,心情愉快,积极乐观;情绪处于低潮期时,则会表现出喜怒无常、烦躁、意志消沉,导致创造性不能有效发挥。胡卫平等(2010)探究了不同情绪状态对创造性科学问题提出能力的影响,结果发现正常情绪状态能够提高和促进创造性科学问题提出能力,而负面情绪则影响着创造性科学问题提出的能力,其中,恐惧情绪状态抑制了创造性科学问题提出能力,愤怒情绪对该能力却没有产生显著影响。所以,科技人员在从事创造性活动时,应该保持高兴、愉快的心情,尽可能去避免负面情绪对自己带来的困扰。

另外,科研工作者应该努力激发和保持自己的创造热情。人的创造热情不仅是创造的动力,也是调动创造潜能,产生创造性设想的催化剂。对未知领域的热情和执着的追求是创造活动的一个重要因素。有了热情才能够全身心地投入,忘我地工作,积极地探索。情感可以激发创造性思维,情感越丰富激烈,创造性思维越活跃。创造热情表现为对创造活动的热爱,有强烈的创造欲望,以及在创造活动中勇于克服困难、不屈不挠的奋斗精神。

4.磨炼创造意志

创造意志是指人们自觉地调节行动,克服创造活动中的艰难险阻以实现确定的创造目标的心理品质。坚强的意志是产生创造性思维的有力保证。意志的具体表现称为意志品质,有利于创造的意志品质由以下几方面构成:①明确的目的性,目的明确可以帮助自己把精力都集中于一个目标,有利于创造性的发挥。目的不专一、不明确,好高骛远,往往会一无所成。②独立性,指在创造活动中,保持独立,不屈从于大多数人的压力,坚定自己的信念。③顽强的精神,即在遇到挫折和障碍时,具有坚韧不拔的顽强精神,能够勇于正视和克服任何困难,坚持自己的信念,直到实现目标。

创造意志与创造热情有着密切的关系。意志对情感起着调节作用,正是意志使人的情绪服从于理智。科技人员要自觉培养自我调节能力,使自己能控制自己的情绪,约束自己的言行。做到在遭受挫折和失败时,控制自己的沮丧情绪,做到不气馁、不退缩、不妥协;在成功和胜利时,控制骄傲自满情绪,继续攀登高峰。

(二)创造性思维的培养

创造性思维是创造活动的关键与核心,是创造行为的心智基础,对一个人创造性的提高起到根本性的作用。有效的创造性思维可以帮助科技人员在发明创造中运用巧力,少走弯路。要提高创造性,关键就是要培养创造性思维。

1.培养非常规思维的运用

创造性思维的产生依赖于非常规思维。非常规思维的培养包括:①培养思维的多维性。科技人员在寻找研究的突破口或解决一个问题时,不能仅仅从一个维度,用一种方式来思考,可以试着从正向、逆向、侧向、聚合等角度,运用多种思维方式,通过归纳推理、演绎推理、类比推理等进行全面、综合的考虑,使思维具有流畅性、变通性和独特性。②培养思维的随意性。有意识、有目的地进行思考固然重要,但是不经意的、无意识的想象也有可能会产生许多意想不到的有价值的想法或者闪现一些灵感和火花。因此,科技人员要经常运用联想、想象、直觉、顿悟等思维形式产生一些出人意料的想法。③克服思维障碍。常规的、习惯化的思维方式可能会阻碍创造性的发挥,例如:作出任何判断都必须有依据;凡事只有一个正确答案;做任何事情都应该遵守规则;犯错误是坏事;事情都应该是清楚、明确、可靠而有秩序的等。科技人员在创造性活动的构想阶段要克服这些思维和观念的障碍,突破常规思维的种种限制,大胆地进行设想。

2.减少评判

当思维处于极度兴奋状态,正在进行积极活跃的思维活动并产生出大量的思想,或者在做着白日梦,陷入胡思乱想时,切忌对自己此时的想法进行评判。在这个时候,对自己的想法进行评价、判断对创造性思维的产生是绝对有害的。当一种思想特别是创造性的想法在刚刚产生时,必然是有缺陷、有漏洞的,甚至是荒谬、无聊、不合逻辑的。但是,正是这些看似没有价值、极不成熟

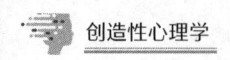

的想法,在经过反复的思考、改进、完善以后可能会很有意义。如果在一种想法形成之初就不断对它的现实性、有用性、可行性进行评价,往往会使很多有价值的想法被淘汰掉,这是相当可惜的。

3.敢于挑战权威

巴甫洛夫说过,"怀疑"是发现的基础,是探索的动力,是创造的前提。高创造性的人都善于怀疑一切,甚至是敢于挑战权威。对权威的迷信,会束缚人的思想,扼杀人的智慧,更不用说发挥创造性了。在对待权威方面,要有初生牛犊不怕虎的精神,要采取批判的态度,敢于凡事刨根问底,敢于向权威挑战。看待任何人的经验成果,都要采取客观的态度,不迷信、不盲从,在没有充分可靠的事实材料作为证据时,不要轻易相信他人甚至是权威的结论。

4.及时调整研究进程与方向

在创造活动中,自我监控能力表现为,能准确地判断创造的价值、方向和水平,并根据判断对自己的创造行为做出及时的调整。科技人员在创造过程中,不能一味"埋头拉车",还要学会"抬头看路"。要对自己的创造过程进行自我监控,发现问题及时纠正,使创造活动能够始终沿着正确的方向进行。

科技人员在自我监控时,要特别注意以下几方面:①考虑正在从事的创造领域是否是自己很喜爱和擅长的。有的人在某一个专业上,奋斗多年始终没有进展,但换一个专业,很快就取得了相当的成就,这就可以说明他在当初的专业选择上存在失误。②考虑自己的研究是否有价值,包括实践价值和理论价值。没有价值的东西即使研究、发明出来,也没有多少意义。③权衡自己的研究在全国甚至是世界范围内处于怎样的水平。及时了解本领域的最新动态,以免别人早就研究透彻的东西,自己还在进行重复研究。④在具体思考解决某一个问题时,要经常停下来思考,定期对自己的研究进展进行总结,找出经验、教训,看看过去的研究中有无疏漏,有无可以进一步发掘的课题等。

培养创造性思维的方法还有很多,在本书第五章中有详细介绍,在此不再赘述。

(三)创造技能的锻炼

创造不仅需要创造意识和创造性思维,还需要一些实际操作的动手技能。虽然这些技能相对于思维活动而言不那么重要,但它们对于创造性成就的产生是不可或缺的。

1.实践技能

对创造性产品的形成而言,只有书本知识,只会进行头脑思维是不够的,实践技能对于创造性产品的形成也非常重要。实践是发明创造的直接源泉、动力和目的。既可以在实践中发现有意义的问题,也可以带着问题(课题)到实践中去寻求答案。科研人员的实践技能包括在实践中对所搜集信息的组织加工能力、对实验工具材料的操作能力、对创造成果的表达能力、处理创造过程中的一些突发事故的能力等。科技人员应该积极动手实践,努力提高自己的实践技能。

2.合作能力

早期的科学活动,都是靠个人的努力进行的。从19世纪末期开始,出现了学科交叉,20世纪中期又出现了全科学以及科学与技术的总交叉。一些大型的科技项目,任何个人、企业都难以胜任,必须由国家出面组织。进行广泛的横向联系和有组织的合作,已经成为今天科学研究的重要活动方式,仅仅靠个人奋斗就能在科学上有重大发展和突破的时代已经过去了。

合作能力可以表现在学术交流活动中。多个个体之间的相互讨论、交流和启发可以促进创造性思想的产生。因此,科技人员可以经常组织开展一些集体活动如学术讨论会、科研成果交流会、辩论会等以促进发明创造,使创造潜力得到充分发挥。合作能力还表现在协作攻关中。通过与其他领域的科技人员之间协调分工、分享劳动成果,共同完成创造活动。

3. 把握机遇的能力

在创造活动中,机遇的影响是相当大的。即使具备创造的其他条件,如果没有适当的机遇,也很难成功。科技人员要养成一些良好的习惯,以抓住机遇。比如针对机遇转瞬即逝的特点,可以在身边时时准备一支笔和一个小记事本,把自己的各种突发的灵感记在上面。针对机遇的偶然性,在创造活动中,始终保持细心和警惕,不放过任何"意外"情况。

(四)创造技法的掌握

创造技法是一种具体化了的创造性操作技巧。在科学发现、技术发明过程中,如果能掌握并运用一些有效的创造技巧、手段和方法,就能有效地控制和引导自己的行为,更好地完成创造任务。如智力激励法、强制联想法、设问法等,就是科学发现、技术发明过程中需要掌握和运用的创造技法。除了掌握这些方法之外,还应掌握下面几种在技术发明过程中经常用到的方法。

1. 科学原理推演法

科学原理推演法是将基础科学中的关于自然界的普遍规律向技术科学和工程技术中的特殊规律进行推演的方法,实现科学原理向技术原理的转化。在有些情况下,将多种科学原理进行组合,能形成技术原理。例如,发电机、电动机技术原理是在电磁理论的指导下而产生的;基因工程技术、蛋白质工程技术则是人们在对生物体的遗传变异规律、生物遗传物质DNA的双螺旋结构模型、中心法则、三联密码、基因结构的认识以及工具酶、基因载体发现的基础上,通过对DNA的切割和重组而实现的。总之,让技术发明建立在牢固的科学理论基础之上,从科学原理和科学发现中推演或提炼出技术原理,是当今技术发明创造的重要途径和方法。

2. 技术综合法

这是指把两个或两个以上的若干技术成果综合在一起,进行技术原理构思的方法。美国阿波罗登月计划总指挥韦伯讲过,阿波罗登月计划中没有一项新的自然科学理论和技术,都是现成技术的运用,关键在于综合。又如,有勘探、测量、侦察作用的遥感技术主要是由微波技术、红外技术、照明技术及各种探测技术、扫描技术、自动控制技术、电子计算机技术综合而成的。因此,综合已有各项技术成果进行技术发明和创造,已成为当代技术发展的主要特点和趋势。

3. 自然模拟法

这是指以自然界的某种事物作为原型,通过对其形态、结构、功能或过程的认识,来构思技术原理,以模拟和建构能够满足人们的某种需要的人工系统的方法。自然选择和生物竞争的自然法则,使某些生物的体形和器官具有精巧的结构和奇特的功能。仿生法就是以生物为原型的模拟方法,随着人们对于生物体认识的不断深化和细化,仿生法也分化出了更为具体的方法,如:生物信息仿生法、控制仿生法、力学仿生法、化学仿生法、医学仿生法等。所以,向生物索取技术原理和设计蓝图,这是当代乃至未来技术发明的重要源泉。同时,自然过程也可以为技术发明提供可贵的启示,比如,人工降雨技术就是对自然降雨过程的模拟。总之,自然界本身就是一个蕴含着丰富的技术发明的"信息库",只要我们善于研究开发和利用,定会找到发明创造的技术原理的源泉。

4. 回采法

这是指在新条件下"回采"已被否定的技术原理,使之在新条件下得以利用的方法。从科学技术发展的过程看,任何一项技术都有它的时效性,这种时效性既取决于一项技术本身的特征,也取决于时代条件。因此,随着时间的推移,当历史条件(科学技术的发展、人们对原有的技术优势的认识、人们的思维方式等)发生变化后,就可以对某些弃之不用的过时技术或已显陈旧的传统技术,根据新的条件进行局部的改进或调整,以便使之得到重新利用。例如,螺旋桨飞机曾是风靡一时的空中运载工具,直到20世纪30年代才逐渐被喷气式飞机所取代。其最大弱点是只有2—4片桨叶,直径也比较大,限制了飞行速度的提高,但它却具有耗费燃料少的优点。在能源紧张的今天,对其改造和利用,采用多叶弯曲新型螺旋桨来替代老式螺旋桨,大大改善了高速飞行时桨叶的气动特性,使其飞行的速度和飞行时的音振影响都可与现代的喷气式飞机相媲美。后来人们把这种螺旋桨与现代化的涡轮风扇发动机的机芯相组合,研制成了一种新型的航空发动机——螺旋桨风扇发动机。

(五)创造环境的营造

纵观世界科学技术发展史,许多科学家的重要发现和发明都产生于有浓厚的科学发明氛围的环境中。因此,为科技人才创设恰当的环境也就成为激发他们创造性的必然要求。各个科研机构、技术部门都应该采取有效的措施,为高创造性人才的脱颖而出创造条件。由于创造力发展水平与年龄是密切相关的,因此,对科技人员创造力的培养就要从青年科技工作者抓起,这样既能保证他们在中年时代的创造力得到充分发展,又可以使他们老年时代的创造力保持在较高的水平。

为青年科技工作者创造良好的环境条件一直是社会和国家关注的重点,国家已经为此做出了大量的努力。青年科技创新人才在成长过程中面临的问题可能来自如下几个方面:①申请项目、获得经费资助困难。②科研工作不受重视,认可度低。③工资水平较低,待遇不高。④缺少晋升空间。⑤受浮躁学术风气的影响,不能专注地进行科学研究。⑥受现行评价机制约束。

针对上述问题,不妨从以下几个方面加以尝试:

第一,制订一套科学、客观、公正、可行的青年科技创新人才选拔标准、任用机制和评价体系,注意选拔青年人才。对青年人才委以重任,比如让其担任国家级或省级重点学科、重点实验室负责人,并赋予其人、财、物的使用权等,使之在重任之下受到锻炼,提高其综合的科研能力以及科研组织协调的管理能力。

第二，为青年人才申报科研项目提供便利，并提供充分和稳定的经费保障。鼓励已有一定学术水平和优势的青年学科带头人或骨干，以课题或项目组成学科群，并对其实行科研项目申报评审的倾斜制度。

第三，注重提高青年人才的业务水平。优先派青年人才参加国内外的业务进修、学术交流、考察、访问等活动，并设立专门的业务进修基金，为他们提高能力和开阔视野提供机会和保障。

第四，重视青年人才的职称晋升问题。要对青年人才晋级升职实行倾斜政策，破除以前论资排辈的做法。注重激活科研人员的内在动机，推行合理、有效、有吸引力的科研激励机制，例如制定专门奖励青年人才的制度，由政府部门结合青年人才的学术成果和社会贡献给予专门的奖励，从而提高青年人才创造佳绩的主动性和积极性，谨防施加过高的科研考核压力而浇灭科研人员的科研热情。

第五，增强全社会的创新氛围，提供更多的政策扶持，在全社会营造鼓励创新、尊重创新的氛围。

复习巩固

1. 预测科技人员创造性的方法有哪些？
2. 试回忆常见的创造技法。

研究性学习专题

中国的创造性成就和有创造性成就的科学家

通过本章的学习，可以发现，科学家的成长受许多因素的影响。请搜集近年来中国具有突破性的科学发现或科技发明，选择你感兴趣的科学发现或者科技发明进行了解，探究这些成果背后的杰出科学家以及发明过程中的故事，并结合本章的有关理论分析影响科技发明的创造性思维过程和科学家成长的因素。

本章要点小结

1. 科学发现和技术发明的开端往往是创造性地发现和提出科学新问题，掌握相当数量的专业知识、破除陈旧观念的束缚和质疑权威、勇敢探究问题本质则是发现和提出科学新问题的前提。提出问题后，科学家会致力于解决该问题并实现其社会价值，在问题解决过程中，常常会出现"原型启发效应"，即从生活中的匹配经验寻找解决问题的突破口。

2. 个体的创造性千差万别，影响科学发现和技术发明的因素可以分为内部因素和外部因素，内部因素包括个体知识结构因素、认知因素、人格因素、年龄因素等，外在因素为社会环境因素等。

3. 建设创新型国家的目标和愿景要求我们不断探索对科技人员进行创造性评估与培养、训练和提升的途径，应该抛弃唯职称论和唯实践论的思想，应综合衡量各方面的因素来制定一个完善

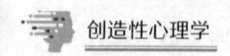

的评价体系,在此基础上,充分考虑并尊重人才成长规律和科研活动自身规律,努力提升科研人员的创造潜能,为国家培养出源源不断的新型创新人才。

4.创造活动的关键与核心是创造性思维,对培育和提高一个人的创造性起到根本性的作用。培养创造性思维的方法包括非常规思维的运用、减少评判、敢于挑战权威、及时调整研究进程与方向等。

关键术语表

创造性	Creativity
问题提出	Problem Finding
问题解决	Problem Solving
实验法	Experimental method
创造性人格	Creative personality
创造性评估和预测	Creative assessment and prediction
创造潜能	Creative potential

本章复习题

一、选择题

1.创造性过程的开端,往往指的是(　　)。

A.创造性问题解决

B.实验设计与实施

C.顿悟过程

D.创造性问题提出

2.下列哪项不是发现和提出科学新问题的前提(　　)。

A.丰富渊博的领域内基础知识

B.敢于质疑权威的勇气

C.持续不断地努力

D.坚持探究问题的决心

3.下列哪些是影响科学发现和技术发明的因素(　　)。

A.人格

B.年龄

C.智力

D.动机

4.对科技人员创造性进行评估和预测,我们应该(　　)。

A.以学历和职称为衡量标准

B.以实践结果为衡量标准

C.对科研人员的智力进行测量

D.建立一个衡量多因素的完善评价体系

5.下列哪项不是创造技能(　　)。

A.实践技能

B.理论技能

C.合作能力

D.把握机遇的能力

6.技术发明过程中经常用到的方法包括(　　)。

A.回采法

B.科学原理推演法

C.自然模拟法

D.技术综合法

二、简答题

1.影响科学发现和技术发明的影响因素有哪些？

2.结合生活现象来分析我们如何提高自己的创造性思维？

第九章

文学与艺术创作中的创造性

　　文学与艺术创作是能够直观体现出人类创造性的重要领域，因为文艺创作并不像科学发明那样为了实现特定的功能而进行，因此给创作者们留下了非常大的发挥的舞台，优秀的文艺创作者的作品往往能让我们眼前一亮，这也是创作者用创造性的方法进行创作的结果。文艺创作通常包括文学创作和艺术创作两个方面，艺术创作又能划分为绘画、作曲等，那么对于不同领域的文艺创作者而言，被称为灵感源泉的创造性是从何而来的？创造性又是怎样在创作期间发挥作用的？本章将结合最新的技术，从各个角度解释这些问题，并就如何培养学生的创造性给出一些建议。

　　本章主要内容：

　　1.文艺创作中创造性的来源。

　　2.不同文艺形式中的创造性。

　　3.文艺创造性的培养。

第一节 文艺创作中的创造性来源

对于文艺创作者来说,创造性的产生既需要平日的积累,也离不开天马行空的想象,只有抓住那些一闪而过的灵感的火花,才能创造出好的作品。本节所讨论的想象与灵感,都是文艺创作中创造性的重要来源。

一、文艺创作中的想象

想象是人类最古老、最原始的心理机制之一。从中国古代神话中的嫦娥奔月到登月探测器,从《最后的晚餐》到百花齐放的现代艺术,想象就如同血液一样在各个领域内流淌,可以说是有了想象才有了发展与进步。正如贝弗里奇所说:想象力之所以重要,在于它不仅能引导我们发现新的事实,而且能激发我们做出新的努力,因为这使得我们能够看到有可能产生的后果。

想象是人脑对原有的表象进行加工改造,从而形成新形象的心理过程。根据有无目的,可以将想象分为有意想象和无意想象。根据想象是否具有独立性、新颖性、创造性的特点,有意想象可以进一步划分为再造性想象、创造想象以及幻想,幻想则还能分为符合客观规律的理想和无法实现的空想。在文艺创作领域,人们的创造性一般表现在创造想象与幻想当中。

(一)文艺创作中的创造想象

1.创造想象的形式

创造想象是在创作活动中,根据给定的任务或目的,在人脑中独立创作出新形象的心理过程。创造想象是文艺创作者们最为重要的思维工具之一。与空想不同的是,创造想象通常是为了解决某一问题或者是基于某些事实而进行的,即虽然要求创作者有无中生有的精神,但也并非完全脱离实际。创造想象有粘合、夸张、典型化以及联想四种形式。

(1)粘合。

粘合是将一些客观事物中从未结合过的属性、特征或结构在头脑中重新组合而构造出新的形象。这是多数文艺创作者都会采用的一种方法,基于客观事物的某些特性,结合实际的要求,将这些特征重新进行组合。例如在很多网络小说当中,人物的背景、样貌、性格等基本设定都是从固定的几套模板中选择后进行组合,塑造出了具有不同文学效果的角色。

(2)夸张。

夸张是通过大幅度地改变客观事物的正常特点,或突出某些特点而略去其余特点,进而在头脑中塑造出新的形象。夸张作为常见的艺术表达形式,在中国古代的诗词当中被大量采用,如"瀚海阑干百丈冰,愁云惨淡万里凝""金樽清酒斗十千,玉盘珍馐值万钱"等等。

(3)典型化。

典型化是根据一类事物的共同特征创造新形象。如鲁迅笔下的很多人物如闰土、祥林嫂、阿Q等,是他根据自己见过的某一些人所共有的特质进行文学加工后所创作出来的。高尔基也提到:主人公的性格是由他所在的社会集团中各种不同人的许多特征构成的,为了能近乎真实地描写一个工人、和尚、小商人的形象,就必须去观察一百个工人、和尚、小商人。

(4)联想。

联想是由一个事物想到另一个事物,从而创造出新的联系。联想的活动方向服从于创作时占优势的情绪、思想和意图。文艺作品中的意象大多起源于联想。人的概念激活一般从客体的一些客观属性开始,比如见到海棠花往往激活的是香味、颜色、形状等基本概念,而富有创造性的诗人则能够激活出"凝愁""带醉"等,这样的联想被称作类似联想,很多不相干的概念一经诗人的联想就产生关联了。

总之,创造想象具有首创性、独立性和新颖性的特点,文艺创作者们笔下的艺术形象源于生活但高于生活,这就需要对已有的感性材料进行深入分析、综合、加工以及改造,在头脑中进行创造性构思。当然,从这里也可以看出,艺术家的想象力须以深厚的生活经验为基础。

2. 创造想象与情感

创造想象具有整体性,而把各种意象融成一个整体的是情感,可见情感在文艺创造想象中的重要作用。艺术家和作家的创造想象具有鲜明的情绪性,他们要把自己体验到的各种情感,呈现在自己创作的艺术形象中,只有这样才能使读者或观众产生相应的情绪感受。总之,创造想象和强烈的情感是不可分割的。情感在文艺创作中的作用主要有四种:动力作用、提炼作用、结构作用和移入作用。

情感的动力作用:创造想象由强烈的情感推动,有些作家经常会有这样的体验,当创作激情燃烧起来时,就会表现出不可遏制的创作欲望,行文也变得极为流畅,即使写上一整晚也不会觉得累。

情感的提炼作用:当艺术家带着强烈的情感去体察创作对象时,往往能够对其本质有更为深刻的理解,从而创造出理想的艺术形象。

情感的结构作用:情感推动着艺术家进行创造想象,组合意象,形成完整艺术形象。比如钱起的"曲终人不见,江上数峰青",秦少游的"可堪孤馆闭春寒,杜鹃声里斜阳暮",虽然是不同意象的组合,但在凄清的情感中整合在一起,显得很和谐。

情感的移入作用:作家把自己的情感移入创作形象中,创造出更具感染力的形象。情感的移入也是作家情感的释放,从而使作家创作出成功的作品。歌德写《少年维特之烦恼》就是一个例子。另外亚里士多德和弗洛伊德等人,都认为文艺创造对于情感有"净化"作用,人们的创作过程就是净化自身情感的过程,而这一"净化"也推动着更高水平的创造想象。

情感对创造想象的作用是有着生理基础的,杏仁核和海马体的灰质体积和特质与创造性中的挑战与冒险维度呈负相关,表明高创造性的儿童在从事创造性活动时可能更容易出现冲动行为。眶额皮层的灰质体积的增加与想象力的增加呈正相关,表明想象力可能与儿童更强的感觉寻求有关,这些结果也反映了情感对创造性的动力作用(Xia et al., 2017)。

总之创造想象离不开文艺创作者的情感,要保证创造想象的顺利进行,就必然有文艺创作者的情感投入。

(二)文艺创作中的幻想

幻想是指向未来,并与个人愿望相联系的想象,它是创造想象的特殊形式。各种神话、童话中的形象都是幻想的结果。幻想不能在人的实际生活中立即实现,它带有向往的性质,幻想的形象是人们愿望的寄托。

例如乔治·奥威尔的《动物农场》,就是将自己在生活中亲眼见到或者从报纸上了解到的政治家们的人格赋予了农场中的动物,描绘了动物们为了幸福生活通过革命建立新的政权,后来却因为拿破仑的专制回到原点的故事。这样的事情现实中不可能存在,这样一个荒诞但又充满讽刺的农场就是他将现实与幻想相结合的产物。

任何作家的创作必然以某种方式依赖于真实事件,与其说幻想可以脱离现实,不如说幻想的产物是变形了的事实。幻想从本质上说,是由现实中的元素互相结合而组合成新的表现形式,并使之符合某种整体规则。从现实中找出可供组合的具体元素和新的元素组合方式,是幻想的重要条件。

二、文艺创作中的顿悟

顿悟是指在思维陷入僵局后获得答案并伴随有"啊哈"体验的心理过程,是创造性认识活动中一种最神秘、奇妙的精神现象。顿悟被一些文艺创作者奉为神谕,某些一闪而过的灵感往往会成为他们好的作品的来源,因此有不少人会借助烟草、酒精来刺激自己,从而更快地顿悟。事实上顿悟并非诗人作家的专利,只要在平日里有了足够的积累,加以适当的刺激引导,任何人都能顿悟。顿悟并不一定要发生在特定的问题情境中,有的诗人在雕琢自己的诗句时冥思苦想也想不到一个点睛之笔,却在发呆时看到了一只飞过的鸟,于是灵感乍现,诞下佳句。

(一)顿悟的表现形式

文艺创作中有很多顿悟的表现,诗歌、音乐和绘画,数不胜数,这里从行为和生理两个层面来讨论。

从行为层面来看,顿悟的产生通常伴有巨大的情绪亢奋以及突破性的创造性产品的诞生。以文学创作为例:1873年的一个春夜,托尔斯泰不停在书房里徘徊,他在苦思冥想长篇小说《安娜·卡列尼娜》的开头。这部小说的内容和情节他一年前就想好了,苦于找不到一个好的开头一直没有动笔,现在他仍没思考出头绪。这时,他偶然走进儿子的房间,儿子正在读普希金的《别尔金小说集》给他的老姑母听,托尔斯泰拿起这本书随便翻了一下,他翻到后面一章的第一句:"在节日的前夕客人们开始到了。"他兴奋地喊起来:"真好!就应当这样开头,别的人开头一定要描写客人如何,屋子如何,可是他马上跳到动作上去了。"托尔斯泰立即走进书房,坐下来写《安娜·卡列尼娜》的头一句:"奥勃隆斯基家里一切都又乱了。"

顿悟根据其解决问题过程中关注的对象可以分为两种,分别是约束放松和组块破解,约束放松的意思是修改对问题目标状态的编码,也可以看作是换一个角度看问题,比如一个雕塑家想要给他雕刻的人物加上一对翅膀来营造飞天的感觉,常规的办法就是在人物的背上加上翅膀,而有创造性的雕塑家可能会将人物的耳朵雕刻成翅膀的形状,这就能以一种更新颖的方式来营造他想要的飞天的感觉。而组块破解则是修改对问题状态的编码,比如在拆字游戏中,有创造性的个体可以从"思"字中拆出"十"与"口",而非简单的"田"与"心"。以往的研究表明,用谜语来研究顿悟时,顿悟过程激活了额叶、颞叶、扣带前回以及海马等脑区,其中有效新连接的形成依赖于海马,问题表征方式的有效转换依赖于一个"非语言的"视觉空间信息加工系统,定势思维的打破与转移则需要扣带前回和左腹侧额叶的激活(罗劲,2004)。杏仁核、眶额区和脑岛等情绪和奖赏加工脑区的激活则显示了顿悟结果带来的积极情绪。此外,顿悟问题的答案不能只具备创造性而忽视了有效性,在约束放松类型的问题中,答案的新颖性和有效性分属不同的系统,新颖性归属于程序性记忆系统,由基底节调控,而有效性归属于情节记忆系统,由海马调控(Huang et al., 2018)。对于多数人来说,通过约束放松的方式来解决问题要比组块破解容易很多,因此多数文艺创作者也可以通过转变他们看待问题的方式来形成一些更具创造性的作品。

(二)顿悟的特征

文艺创作中的顿悟往往是创造性的来源,这种顿悟有许多特征:

1.顿悟是突破性的创造活动

顿悟很多时候都能突破原有的概念连接,在更广的范围内搜寻有关的内容,进而产生更具创造性的作品。

肖邦在拜访友人时,恰好看到友人的爱犬在大厅玩耍,不停地追着自己的尾巴跑。肖邦大笑过后开始静默沉思,几分钟后走到钢琴旁,奏出了一首圆舞曲。曲调轻快活泼,正是这只小狗给肖邦带来了创作的灵感。在这里肖邦就走出了钢琴和五线谱的范围,从生活中寻找到了灵感。

2.顿悟是突发性的创造活动

顿悟最让人又爱又恨的特点就是其突发性,有的创作者每日伏案苦思冥想却没能写出一个字,却在茶歇之余得到了灵感。据说舒伯特名曲《听,听,云雀》是他与朋友在饭店就餐时,突然起了乐兴,一时找不到谱纸,就在菜单的背面写成的。

3.顿悟是突变性的活动

顿悟是突变式的思想飞跃形式,一旦灵感触发,感性认识就会迅速上升为理性认识。作家李准在《〈大河奔流〉创作札记》里描绘了这种突变:我在黄泛区的华西县住了三年半,收集家史不下二百家,可仍是"理丝无绪"。后来到了扶沟县海岗大队(黄泛区腹心地带,现对国家贡献很大),激动得几晚上没有睡着觉,觉得"豁然开朗"了。这些年所积累的素材,找到了一条线,找到了一个灵魂,所有的素材都如长了腿似的活起来,而且它们自己跑着去站好它们自己的队。我在海岗大队只住了三天,但是打开生活仓库的金钥匙,是在海岗大队找到的。

4.顿悟伴随着巨大的情绪亢奋

文艺创作者们顿悟时往往能产出极具创造性的作品,这种茅塞顿开之感总是能让创作者们欣喜若狂。顿悟状态是一种复杂的心理过程,会引起创作者奇特的心理体验,而且有时会使创作者表现出十分异常的行为。一次,巴尔扎克的好友去拜访他,正要敲门,只听巴尔扎克大声嚷道:"混蛋!我要给你好瞧的!"那位好友以为巴尔扎克和人吵架,立即破门而入,发现屋里只有巴尔扎克一个人。朋友觉得很奇怪,细问之下,才知道巴尔扎克在创作时产生了幻觉,仿佛对着真人一样,正大动肝火地痛骂作品中一个坏蛋的卑劣行径。

(三)顿悟产生的条件

顿悟很多时候都是一闪而过的思维火花,它不是召之即来挥之即去的,其产生是有一定条件的。

1.长期的准备工作

文艺创作者们的顿悟并非偶然出现的,每一位创作者都需要不断地学习以及辛勤地工作,为顿悟的产生提供充足的土壤,只有平日里准备得足够充分,在顿悟出现时才能及时把握住。正所谓量变引起质变,只有平日里勤奋刻苦地积累,才能迎来让自己作品升华的灵感。高尔基也认为青年文学家不要过于依赖不可捉摸的顿悟,不要将其当作工作的鼓舞,他认为顿悟是作为工作的结果、作为对工作的乐趣的享受而出现的。若只是无所事事地等待,顿悟是不会自己出现的,贫瘠的土地上是没法结出硕果的。

2.集中精力

人要想产生创造性活动,必须在一段时间内把自己的全部精力集中于要解决的问题。普希金谈到创作时写道"我忘记了世界",柴可夫斯基说"我忘记了一切"。如果创作者在工作时三心二意,很可能就会导致对问题思考不够深入全面,也就难以产生有意义的灵感。

3.打破思维定势

循着老路一遍遍走并不会见到新的风景,只有摆脱了思维定势,才有可能走向创新。有时长时间的紧张思考后并没能得到理想的结果,短暂地搁置问题或是与他人交换意见,或许能走出思维定势。

4.宁静的情绪状态和敏感捕捉灵感

有时太过焦虑反而会导致意识狭窄,不利于顿悟的产生。很多创作者的顿悟都是在停止构思、休息的时候产生的。黄宾虹在前往青城山的途中遇雨,全身湿透,索性坐于雨中细赏山色变幻,于此大悟,一连画下《青城烟雨册》数十册,雨意滂沱,积墨、破墨、渍墨、铺水,无所不用。

复习巩固

1.简述创造想象的形式并举例。
2.顿悟的特征以及产生的条件有哪些?

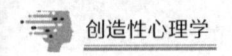

第二节　不同文艺形式中的创造性

创造性是一种相对复杂的心理过程,创作者们在不同的文艺领域中所表现出的创造性也与其所从事的具体行业有着密切联系。音乐家与画家在创作时可能分别更依赖自己的听觉和视觉,作家和诗人在创作时则可能更依赖对情境的想象力。因此创造性在不同的文艺形式中会有不同的表现形式以及机制,这里选取三种较有代表性的形式进行讨论。

一、文学写作中的创造性

文学写作是一个将想法具现化到纸上或电脑屏幕上的过程,同时也是一个对未知空间内的可能性进行探索的过程。相比较其他的艺术形式,写作更贴近日常生活。作家的创造性也有高低之分,为什么有些作品让人读完只觉得寡淡无味,有的作品却能让人眼前一亮?为什么作家们在文章中表现出来的创造性会有如此大的差别?有创造性的作品又是如何产生的?下面将就这些问题进行讨论。

(一)文学作品创造性的测量方法

托兰斯创造性思维测验(Torrance Tests of Creative Thinking,TTCT)是创造性研究领域中最常用的方法,包含了言语创造性思维测验、图形创造性测验、声音和词的创造性测验三部分。其中言语创造性思维测验的指标同样可以用在创造性写作领域,对流畅性、灵活性、独创性三方面进行计分,分数越高,文章的创造性越高。

除了使用TTCT等常用量表,还有四种侧重点不同的方法在测量文学作品的创造性中比较常用。

1.专业人员的评分

文学作品的评分本就是一件带有较强主观性的任务,尤其是在对创造性的评价中,评分者们不同的经历以及文学素养等因素都会影响他们的评分。有的评分者能精确地捕捉到作品中具有创造性的点,而有的评分者则不能。因此,就需要拥有足够的专业知识且有着丰富经验的评分者来进行打分,才能更加客观地对文章的变通性、独创性等进行评价(Joy,Breed,2012)。具体的评分规则需要根据所采用的量表以及实验任务来灵活变化。这类方法虽然有一定的主观性,但通常有较好的量化指标,能够对数据进行进一步的分析。

2.评价其作为作家的水平

创作者所拥有的作为作家的技能,如产生新的想法、语言的组织与表达等技能,这些技能水平的高低也和其创造性紧密相关。一个经过了足够多的训练并且能力远超新手的专家,往往能够运用更为精确或是有创意的方法来表达自己的观点和想法(Ericsson,Towne,2010)。专家和新手在试图表达相同的概念时,很多时候会激活截然不同的表征,例如要求新手和专家去表达"愉快"的概念时,新手可能只会用"开心""高兴"这样的词来形容,而专家除了能用"雀跃""欢愉"等更多的词汇来表达以外,还能联系自己的生活和所见所闻,用更为灵活的方式来表达,比如"春风得意马蹄疾,一日看尽长安花"。因此可以用语言组织能力等评价个体写作能力的指标来评价其作为作者的水平高低,从而间接反映其在文学写作领域的创造性。不过这类方法虽然也能获得一定的量化数据,但并不直接,也存在较多的干扰因素。

3. 参考批评家们的评价

批评家与专业的从业人员还是有一定差别的,批评家们通常会将更多的精力放在阅读更多人的文章上面而并非自己进行创作,作家虽然也会进行大量阅读,但其侧重点往往在于为自己的文章创作找到更多的资料并寻求灵感。批评家们在比较不同的文章上有着更为丰富的经验,因此如果是被批评家所认可的文章,应当是在同类型的文章当中属于出类拔萃的、富有创造性的作品(Kaufman,Sinnett,2013)。这类方法与第一种比较相似,同样有较强的主观性,但并不适合量化。

4. 开窗法

开窗就是要求创作者在创作过程中将自己的思考过程完全地说出来,评分者们就能借此了解作品产生的详细心理过程,了解到作品本身以外的信息,如概念的连接方式、新概念连接的产生过程等(Ericsson,Simon,1980)。这种方法虽然能够获得较多的有关作者创作时的想法信息,但是也存在需要分析的内容太多,难以量化等不便,因此更多地用于了解创作时的大致心理过程,并不适合用作定量研究,但近些年兴起的自然主义范式为这种方法提供了极大的便利,让研究者们得以在更贴近真实情境的创作环境下进行研究(Finn,2021)。

(二)文学作品的产生过程

早期的研究者将文学作品的产生分为了三个阶段:

1. 制定计划

即使是最优秀的作家也不能在漫无目的的情况下创作出好的作品,因此制定一个写作计划是必不可少的,包括写作的题材、目的、想要表达的思想等等,从而确定一个大致的轮廓。有研究者发现,新手和专家在计划阶段所投入的时间有不少差距,相比于没有太多经验的新作家,优秀的作家会在计划阶段花费更多的时间进行思考并形成相对更为详细的计划,只有确定好了方向,作家们才能在一个更有意义的维度上寻找可创新的点,将自己的知识和经验汇聚并创作出新的内容。

2. 句子形成

句子形成即为打草稿的阶段,这个阶段的创作者会将自己的想法具现化到纸上或是电脑屏幕上。对于作家来说,这种加工过程意味着当他们在纸上或电脑屏幕上写下文字时,内部长期记忆的特殊形式——作者对文本的内在表征,也会发生变化和发展,原本以语音为主要载体的抽象概念,在通过纸张或电脑屏幕呈现到眼前时就获得了更为鲜明形象的视觉表征,对同一概念的多种形式的表征能帮助作者更好地理解自己想要阐述的内容,也有助于以更富有创造性的方法来表达。这一阶段作者可能会犯错或是思考不周,因此需要在第三阶段进行进一步的加工。

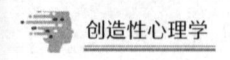

3.修改

文学创作当然少不了修改完善的步骤,在创作者们将自己的想法具现化到纸或电脑屏幕上之后,阅读自己写过的东西,一遍又一遍地修改、阅读、再修改,纸张或屏幕上的文字成为作者思想的延伸部分,在这期间,作者也会将重读过程中获得的新体会和新想法融入修改的内容当中,因此这也是一个探索的过程而非仅仅是机械地增减文字。修改阶段被不少著名作家看作是最为重要的阶段,曾有人说过"好文章是改出来的,不是写出来的",鲁迅认为写完后至少看两遍,竭力将可有可无的字、句、段删去,毫无可惜。托尔斯泰对自己文章的修改已经达到了可以看作是二次创作的程度,他写过一篇《破坏地狱和建立地狱》的文章,手稿一共有400多页,上面涂满了修改的笔迹,最后发表时只有20页,他写长篇小说《安娜卡列尼娜》,仅开头就改过12次,最后才定稿为"幸福的家庭都是相似的,不幸的家庭各有各的不幸"。

创造性写作需要时间和专注才能实现。与其他艺术形式相比,文字留下的痕迹相较于音乐与绘画,是一种更为具体的存在,因此根据修改的痕迹来分析创作的某些过程也会更容易,如果我们能有幸翻阅托尔斯泰等人的手稿,或许能从他们的修改痕迹中看到其心路历程,其精彩程度应当也不亚于小说故事本身。写作是一种探索行为,它将思维过程外化到纸上或其他媒介上,并在此基础上进行修改,是作家与自己对话的过程。有些作家的作品具有极高的创造性,能让人眼前一亮,但其作品的创造性并不是凭空产生的,而是存在一个从虚无到现实、具体的过程,如果我们能更深入地研究了解这一过程,或许就能学习到他们这种更具创造性的思考以及写作方法。

二、音乐中的创造性

音乐在人类历史的发展过程中一直扮演着至关重要的角色,其历史已有数千年之久。创造性研究领域中的概念同样适用于研究音乐,包括创造性的六个 P:Process、Product、Person、Place、Persuasion、Potential(过程、产物、人格、位置、信念、潜力),大 C,小 C 等。但音乐又和其他的领域有所不同,音乐相较于文字、绘画等形式,其本身是转瞬即逝的,在写进五线谱之前,脑海中想到的旋律可能会不断地发生变化。要如何测量这种艺术形式中的创造性?其产生过程又是怎样的?下面将就这些问题进行讨论。

(一)音乐中创造性的测量方法

音乐的创造性可以从外部和内部两个方面来进行评价,外部评价是指通过测试听众的认知和情感反应来评价创造性过程以及产物,具体包括以下六种方法:

1.行为任务测试

采用行为测试来评价音乐的创造性时,可以使用聚合思维和发散思维的量表和自评任务来评估创造性过程以及产物。

发散思维任务测试的是个体产生新的观点或解决问题的能力,但因为发散性思维也可能产生并不新颖或缺乏实际价值的观点,因此独创性、适用性的指标通常与发散思维任务一起使用来评估创造力。在使用这一方法测量音乐的创造性的过程中,通常会测量其中即兴旋律的数量(流畅性和详细程度),音乐旋律的变换次数(灵活性),独创性以及吸引人的程度。

相反,聚合思维任务测试的是个体发现解决问题的特定方法的能力,并且通常需要采取不同的策略来找到解决方法。在测量任务中,要求创作者实时按要求对乐谱进行修改,以便在听众中引发特定的情绪反应。

自评任务要求被试报告在自己以往追求创造性过程中的经历,也会要求他们填写一些与个性以及创造性成就等内容相关的量表,将量表中获得的数据量化后结合其创造经历,研究者们就能够对被试的创造性进行评估。

2. 公众测量技术

公众测量技术是指由相关领域的专家和经验丰富的从业者来对作品进行评分。这种方法参照了不同评分者的主观评价,而不是基于某一种创造性理论来建立评价模型。这种方法的主观性较强,对多名专家的评分进行汇总分析,并没有很强的情境限制,测量条件也不苛刻,贴近日常生活,有着相对良好的生态效度,而且强调了人们对高创造性的产品会有一致的评价,因此这种技术的拥护者相信它比传统的创造性测量技术更有效(Amabile,1982)。

3. 创造性计算模型

音乐创造性的测量同样可以使用各类量表,比如上文提到过的测量综合创造性的经典量表TTCT。除了TTCT,也有研究者提出了创造性三脚架理论,在足够的专业知识的基础上,通过评价技能(技术能力)、审美(相关领域内的)、想象力(高于模仿的适当新颖性)来进行创造性评价。创造性计算模型可以分为两种:一种侧重创造性行为的产生,另一种则与观众的知识背景相结合。

4. 多量表潜变量计算

利用多份相关问卷来系统地评估创作者的整体创造性水平,常用的问卷通常会测量个体的创造性成就、日常的创造性行为、人格、创造性动机等内容,根据多个问卷得到的信息计算潜变量或建立结构方程模型,进行创造性能力的评估,后续可以将这些结果与音乐相关的结果(如听众的主观感受等)相结合之后进行分析。

此外还可以通过定性或定量的方法来收集听众的一些信息,间接地反映音乐创作者的水平。在定性评估中,可以是关于事实信息的收集,包括听众的年龄或音乐水平的高低;或者用开放性问题来询问听众的主观感受,如"你觉得这首曲子演奏得如何"等。

在定量的评估中,采用相关法研究创造性产物的各项属性与其对听众产生的影响之间的关系,可以根据方向(喜欢或是不喜欢)和强度(如1—5的偏好程度)两个维度来进行(Egermann,2013)。

5. 动作和生理指标

常用的方法包括记录个体的反应时,利用动作捕捉技术,眼动记录等方法来量化其创造性高低。

反应时是指从刺激产生到个体做出反应之间的时间。在具体的应用当中,可以在音乐演奏中的某一个时间点加入变奏,要求听众在感受到变化时做出反应,通过计算变奏呈现到出现反应之间的时间,来获得一些无法通过主观量表得到的潜在属性(Conati,Merten,2007)。

动作捕捉技术是一种测量情绪、唤醒程度以及具体认知状态实时指标的方法。在实际应用当中,可以对演奏者的动作与观众的情绪状态进行相关研究,或者捕捉演奏者和观众的动作,比较音乐的不同部分或是不同类型音乐是否会引发听众不同的情绪状态(Livingstone,Russo,Thompson,2009)。

眼动追踪可以用于研究创作者在创作过程中观察的音符是哪些,不需要创作者做出回应,能减少干扰(Wang,1994)。

6.神经科学的一些测量手段

事件相关电位(ERP)是最常用的一种手段,能够在刺激发生后立即测检测到脑电活动,具有很高的时间精度。在ERP反应中有几种特征波,N1是一种比较大的负向诱发电位,其振幅在刺激发生后80—120ms后达到峰值,通常分布在额叶中央区域,与个体的注意力有关,对新异刺激较为敏感,因此在音乐的创造性研究当中可以当作新颖性的评价指标(Lange,2009)。

与外部评价不同,内部评价是指对创造性行为和观众的感知觉、认知、情绪状态进行建模,具体包含以下四种方法:

1.基于行为测试的自我评估

自我评估测试反映了被试对自己的创造性的评估,另外也会要求被试报告其个人经历,借此来评估他的艺术追求。自我评估可以基于现有的创造性过程的概念框架,如Walls所提出的四阶段模型,包括准备、酝酿、明朗以及验证,从这四个层面来量化并评估其在音乐创作中的艺术创造性(Wallas,1926)。

2.基于观众知觉、认知和情绪状态的外部测试的反思模型

如果要对创作者潜在的创造性进行推理,那么来自感知觉和采用外部生理评估方法所获得的数据就可以用来作为基础,建立一个评估创造性的系统。例如,建立创造性系统或许能形成关于一个作品如何影响观众评价的预期,并且能够通过变化来影响观众的反应(如情绪状态等),在给定了期望和目标的情况下,考虑是否在听众中产生了预期的效果以及产生效果的原因(Solberg,2014)。

3.听众知觉和情感反应模型的预期和期望测量

时间序列的处理,例如音乐和语言,在很大程度上会依赖人的预期和期待。我们的大脑不断地从环境中获取信息,从中学习,进而产生预期,而预期反过来同样也会影响我们所知觉到的内容(Lew-Williams,Saffran,2012)。因此有研究者也将意外性作为创造性的评价指标之一。例如当听众听到一段舒缓的音乐时,通常会预期接下来出现的依然是舒缓的音乐,如果这时转换至带有异常悲愤情绪的音乐,就会与听众的预期产生冲突,产生新鲜感。以周杰伦的《布拉格广场》为例,这首歌里面出现了很多突然的转折,从主歌切换到风格完全不同的小提琴,这种转折就能营造出很不错的艺术效果,是非常具有创造性的。在研究中,可以计算乐曲中具有这类艺术效果的转折的数量,转折之间的时间间隔,持续时间等指标,结合听众的情绪体验进行分析,通过计算模拟就

能预测不同的乐曲可能给听众带来的新鲜感,从而评估乐曲的创造性。

4.概念表征

概念空间理论认为概念可以用多维的空间来表示。以声音为例,声音可以分为音调、音量、音色三个维度,而这三个维度则需要另外的已经存在的质量维度来赋予其意义。音调需要用频率来赋予意义,音量则需要响度来赋予意义,而这些维度是可以分离的。这些可以与其他维度分离的整数维度的集合就是域,概念空间就是一组划分为域的质量维度(Gardenfors,2000)。这一理论可以用到创造性研究当中。在一个适当的概念空间中,就可以做出假设,以某种几何学的方法来指定,听众从哪几个维度来感知和理解新颖的音乐想法,即如何感知和理解音乐中的创造性。这种方法同样也可以用于探索和寻找有价值的新的音乐材料和和声,通过电脑程序合成不同的声音,利用这一方法来评估其创造性,就能更为有效地发现一些适合用来作曲的新的声音。

(二)音乐作品的产生过程

研究者们研究音乐创作过程时最常用的方法包括检查书面手稿、收集作曲家自己对作曲过程的描述以及在作曲过程中采用观察法、访谈法等。

单纯地对作曲家们的草稿进行研究很难从中得到足够的信息,绝大多数作曲家并不会在五线谱上记录自己的创作顺序,即使研究他们的手稿也只能了解到他们着重修改的有哪些内容,通过这些信息并不能很好地了解他们的创作过程,因此研究者通常采用更系统的访谈和观察法,作曲家们的草图更多时候是作为一种作为辅助资料来帮助研究。根据作曲家受到的启发的来源,作曲策略可以分为两种:领域内和领域外策略。领域内策略是指创作主要受到音乐材料本身的启发,比如听他人弹奏后想到了新的曲调。领域外策略是指受到了音乐学科以外的一些启发,比如看到了初雪后联想到了一些新的和弦。

另外,在有关的认知研究中,有研究者将音乐看作是一种定义不明确的问题解决形式。这一问题并没有最佳答案或是唯一答案,因此作曲家可以做出许多决定,产生各种有创造性的想法,之后再根据比较主流的审美和适当的标准来评估这些想法,并考虑可能在观众中引起的反应,直到作曲家自己感到满意。

三、绘画中的创造性

绘画与写作是有相似之处的文艺创作形式,二者都是将自己头脑中的想法具现化到纸上或电脑屏幕上。与写作不同的是,绘画更强调视觉的想象力,需要对色彩和线条有更强的把控力,因此其研究方法与机制都与写作不同。绘画中的创造性要如何测量?其背后的心理机制又是如何?下面将就这些问题进行讨论。

(一)绘画创造性的测量方法

创造性的评价通常可以通过创作者本人的特点、创作出的产品、创作过程以及创作环境四个角度来衡量。对创作者本人特质的研究通常采用各类人格测验以及个人历史的研究,比如大五人

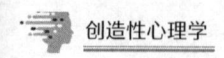

格中的开放性和外倾性越高,个体所拥有的创造性往往也越强。另外从小对艺术创作抱有热情、接受并坚持专业训练的人同样有较高的创造性,这些结果与其他艺术领域的创造性研究是一致的,因此这里将重点讨论如何评价绘画作品的创造性。

1. 图形补全任务

图形补全任务是创造性研究领域中比较常见的方法之一(图9-1),任务要求被试在规定时间内根据所给的视觉线索(如几条曲线)在规定的区域内想象并补全图片,同时还需要起一个有趣的名字,最后由专业的评分者根据他们所补全的图片评价其独创性、流畅性等指标(Amp,Cramond,2010)。

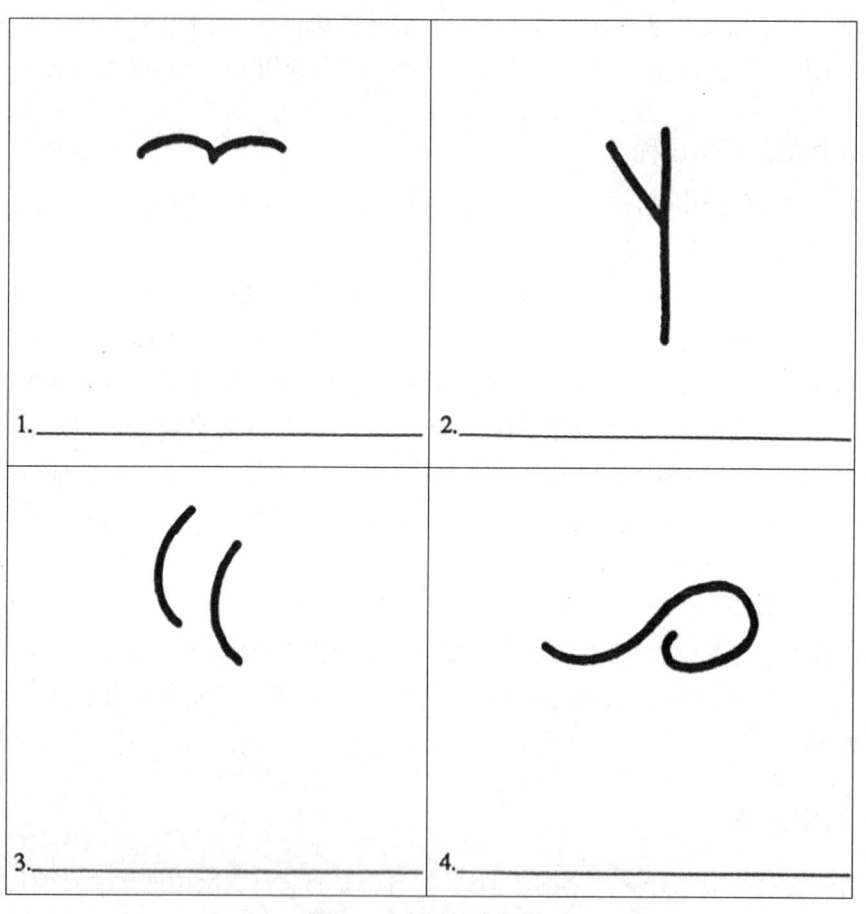

图9-1 图形补全任务

2. 自由联想绘画

Clark 的绘画能力测验是最常用的开放性绘画测验之一(图9-2),这一测验要求被试完成四幅绘画:一间房子、一个奔跑的人、一个操场以及被试的幻想,由专家根据一定的指标对这些绘画进行评分。这项测试已经在各个国家的学校应用了数千次,被证实是可靠有效的测量学生艺术才能的测量手段(Clark et al.,2004)。

图9-2 自由联想绘画任务

3.静物拼贴测验

静物拼贴测验也是比较常见的方法,比较著名的有葛茨尔斯等人在对成年艺术生的研究中所采取的方法。实验中,他们向被试呈现23个小物体,要求被试选择其中的至少两样,对他们进行编排并形成作品。这一实验最早是用来研究个体利用视觉材料形成新想法的能力,这一实验方法的优势在于可以利用录像带来获得被试完成作品的总时间、拼贴时间等数据,并根据这些数据来研究整个创造过程(Ives, Csikszentmihalyi,1978)。

(二)绘画作品的产生过程

很多研究者对绘画作品的产生过程提出了自己的假设并建立了模型。

1.描述性模型

梅斯等人(2002)建立并检验了艺术作品产生过程的模型,这一描述性模型包含四个阶段:阶段一,艺术作品概念生成,在这一阶段,创作者们会先在头脑中形成大致的想法,包括想要表达的主体和思想是什么,要用什么样的表现形式,用什么样的风格以及用哪些对象来承载自己的思想,等等;阶段二,想法的改进,在这一阶段,创作者会对自己先前形成的想法进行更为细致的规划,涉及用什么样的色调来表达什么样的情感等内容,这是对前一阶段所形成的笼统概念的细化阶段;阶段三,进行艺术创作,这一阶段也是艺术创作中最为核心的阶段,有了想法也需要将其与自己的绘画技术相结合才能创作出好的作品,绘画创作比较独特的地方在于,创作过程也是一种修改的过程,落到画纸上的每一笔都是对前一刻作品的修改,在这一过程中,创作者也在不断受到眼前画纸上内容的反馈,不断更新着自己对于想要表现的形象的视觉表征;阶段四,完成最后艺术作品。他还指出,这一模型并非是严格层层递进的,而是各阶段之间动态反馈的。当创作者在某个阶段感到不满意时,经常会回到早期的阶段重新开始思考,也就是说,创作者并非从一开始就能在头脑中形成完整的图像,而是在整个创作和构图过程中逐渐形成了计划,绘画元素被一个个选择和整合到一个构图中,在作品的持续创作过程中,同时被其预期、艺术家的程序知识、作品的绘画内容和结构组织的当前阶段所提供的信息以及规划所引导。所有这些因素都以一种动态交互的方式对完成的工作做出了贡献。

2. 镜像艺术创作模型

艺术创作可以被认为是艺术欣赏过程中各个阶段的镜像(在感知和认知上,以相反的顺序),因此蒂尼奥根据莱德尔等人(2004)的艺术欣赏模型建立了镜像的艺术创作模型。Leder的艺术欣赏模型包含了三个阶段:阶段一,早期自动加工,对作品进行知觉分析,鉴赏者在这一阶段对艺术作品的复杂度、对比、对称性、序列等物理特性进行观察与评价;阶段二,基于记忆的加工,先利用来自早期经验的内隐记忆对作品进行整合,观察这一作品与自己曾经见到过的是否相似,接着利用外显记忆对作品进行分类,分析作品的风格、内容、情绪效价;阶段三,意义赋予,对作品所传达出的意义进行评价。而蒂尼奥的镜像模型则是按照相反的顺序对应产生的:准备阶段,制定计划,包括绘画对象以及准备采用的技术等;阶段一,初始化,确认所需的绘画空间以及版面安排,确定想要表达的情绪;阶段二,拓展和修改,对作品的内容和主题进行进一步的阐述;阶段三,完成终稿,对细节和重点进行修改(Tinio,Pablo,2013)。这一模型的优势在于将绘画创作与艺术鉴赏的过程灵活地结合在了一起,而创作与评估对于艺术作品的产生都是至关重要的,大脑中默认网络和执行控制网络在艺术创作期间的耦合也很好地体现了这一点,因此这一模型在相关的研究中也能很好地与脑科学研究相结合。

四、脑科学前沿进展

在创造性领域的研究中,认知神经科学家关注得最多的两个脑网络分别是默认网络和执行控制网络。早期的研究更强调默认网络在创造性产生中的作用,默认网络包含了后下顶叶,后扣带回等脑区,通常在我们发呆、心理模拟、社会认知等活动时被激活,而自发想法的产生也是创造性产生中的重要过程,因此将默认网络看作是创造性产生的重要生理基础。而在后来的研究中发现,创造性思维并不是完全不受控制的自由联想,默认网络应当是与执行控制网络同时在创造性活动中发挥作用的,反映的是受控制、有计划地联想与创造。在一项功能磁共振实验中,研究者要求被试在一种情况下自己写新诗，在另一种情况下修改自己写的诗，这里将创造性思维分为了产生阶段和评估阶段，在产生阶段中，默认网络和执行控制网络之间的连接反映的主要是对外部干扰的排除，在想法修改过程中，网络之间的相关性增加，反映了对记忆中占优势的、不新颖或者无意义的答案的抑制。研究表明，在文学创作过程中，默认网络和执行控制网络分别在想法产生和想法修正中发挥主要作用，进而产生创造性和适用性兼并的想法（Liu et al., 2015）。

早前的研究一般都认为创造性在艺术领域是不具有通用性的，即在绘画领域具有高创造性的个体不一定能在音乐领域表现出同样高的创造性，这与不同艺术形式所需要的感知觉能力、认知能力不同有关。但事实并非如此，音乐即兴创作、绘画与写作可能依赖于一个共同的神经认知系统，即不同领域的艺术创造性可能有一个中心的、领域通用的神经回路。在三种形式的艺术创造中存在一种领域通用的模式，在辅助运动区、左背外侧前额叶皮质和右额下回有重叠的激活脑区，这一回路有可能就是艺术创造性的中心系统（Chen, Beaty, Qiu, 2020）。

运动有关的脑区也被证实在音乐创作中起到重要作用，这些区域涉及更高层次的运动排序和规划能力，并且涉及与显性运动行为没有直接联系的认知能力。这些区域在对从感知、演奏到作曲和即兴创作等音乐能力的研究中所具有的一贯意义，也说明音乐能力不仅仅与听觉有关，而与动作和听觉都有关系。爵士乐是非常考验创作者即兴创作能力的一种音乐形式，帕特丽夏等人使用fMRI测量了16名熟练的爵士乐钢琴家在自由即兴创作（iFreely）、有伴奏创作（iMelody）时的音乐创造力的动态神经基础，并与静息状态进行了对比。结果发现，当人们处于更自由的即兴创作模式时，参与创造力相关过程的大脑区域组成的一些网络之间的动态融合会增强；当被试处于更受约束的有伴奏创作模式时，参与听觉和奖励过程的大脑区域的交叠更高。亚历山大等人同样利用爵士乐即兴创作的方法进行了进一步的细化研究，他们根据48名参与者的音乐学习经历和近期从事的音乐活动将他们分为三组，包括即兴创作组（五年以上涉及即兴创作的训练，近期每周大于一小时的即兴创作活动）、传统组（五年以上音乐训练，近期每周大于一小时的非即兴创作活动）、最低音乐限度组（五年以下音乐训练）。结果显示，即兴创作组和传统组都在内侧默认网络和双侧执行控制网络之间表现出更强的连接，值得注意的是，即兴创作组的初级视觉网络与默认网络以及执行控制网络之间的连接是最强的，而传统组则是额极与内侧默认网络之间的连接最强，说明从事不同的音乐活动会对大脑带来不同的塑造，长期从事音乐训练，尤其是即兴创作训练，能对大脑产生深远影响从而使其在其他活动中表现出更高的创造性（Belden et al., 2020）。

复习巩固

1. 测量文学作品中的创造性有哪些常用的方法？
2. 测量绘画作品中的创造性有哪些常用的方法？

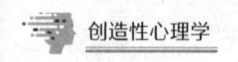

> **生活中的心理学**
>
> **西方人真的更有创造性吗**
>
> 在很多人的认知当中,相比较东方国家,西方国家更重视个性,鼓励表达自己的不同观点,因此在各个领域中都会表现出更高的创造性,尤其是文学艺术领域,而中国、日本等东方国家,更强调集体主义,因此创造性会相对低一些,事实真的如此吗?
>
> 斯腾伯格(2001)等人让不同国家的儿童创作拼贴画和外星人,发现美国等西方国家儿童的作品在创造性、亲和力、适宜性等方面都有更高的得分,这一结果与人们的一般认知是相符合的,即在鼓励独立自主的文化背景下的儿童会有更高的创造性。但这也并不代表东方国家儿童的创造性就完全不如西方国家,在包括了中国香港儿童的实验中发现,中国香港儿童在图形创作中的创造性得分要高于其他国家儿童,这可能是因为长期的汉字学习让中国香港儿童得到了更多的训练。此外,创造性的产生应当也是基于创作者的知识经验以及技术的,日本的儿童在绘画技能上的得分是非常高的,这可能与日本儿童在学习绘画过程中临摹了大量的漫画作品有关。
>
> 除了测验的分数,文化差异甚至会对人的神经系统产生影响,进而影响人们的创造性。与鼓励独立自主的西方国家相比,奉行集体主义的韩国人的左侧额下回在平日里会呈现出过度激活的状态,这一激活可以看作是对表达观点的抑制。

第三节 文艺创造性的培养

并不是每个文艺创作者都有着相同的创造性,有些创作者最后能成为大师,而有的创作者则一直默默无闻,只能做一些临摹复刻的工作。是哪些因素影响了他们的创造性潜能的开发,导致他们拥有不同水平的创造性呢?想要从事文艺创作的人又该如何提高自己的创造性呢?本节将就这些问题进行讨论。

一、文艺创造性的影响因素

影响文艺工作者创造性的因素有很多,包括年龄、人格、老师的教育方式等等,这些因素可以从个体因素和社会文化环境因素两方面来进行讨论。

(一)个体因素

1. 年龄

年龄的增长通常伴随着各类认知能力的增强、专业知识的掌握以及生活经验的丰富等变化。很多人认为儿童可塑性更强,因此在艺术领域会比成年人有更强的创造性,但事实并非如此,很多儿童的感知觉能力以及认知功能尚在发展过程中,并不像成年人那样完善;而且儿童接受的专业训练的时间远远比不上成年人,因此对于各类专业技术的掌握同样不够全面;另外,生活经验是艺术创作的重要源泉,成年人有着儿童无法比拟的丰富经历,因而也有更多的创作素材。因此就艺术创作成就的角度来看,成年以后的创造性会强于儿童时期,但儿童时期因为尚未接受足够多的专业训练,因此受到的来自他人已有作品已经固有的观念的影响会更少,产生全新想法的可能性也会更大,因此儿童拥有更大的创造性潜力,如果在这一时期进行合理的培养与训练,成年以后的创造性会有很大的提高。

根据以往的研究来看,不同领域中达到创造性顶峰的年龄是有差异的,这主要是因为不同的领域对专业技能学习的要求有所不同。以散文作家和诗人为例,优秀的诗人通常比散文作家要更年轻,这可能是因为现代杰出的散文作家是以文字的成熟为特征的,而这种成熟通常建立在大量阅读与写作训练之上的,而诗人对这类技巧的需求则相对没有那么高,因此常常会有年少出名的诗人。

有研究对作家的寿命进行了统计和分析,发现世界历史上的那些著名文学家的文学生涯,大多数在60年左右,如果以每10年为一阶段划分的话,可分三个时期:20岁—30岁之间是作家在文学事业上的准备、起步、发展阶段;30岁—40岁是作家创作思想、艺术的高峰阶段;以后便趋向于减弱,出现漫长而又缓慢的下降期。

艺术领域的研究发现,音乐家最多产的年龄在35岁—39岁之间,而且他们到达作品质量高峰的年龄都比到达多产的年龄晚,音乐家的创造性高峰多出现在晚年;油画家产生最优秀作品的年龄在32—36岁之间。

从这些研究中可以看出,年龄的增长与创造性成就的产出是有紧密关联的,有意义的创造性通常都是需要大量的积累与练习的。儿童与青少年少有优秀的作品产生主要是因为没有接受足够多的专业训练,但同时他们也更少地会受到思维定势的影响,更容易产生一些新的想法,只是没有足够的专业知识来进行实践。如果能够养成记录自己新想法的习惯,在接受了足够多训练之后,再去回顾时就能获得新的体会,进而有高创造性作品的产生。

2.人格

高创造性的文艺工作者通常会有一些独特的人格特征:

(1)较高的智力。

高创造性的文艺工作者通常会有相对高一点的智力,但并不需要特别高,相对高的智力能够帮助他们对身边发生的事情有更加仔细的观察和更加全面的理解,同时也能更加灵活地运用自己所拥有的专业技能,从而获得更多高质量的创作素材,积累到一定程度后自然能有好的作品产生。

(2)思考的深刻性。

富有创造性的创作者对问题通常会思考得更加深刻,透过事物的表面去洞察其本质,即使是一片叶子,有些人也能从中看到一片广袤的宇宙,有了更深刻的思考,才能从细小的事物中看到创新的可能。

(3)重视独立性。

高创造性的个体对很多问题通常都会有自己独特的见解,并不会轻易从众。以凡·高为例,他

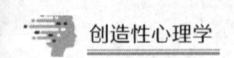

从中年开始变得越来越孤独,即使是为他提供生活帮助的好友高更也经常被他骂走,但也可能正是因为长期一个人生活的原因,凡·高在后期创作出的艺术作品有着超越他所属的时代的极高的创造性。

(4)语言流畅且有效表达。

好的作家通常能很流畅地用语言表达自己的想法,而流畅性也是评判创造性的重要指标之一,因此能够很好地掌握并运用写作技巧的作家也能够更好地把自己的想法表述出来,产出好的作品。

此外,开放性高的个体会拥有更高的艺术创造性,因为这些创作者对不同的经验有着更高的接受度,因此也能更好地从中分析出本质的、有创新价值的特征,也更容易产生有创造性的想法并付诸实践。

3.动机

各领域的创作者们的动机是推动他们不断产生新作品的重要源泉,而根据引起动机的原因,动机又分为内部动机和外部动机。外部动机通常是指金钱、名利等外部诱因,内部动机通常是生理需求、理想等。

早期有研究者指出,内部动机有利于创造性而外部动机对创造性是有害的。阿玛拜尔(1985)在诗歌写作的实验中发现,相比较外部动机激发组,内部动机激发组所创作出的诗歌有着更高的创造性。

但这并不意味着外部奖励引发的动机对创造性是没有益处的,雪等(2020)在其研究中指出,外部动机同样对艺术创造性有积极的提升作用。他将被试分组后分别给予不同类型的动机启动,外部动机用物质性奖励,内部动机用社会性奖励。启动后让被试进行科学创造性以及艺术创造性的测试,这里的艺术创造性使用的是拼贴设计以及外星人设计任务。结果发现,在科学创造性任务当中,外部动机对创造性有损害作用而内部动机对创造性有促进作用,但在艺术创造性任务当中,外部动机和内部动机都对创造性有积极的促进作用,但外部动机的作用小于内部动机的作用。

从上述研究结果可以看出,动机对创造性的作用在不同的领域当中都是有所不同的,并且还可能会受到社会文化、年龄等因素的影响,但这一区别主要是针对外部动机的作用,内部动机对于各领域的创造性都是有着良好的促进作用的,因此如果能激发出个体的内部动机,就能够很好地促进其创造性的发展。因此文艺创作者需要找到自己从事这一行业的理由,让自己真正地热爱这个行业,能够从中得到乐趣或是某种意义,这样就能更好地激发出自己的创造性,未来也更容易创作出好的作品。而外部动机在某些条件下同样是有益于艺术创造性的,在儿童或青少年进行艺术创作学习过程中,如果家长或老师能在引导出他们的内部动机的前提下,给予适当的外部奖励,引发外部动机,对于他们的培养也将是非常有利的。

4.毅力

文学艺术创作的过程往往是艰辛且痛苦的,有的作品可能需要几个月甚至是几年的不断雕琢才能诞生,这就需要创作者有足够强的毅力。除了创作本身,有些领域还需要创作者日复一日地不断练习,很多音乐家除了需要花费时间来创作新作品,还需要每日进行弹奏练习来保持手感,好让自己始终处于一个良好的状态,以便在创作时能够比较轻易地使用各类技巧,把精力放在对旋律的思考上,作家、画家同样也是如此。

很多创作者都需要对自己的作品进行不断的推敲和雕琢,力图以最简洁优美的音符或是线条或是文字来表现出自己想表达的内容,这一过程需要不断推倒自己现有的一部分想法与成果,不断地否定自己,这一过程也是比较痛苦的,亲自否定花费了大量时间想出的词句是非常考验创作者的毅力的。唐宋八大家之一的欧阳修的名篇《醉翁亭记》,开头写滁州山景,原用了几十个字,后来改来改去,改得只剩下"环滁皆山也"五个字。马雅可夫斯基说:一个字安排得妥当,就需要几千吨语言的矿藏。鲁迅也说过:写完后至少看两遍,竭力将可有可无的字、句、段删去,毫不可惜。

除此之外,创作者也需要全身心地投入其中,用心体会自己笔下人物的喜怒哀乐,不仅是以创作者的身份去观察,更要将自己代入人物或塑造的其他形象当中,这对创作者来说也是极大的挑战。

5. 天赋

天赋是个体与生俱来的能力,与特殊的神经连接方式或是发达的前额叶等生理特点有关。拥有优秀天赋的个体能够更快地进行远距离的概念联想,因此在和常人享有相同的外部条件并且付出了同等努力的情况下,拥有更高天赋的个体更容易产生好的作品。但天赋不是决定因素,天赋一般的人经过后天的努力同样能够培养出很高的创造性,产出好的作品,如果天赋过人却不好好努力,同样可能泯然众人,白白浪费自己的才能。

(二)社会文化环境因素

在当今时代,每个人都是社会当中的成员,不可阻挡地受到来自社会和他人的影响,社会中的人以及发生的事都能够影响到文艺创作者的创造性。

1. 评价

来自他人的评价对艺术创造性有着独特的影响,期待评价对个体的艺术创造性有消极作用,但这种消极作用仅表现在低创造性自我效能感的个体上,反馈评价的效果则同时表现在高创造性自我效能感和低创造性自我效能感的个体上。从中可以看出,评价以及对于评价的期待都很有可能对艺术创造性产生有害影响,即使是积极正面的评价,同样可能妨碍之后的创造性行为(Hu, Wang, Yi, Runco, 2018)。

阿玛拜尔在研究中也发现观众的存在会对创造性活动产生不利影响。出现这种现象可能是因为他人的评价或是创作者对评价的期待会让创作者分心,影响其创造活动。

2. 榜样

榜样对于文艺创作者的作用同样是非常大的,1977年西蒙顿以696位古典作曲家为被试研究了对榜样(如自己的老师)的模仿与后来创造性成果产出的关系。结果表明,榜样作用对创造性有间接的积极影响,对榜样的模仿有利于创造性早熟,在年轻时就取得公认的创造性成就,从而有利于创造性成果的产出。

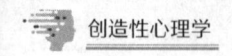

3.童年生活环境

弗洛伊德的理论非常重视早期经验对个体人格的影响,尤其是早期的创伤性经历,如受到父母的冷落或虐待等。这些经历会对人产生长期的影响,即使成年以后,依然很难摆脱,易表现出焦虑和自卑等,他认为从小就经历创伤的人为了弥补伤痛,经常会产生幻想来满足从前未能满足的愿望,因此这些创伤也能成为艺术创作的原动力。

从一些作家的经历中也能得到一些启示,比如珍妮特·温特森从小就被母亲抛弃,养母性情暴躁且控制欲极强,稍有不顺心就将温特森关进低下煤库,于是她将写作当作是自己的避风港湾,用编故事的方法来救赎自己,她自己曾提到,最喜欢编一些找到宝藏、被禁锢的公主逃生的故事,这些童年经历在困扰着她的同时也成为她创作的宝贵材料。

二、文艺创造性的培养

对很多有志于从事文艺创作工作的人来说,是否拥有优秀的创造性对他们今后的工作有着非常重要的影响,如果能通过科学有效的方式对他们的创造性进行培养,也会给他们未来的工作带来帮助,下面就培养文艺创造性的方法进行讨论。

1.积累生活素材

所谓艺术源于生活,生活素材是文艺创作最基础的来源,再伟大的创作者也无法完全脱离生活,通过空想来创作。生活素材对于创作者来说就像土壤一样,创作者只有对生活观察得足够仔细,积累了足够多的素材,才能有机会运用自己通过训练获得的技巧来进行创作。

而生活素材的积累离不开细致入微的观察,经验丰富的作家和艺术家能敏锐地捕捉到生活中的每一个细节。但是仅仅发现细节是远远不够的,创作者们还需要具备优秀的感受力,在观察中融入自己的感受和体验,才能从一般人熟视无睹的事物中发现新的内涵,从而获取丰富的生活素材。

当科学家与艺术家同样面对一朵海棠花时,科学家想到的可能是这朵花的生长特性,而艺术家可能最先想到的是凄苦的爱情。前者是对事物客观科学的感知,后者则是更为感性的理解,科学家透过现象看到的本质是某种客观规律,而艺术家是借助一定的自然和社会景象,通过塑造生动、典型的艺术形象来间接地揭示人的心路历程和社会的发展规律。因此,创作者们要想提高自己的创造性,就需要养成用情感化或情绪化的方式去感知事物,从中发现和积累各类创作素材的习惯。

2.学校的教育

比较成熟的创作者们可以通过自己不断地训练和反思来逐步提高自己的创造性,而对于年龄相对较小的、身心发展尚在起步阶段的儿童和青少年来说,学校的培养对他们的创造性有着至关重要的作用。

(1)艺术类兴趣课程。

安娜(2014)等人在中国香港的小学和幼儿园中收集了790名学生的数据,实验中将学生分组后分别进行了为期一年的艺术课程训练,包括戏剧课程、视觉艺术课程以及综合艺术课程,一年后对所有参加实验的学生进行创造性测试,测试包含了创造性思维绘画测试、故事叙述等多项内容。结果发现,参加了艺术课程的学生的言语和形象创造性都要高于未参加课程的学生,并且参加戏剧课程与视觉艺术课程的学生的言语创造性要显著高于参加综合艺术课程的学生。

安娜将这一结果归结为以下原因:第一,参加戏剧课程的学生的语言能力也能得到一定的训练,因此在故事叙述任务中表现得比参加其他课程的学生更好;第二,参加综合课程的学生可能在学习不同领域的艺术的过程中会出现注意力的分散,因此效果并没有参加单一类型课程的学生好。

从实验结果可以看出,要想提高孩子的艺术创造性可以考虑给孩子报名参加某一类艺术形式的培训,但不宜报过多的兴趣班,不然可能会出现孩子注意力分散的问题,影响培训的效果(Hui, He, Ye, 2014)。

(2)艺术鉴赏。

除了开设专业的艺术培训课程,引导学生进行艺术作品的鉴赏同样能够有效提高他们的创造性。欣赏优秀作品一方面能让孩子积累一些好的经验,以绘画作品为例,多欣赏不同流派大师的作品,能够让学生体会到不同的大师是如何运用各种技巧进行创作的,进而有意无意地在自己的作品中体现出来。除此之外,欣赏好的作品能够激发学生的灵感,使学生学会从不同的角度去观察世界,体会身边最寻常的事物中的巧妙之处。

生活中的心理学

越"健忘"越有创造性?

《倚天屠龙记》中有这样一段经典情节:张三丰在向张无忌传授完武功后,问无忌还记得多少,张无忌的回答从最开始的"忘了一半"逐渐变成了"全忘了",这时张三丰便认为张无忌已经掌握了。在武学中,仿佛只有遗忘了才能达到最高境界,那么在艺术创作中是否也是如此呢?

学生学习绘画或者写作,一般都有模仿名人大家的阶段,这一阶段的学生往往会被要求对这些名作进行"死记硬背",有人对此提出过质疑,靠记忆能创作出好的作品吗,现在哪个作家能一字不漏地背出以前的课文?既然会忘掉,又记它做什么呢?

事实上,记忆和遗忘对于好的作品的产生都是至关重要的,在我们大量背诵课文诗歌的过程中,这些存储在我们头脑中的文字会不停地发生变化,随着时间的推移,那些相对不重要的内容会逐渐消退,而最核心的内容则会被作为抽象知识而得以保留,就像是一个滤网,我们在背诵的过程中,将大量的记忆内容像沙土一样倒入,这些记忆内容随着时间的推移会逐渐漏走,只有少量的精华能得以保留。就是在这样的一个记忆与遗忘的过程中,我们得以逐渐掌握其中的本质,在我们需要进行创作时,就不再需要在沙土中翻找,而是能直接利用这些过滤后的精华来进行创作。

所以遗忘不是目的,在遗忘的过程中领悟本质才是最高境界,而要想领悟本质,就需要先进行大量的记忆。

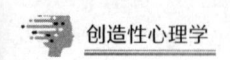

复习巩固

1. 联系生活实际谈谈如何培养文艺创造性。
2. 简述影响文艺创造性的外部因素。

研究性学习专题

> 历史上有很多优秀的文艺创作者,凡·高、莫扎特等大师都在各自的领域取得了辉煌的成就,我们在今天不仅能欣赏到他们留下的作品,同样也能从各类传记中了解到他们成长经历。请选择一位喜欢的大师,通过网络或书籍等方式了解他们的成长经历,结合本章内容谈谈他们是如何成为大师的。

本章要点小结

1. 文艺创作中的创造想象包括粘合、夸张、典型化、联想四种形式。
2. 情感在文艺创作中的作用主要有四种:动力作用、提炼作用、结构作用、移入作用。
3. 文艺创作中顿悟的特征包括:突破性、突发性、突变性、伴随巨大的情绪亢奋。
4. 文艺创作中顿悟产生的条件:长期的准备工作、集中精力、打破思维定势、宁静的情绪状态和敏感捕捉灵感。
5. 培养文学创造性的方法:积累生活素材、学校开设艺术类兴趣课程、增加艺术鉴赏的机会。

关键术语表

想象	Imagination
默认网络	Default Mode Network
执行控制网络	Executive Control Network
社会文化环境	Cultural Environment
人格	Personality
天赋	Talent

本章复习题

一、选择题

1. 以下哪一项不属于创造想象的形式( )。

   A. 粘合

   B. 夸张

   C. 移入

   D. 联想

2. 文艺创作中顿悟产生的条件包含以下哪些( )。

A.长期准备工作

B.集中精力

C.打破思维定势

D.宁静的情绪状态和敏感捕捉灵感

3.高创造性文艺创作者的特征包括以下哪些(　　)。

A.一般水平的智力

B.思考的深刻性

C.重视独立

D.不善言辞

二、简述题

1.作为老师,如果想要了解学生的艺术创造性水平,有哪些方法可以采用?

2.结合前面所学的知识并联系生活实际谈谈如何培养学生的文艺创造性。

第十章

经营管理中的创造性

在我国建设创新型国家的进程中,企业的自主创造能力起着关键作用。对企业自身的生存和发展来说,创造性也是不可或缺的一部分。一个企业是否具备良好的创造性,既受社会文化等外在因素的影响,也受企业文化、企业组织结构等内在因素的影响,其中企业领导者的个体因素影响尤为重要。

本章的主要内容是:

1. 经营管理中创造性潜能开发的影响因素。
2. 经营管理中创造性潜能的提高。

第一节　经营管理中创造性潜能开发的影响因素

无论是在国内或是国外，我们都可以经常看到这样的事例：一些处于困局中的寸步难行的企业，在经过一番改革后焕发出令人惊讶的生命力和创造性。很明显这是因为这些企业自身所具备的创造性潜能获得了释放。仔细分析就会发现，它们的成功都是在不断消除阻止企业创造性发挥的因素后取得的。本节将讨论影响企业创造性潜能开发的两个主要原因：企业领导者因素与企业文化因素。

一、影响企业创造性潜能开发的领导者因素

苹果公司的已故领导人乔布斯是一个极富创新精神、视创新为根本的企业领导人。乔布斯重视创新文化，他从1997年回归苹果公司后，就一直不遗余力地激发员工的创新意识，即使是在苹果公司发展停滞的2000年，他仍投入上亿美元宣传"另类思考"的广告语。乔布斯注重创新领导力，根据消费者需求组建一流的领导团队，苹果近乎所有的产品创意都来自少数高层领导，甚至有不少创意直接来自乔布斯本人（陈平，冷元红，2012）。正是因为有乔布斯这样一些富有创新精神的领导者，才有了富有创新精神与创新能力的苹果公司。可见，领导者个人对创造性的认识、态度和处理方式是影响企业创造性潜能开发的重要因素。

（一）思维方式

人们解决问题最常使用的思维方式有两种，分别是发散思维和聚合思维。前者是指，面对任务目标，沿着不同途径去思考，寻求多种答案的思维方式；后者是指，从已知信息中寻求正确答案的一种有逻辑、有方向的思维方式。从个体层次来看，任何人都有自己独特的思维方式，但从整体来看，大部分人这两种思维方式都兼而有之，纯粹以其中一种思维方式来思考的人很少，只是各有侧重。创造性的思维应该是根据不同的情景需要来灵活调整这两种不同的思维方式。

如果领导者单用其中一种思维方式思考，那么这种思维定势必定会影响个体创造性潜能的发挥。阿迪达斯公司曾经就是这种惯性思维的受害者。2008年，第29届奥运会在中国北京举行，在围绕"奥运会赞助商资格"的竞标争夺战中，阿迪达斯以13亿人民币的竞标价击败李宁等众多运动品牌获得了奥运会赞助资格。众所周知，获得这个资格，意味着除阿迪达斯以外的所有品牌都不能使用奥运的相关元素进行宣传，其将在奥运的营销中获得绝对的地位以及丰厚的利润。正当阿迪达斯公司沉浸于自己的实力，认为可以一家独大并沾沾自喜时，李宁公司却使了一招"暗度陈仓"将其打了一个措手不及。没有官方合作资格的李宁另辟蹊径，宣布和中央电视台体育频道合作。中央电视台体育频道所有播出栏目、赛事节目的演播室主持人和出镜记者，均穿着李宁牌服饰。这意味着李宁的服饰标志可以通过央视奥运频道，公开出现在大众眼前。这样一种巧妙的宣传方式不仅提高了李宁品牌和奥运的关联程度，也对阿迪达斯在中国的地位产生了不小的冲击（孙静，2009）。如果阿迪达斯营销部门的领导能够换一种思维方式思考问题，考虑到多种可能性（发散思维），那么结果恐怕就未必是这个样子了。因此，在面对一个问题时，不要受习惯思维的摆

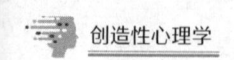

布而做出不周全的判断。

(二)个性品质

越来越多的研究表明,榜样作用极其重要。因此,作为榜样的领导者应不断挖掘能激发自己和员工创造性潜能的品质。

首先,具备创造性的领导者应充满想象力。想象力能够给予个体一个不断奋斗的新目标,这个新目标使其有持续努力的动力。而创造就是以不断产生新事物、新思想为目标。

其次,具备创造性的领导者应有毅力。他可以长期关注与目标有关的事物,不断地尝试,绝不轻易放弃。在20世纪90年代,三星还只是廉价产品的代名词,其产品的销售范围还停留在韩国国内。三星的前CEO尹钟龙不满足于此,力排众议对技术创新展开不懈追求,并竭尽所能地落实这种追求。经过三十多年的持续创新,如今的三星早已成为半导体和消费者电子领域的全球性著名品牌(陈平,冷元红,2012)。毅力是任何成功的必需条件,对于一个成功的领导者而言,毅力是不可缺少的。

再次,具备创造性的领导者应具有幽默感。他可以与员工同乐,可以将员工害怕失败的压力降至最低,可以为下属营造一个宽容的环境。即便是简短的幽默时刻,也包含着领导者对员工的理解、支持和建议。当员工犯错误时,一两句幽默的玩笑不会伤害员工的积极性,让他们自惭形秽,反而能够让员工明白错误的原因,相信自己仍然受到集体的关注和鼓励。

最后,具备创造性的领导应充满活力。身心俱疲的人很难充分发挥其创造性。当思维处于活跃状态时,思路才会开阔,新的想法才能不断涌现。而且他也会通过各种方式激励员工,使员工保持对工作的热情和活力,从而营造出一个充满活力和生机的工作环境。有研究团队针对领导的非常规行为对员工创造性的影响展开研究,发现领导的非常规行为通过影响追随者的凝聚力从而影响其创造力(Jaussi,Dionne,2003)。

(三)人际关系

领导者应当注重人际关系的协调融洽,以促进其事业发展。人际关系紧张对事业上取得创造性成就是极其不利的。从领导者的角度出发,想要维系良好的人际关系,就必须处理好对上级、对同事、对部下、对外部的四种关系,以构建有利于自身工作的人际环境。

作为一名领导者,只有获得上级、同事、部下和外界的支持和认可,才能达成事业目标。这四种关系中,尤其以与部下的关系最为重要,因为领导者的所有计划都需要员工的配合,上级、同事和外部的评价,大部分也取决于工作的完成情况。领导者的创造性成就离不开调动员工创造性工作的积极性。因此,获得员工的支持,同部下建立互相信任的关系是成功领导者的必要条件。领导者应该真诚地爱护员工,获得员工的信任,员工就能在工作中表现出更高的创造性,愿意主动分担难题,从而使企业的创造性潜能得到更充分的发挥。

(四)领导者对创造性的认识

也许不少人都有这样悲观又错误的想法:"只有少数有天赋的人才有创造性,我没有。"实际上创造性是人类共有的一种能力，它并不属于少数人，也不是普通人可望而不可即的。在童年时期，很多人都富有创造性，然而随着年龄的增长，人们越来越关注外在的各种规则和条例，这也就压抑了自身的创造性。结果可想而知，大多数人都变成了"平凡人"，因为他们不再有高创造性。

第二种错误的认识是"不管我有没有创造性，只要我找到极具创造性的员工就可以了"。这同样是一种非常不正确的想法，而恰恰许多领导者都有这种想法。假如领导者都没有创造性，他将如何评定员工的创造性工作，又怎样给他们所需的肯定和鼓励呢？通常一个激励创新的环境会孕育富有创造性的员工，一个保守的环境会扑灭创造的灵感，因此形成鼓励创新的氛围对每一个领导者来说都是责无旁贷的事情，挖掘自我的创造性潜能是任何一个领导者必须完成的任务。领导者必须时刻记住自己是其他员工的榜样，自己的思想将影响整个团队的工作效率，并决定着工作的发展方向。

第三种错误观念是："我的员工各不相同，我无法使他们都具有创造性。"诚然，每一个人都是不同的。一名领导者很多时候就如同一名教师，主要任务就是将自己的员工培养成优秀的创造者。往往领导者对待员工的态度就决定着员工最后所能取得的成绩。如果领导者相信自己是可以改变的，可以更具创造性，就应该相信自己的员工同样是可以改变的。

二、影响个体创造性发挥的企业文化因素

美国兰德公司、麦肯锡公司、国际管理咨询公司的专家通过对全球经济效益增长最快的30家企业进行跟踪研究后，得出结论：世界500强企业胜出其他公司的根本原因，就在于这些公司善于给自己的企业文化注入活力。这些顶级公司的企业文化与普通公司的企业文化有着显著的不同，他们最注重四点：一是团队协作精神；二是以客户为中心；三是平等对待员工；四是激励创新。

企业文化是指企业长期形成的基本观念、共同理想、生活习惯、行为规范和作风，是企业以价值为核心的独特的文化治理模式，是企业治理实践和社会文化相融合的产物，是具有企业特色的精神财富的总和（艾亮，2012）。企业文化对员工思想、行为等方面具有重要的影响。在现代企业制度中探讨个体的创造性潜能开发，就不可以无视企业文化因素对个体创造性潜能开发的影响。企业文化所涉及的内容十分广泛，下面主要以企业价值观为例加以阐释。

企业价值观是指企业在追求成功经营的过程中，逐步形成的并为员工所奉行的目标与基本信念（张蕾，2017）。成功的企业，无一例外都有正确、高尚的价值观。这种价值观包含着极其丰富的内容，它们对于企业创造性潜能的发挥有着重要的影响。以下是三种典型的企业价值观。

📖 拓展阅读

3M公司国际化创新的战略模式及其演化

随着全球经济一体化趋势的形成，许多跨国公司的技术创新已扩展到国外，以获取全球化的资源，增强开展国际竞争的能力。明尼苏达矿业及机器制造公司（Minnesota Mining and Manufacturing，简称3M公司）的

创立和发展的故事,对当今国际企业的创新有着不小的启示。

公司的竞争方式一般存在两种类型:一是使生产资源最优化以获得市场允许的边际利润;二是通过能使创新公司在短时间内比其他公司拥有绝对优势的创新产品的引入来打破现有市场的平衡(朱朝晖,陈劲,2005)。通过运作效率来取胜只是较为初级的手段,更具有破坏性和优势的则是——创新竞争。3M公司的创立起初源于一个错误。1902年有五位企业家开始了这段创业史,起初他们认为一块土地上蕴藏着刚玉矿石,这被认为是当时最优质的天然磨料,由此他们购买了这块土地并成立了公司,但事实是这些所谓的矿石根本无法充当磨料。但难以料想到,百年之后,这家起初厄运重重的公司竟成长为美国管理人员认为的最具有未来竞争力的公司。

(一)利润不是最重要的

企业为员工谋求更多的福利而追求利润,是其存在的基础。但是,如果企业只注重利润最大化并将其视为最高目标,往往会限制企业领导者和员工的视野,阻碍企业创造性潜能的发挥。深入研究那些成功的企业,不难发现,它们除了强调利润之外,更强调员工对共同理想和事业的追求,从而激发员工的创造热情与巨大的创造潜能。

例如,美国苹果公司的企业价值观是"为大众提供强大的计算能力";美国Facebook公司的企业价值观是"创造社会价值";中国华为的企业价值观是"为客户服务是华为存在的唯一理由";中国格力的企业价值观是"创新是企业的骨髓";日本京都陶瓷公司创始人稻盛和夫被认为是"充实人生观"的提倡者。

(二)企业即人

企业的"企"字,上部是"人",一个企业如果没有人,必定无法发展。许多成功的企业的发展历程早已证明了人在企业经营管理中的核心地位。只有重视人的企业,才是有创造性的企业。

京东公司的首席执行官刘强东认为,任何人都具有内在潜力,这是企业无穷无尽的宝贵的资源,领导者和企业家的任务,就是把每个人的这种内在潜力发挥出来。尊重、鼓励、支持,是激发企业员工创造性潜能的重要手段。

丰田公司很早就推行"好主意,好产品"的建议制度(刘光明,2000)。丰田公司鼓励员工提出有关公司的任何建议,一经采纳立即支付奖金。以1976年为例,公司员工数量为44000人,一年之内提出建议463422则,平均一人提出十多条建议。不仅建议多,被采纳的也多得令人惊叹。四十多万则建议中被采纳的共有386275则,采纳率高达83%。奖金的数目从500到10万日元不等。公司对员工的建议无论大小,即使像节约铅笔头、利用旧信封等看起来不值一提的建议都积极采纳,并予以奖金。这种制度,极大地刺激了员工的积极性和创造热情。

柯达公司有类似的"柯达建议制度",同样是尊重员工、激励员工的重大举措。从创立到2000年为止,该公司员工已提出建议180万条,其中被采纳60万条以上。员工因提出建议而获得奖金,每年在150万美元以上。其中在1983、1984两年,该公司因采纳建议而节约成本1850万美元,公司拿出370万美元奖励提出建议者。柯达公司认为,当一个员工提出建议时,即便他的建议未被采纳，也会达到两个目的：第一，领导者能够了解到这个员工在思考什么；第二，提建议的人在得知其建议受到重视时，会产生归属感（阎春芝，1991）。

（三）顾客至上

"顾客是衣食父母""以消费者为中心"等等，早已是大众耳熟能详的标语口号。许多富有创造性的著名企业，都是将其作为自己的企业价值观加以践行，并不断推动企业进行创新。

在河南零售业巨头胖东来的服务理念中就包含，"真品换真心""客户不满意，无条件退货""顾客想要什么就给什么"……例如，曾有一位远道而来的老乡，想买一些荞麦面做药引治病，可是当时胖东来并无此产品，随后售货员留下老乡的住址，从别处采购商品并送货上门。经过此类事情后，在采购方面，胖东来以"商品的博物馆"为新标准，在满足顾客需求方面不计较成本。不仅如此，胖东来在售后方面也做到了极致。"不满意随时退货，坏了随时换新"的经营理念，为胖东来留下了大量的忠实顾客，即使是家中可有可无的商品，因为随时可以退货，顾客随随便便也就买了。此外，为了保证顾客的购物体验，胖东来会安排专职服务人员，在每层楼的电梯出入口帮助那些需要搀扶的老人和小孩，同时也为初次购物的顾客提供商场介绍（李飞，贾思雪，王佳莹，2015）。

可见，这种"顾客是上帝"的企业价值观，可以将顾客需求转化为创新动力，有效推动企业的采购创新、售后创新、服务创新，给企业的长足发展提供强大且持续的动力。

复习巩固

1. 根据本节所学，谈谈影响员工创造性的领导者因素有哪些？
2. 根据本节所学，谈谈影响员工创造性的企业文化因素有哪些？

第二节 经营管理中创造性潜能的提高

了解影响企业创造性潜能开发的因素，也不一定可以有效地挖掘企业的创造性潜能，还要认识到如何克服企业创造性潜能发挥的种种障碍，如何采取有效措施提高企业经营管理的创造性，保证企业不断开拓创新，不断发展进步。本节将从领导者个体创造性潜能开发和创造性环境的营造以及企业经营管理过程中的创造性开发这三个方面加以讨论

一、领导者个体创造性潜能开发

领导者个人的创造性与整个组织的创造性密切相关，他的想法、思维方式、评判标准都极有可能成为组织的想法、思维方式和评判标准。因此，领导者必须相信自我的创造性是可以提高的，并持续为之努力，这样才能够提高组织的创造性。下面介绍一些提高领导创造性的方式。

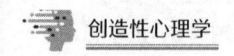

(一)费尔斯汀的创造十二法

美国创新协会(Innovation Systems Group)主席,纽约布法罗大学创造性研究中心副教授费尔斯汀认为通过改变生活规律、思考方式、交流方式和生活方式,就可以在日常生活中培养个体的创造性。他在自己的著作中提出了具体的建议,并归纳为创造性十二法(Firestien,1996):

1. 保持健康的生活方式

大脑工作需要蛋白质以及各种微量元素,只有具有这些物质时大脑才能正常工作。如果改变饮食,增加碳水化合物的摄入量,减少油脂的摄入量,可以提高认知功能。作息时间长期紊乱,同样会导致脑功能的下降,因此合理安排作息,适量运动是健康生活的重要保障。定期的、有节奏的体育锻炼是非常必要的,日常运动释放的生物肽对清晰思维有很大的帮助。

2. 善于提问

有人曾说"当一个人能清楚地陈述自己的问题时,那么他的问题就已经解决了一半"。对企业领导者来说,提问题很重要。不幸的是,在许多企业中,级别越高的领导,越少接触实际,越喜欢听下属汇报,也越少提出有意义的问题。所以领导者要善于提问,而且提问要清晰明确,态度要真诚、虚心。因为一个有洞察力的提问可以获得更多的信息,而提一些空洞的、虚假的问题,将使下属用模糊的、虚伪的回答来应付你。所以领导者所问的问题都应是经过仔细思考的、坦诚的,这样才能得到真实的答案。此外,领导者的提问不应趾高气扬,如果使被提问的下属觉得领导是在责备他(她),他(她)就可能不会说出真实想法。

3. 打破常规

有许多人在工作时没有有创意的想法,却在度假休闲的时候灵光一现找到解决问题的办法。当思路遇到障碍而停滞不前时,主动去关注周围的自然环境,你会产生许多新的想法。或者当某种特殊情况使你在家工作时,改变在家中的工作习惯,做一些交谈的活动,都可能对创造性想法的萌发大有帮助。

4. 丰富自己的信息库

在一项实验研究中,有3组研究对象。第一组是"创造性组",这组的成员都是具有很高创造性的人;第二组是"专家组",这组的成员都是著名的技术专家;第三组被称为"小人物组",和前两组相比他们无论在哪方面都更弱。研究发现,"小人物组"几乎不阅读任何资料;"专家组"几乎只阅读本领域的资料;"创造性组"的阅读面几乎涉及所有领域,因此他们拥有丰富的信息库,并经常可以从中获得启发。因此可以说,拓宽知识面能够增加创造性。

5. 抓住偶然所得的新想法

不要轻易忽视那些偶然得到的新想法。人们很难在工作繁忙的时候获得创造性的想法,但是当大脑完全放松处于休息状态时,新的想法容易出现。这时的关键就在于,能够及时地通过纸笔、手机备忘录等媒介将其记录下来。因此,随身携带一张空白纸、一本笔记本或用手机随时记录当下浮现出的新想法,将会十分有帮助。

6.培养创造性思考的习惯

思维习惯会对人们产生很大的影响,面临新任务时,惯性思维总会使人按照既定的程序行事。许多人懒于思考,偏爱用第一感觉处理事务,这就使其错过许多难得的机会,因此应该认真对待那些阻碍创新的习惯性思维,用有效且质量高的思维习惯去替代那些低效又无用的习惯。例如,当我们要处理棘手的问题时,不妨问问自己:"这种方案真的能令我满意吗?对此我还能做什么呢?""如果我用另一种方式来做呢?""那些似乎不合适的东西,我可以把它们用进来吗?"

7.充分交流

除了阅读多种材料外,和那些知识渊博、有广泛兴趣、来自不同领域的人交往也很重要,虽然和熟人在一起可能会更舒服,但是偶尔突破一下自己的"舒适圈"也很有益处。有关沟通交流的研究显示,对我们最有用的信息往往不会源自身边的老熟人,最有用的信息来自其他地方——那些和你生活在不同圈子里的人。因此,为了激发个人的创造性,尝试融入那些平时和你没有多少联系的人中是非常重要的。

8.发展人际支持系统

有私人的或职业的某种关系网无疑是极其重要的,这种关系网是一种"精神和物质上的社会支持系统",会在你遇到困难时提供各种支持。所以,作为一名领导者,需要有可以倾诉的知己,可以分享快乐和分担痛苦的人。这些人无论来自家庭还是其他单位,对领导者发挥其创造性都很重要。

9.学会幽默

幽默和创造性紧密相关。在某种程度上,可以认为幽默就是创造性的具体表现之一。幽默和创造性都是将原本无关的事物联系起来,在创造性活动中,这种联系能产生新思想。因此,培养创造性的一个间接方式就是培养幽默感。

10.保留空间与时间

将自己从习惯性的行为中解放出来时,就能够有新的自我理解。有行为研究显示,任何形式的独处都会产生这种效果。比如,花费30分钟静静地坐着。前10分钟你的思维会持续跳跃式地告诉你该做的事。千万不要在这时起身行动!度过第一个折磨的10分钟,坐在那儿会变得容易起来。新的想法就会浮现。最重要的是能从生活中抽出时间,特别是需要新的主意时,应该留出时间,以便于这些新想法的产生。要通过保留时间和空间来为产生新想法提供条件。

11.缔造利于思考的环境

如果领导者希望自己做出有创造性的决定,就需要一个能让自己发散思维进行思考的地方。有研究显示,放松、宽敞和有艺术涂鸦的空间有益于创造。乍一看,这些空间似乎会分散实际工作的注意力,然而,它们却能为陷入问题困境的人提供新的想法。此外,配有绿植的房间、有优美音乐和芳香气味的房间、有灵活办公用具的房间,都能够支持创造力的发挥。狭小、局促的空间不仅限制员工的身体活动,同样也给创造性思考带来了障碍(Meinel,Maier,Wagner,Voigt,2017)。选择一个有利于创造性思考的环境,不仅可以提高创造性而且还可以提高工作效率。

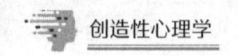

12.理性地构想未来

作为领导者必须为组织设定一个对未来的构想,围绕它制定计划并坚持下去。这些构想必须根植于公司的实际,参考公司的实力和要完成的目标:要给客户什么样的价值,希望有怎样的产品或服务,员工怎样才能发挥自己的才能。要与员工一起将这些变为可以衡量的目标,再创造出他们需要的条件,帮助他们达成目标,在他们需要时及时给予指导和鼓励,并让他们自己去完成。

(二)休·布兰的"七个原则"

美国著名学者休·布兰拥有丰富的管理经验,长期与领导层、员工和顾客保持交流。其在著作中提出的七个原则,是可以帮助领导者掌握领导力的思维方法,能开发自己以及团队和组织的创造性潜能,以此提升绩效,实现更有效的管理(休·布兰,昝晓丽,2020)。七个原则的具体内容如下。

1.目标原则

作为管理层的领导,一定要清楚自身的目标。你需要对自己、组织想要的东西充满激情。同时,这个目标要足够清晰,让你能够围绕它设置具体的方案。当你有一个明确的目标时,生活和工作中的突出表现、灵感、参与感和满意度都比想象中更容易获得。

2.承诺原则

领导者对自己或他人一定要进行承诺。没有承诺会让人缺少希望感,从而产生恐惧感,这种恐惧感往往会阻碍工作进展。承诺以两种方式影响人们:遵守承诺可以建立信任、尊重和信用;违背承诺不仅会影响任务和工作,还会对领导的形象产生很大的负面影响。

3.计划原则

许多人都不喜欢做计划,认为做计划是在浪费时间,只有缺乏创造力和工作热情的人才会去做计划。这种观点恰恰是错误的,只有能够迅速、坚定地做计划的领导者,才能打破团队员工的固定思维方式,提升团队的创新潜力。

4.说服原则

毋庸置疑,一个有说服力的领导能够团结员工朝目标努力。说服的关键点就在于,为了让他人能够理解、支持你的目标、承诺、计划,你需要先明白他人对你以及你的提议的想法、感情与信念,在此基础上再对它们进行改变重塑。

5.赞美原则

学会以真诚、及时的方式表扬他人,对于一个领导者的领导能力来说非常重要。赞美能使人们感受到重视、鼓励和欣赏。那些感受到重视和欣赏的人会有更大的热情去尝试新方案,承担风险,并及时地反馈给领导者,领导者也因此有更多的素材来构建自己的创新想法。

6.坚持原则

半途而废是阻碍创造性潜能发挥的重要原因之一。有人曾说"坚持不懈地执行胜过制定完美的战略"。虽然战略可以为个体、组织确立发展方向,但真实情况是,实现任务目标往往需要近乎冷酷的执行力,只有最终能够达成的战略才是优秀的战略。

7.准备原则

对于领导者而言,不做准备通常意味着失败。创造性事物的诞生,往往意味着对关联度较小的事物进行组合,如果你不熟悉这些事物的性质以及特征,那么就无法发挥出它真正的潜力。不仅领导者自己要做好准备也要将这种思想传递给自己的员工。完善的准备工作,可以为成功减少很大部分的时间。

(三)沃特林的"七个关键"

英国著名学者托洛·沃特林等(1989)对信息技术的发展与进步和组织运营方式的改变有独特的思考,他认为现代管理经验理论不仅是领导者对组织的管理,更应是自我管理。经理人的职责就是通过他所管理的员工去获得成果,而成果将以金钱收益来衡量。没有经济价值,组织管理人员的工作、职位也就毫无存在的必要。就私营企业来说,必须盈利;就公共组织而言,也应对所委托的资源负责,来显示工作效益。因此在探讨经营管理中的创造性时,也应以此为标准。为达到这一标准,他提出了领导者必须要处理好的七个关键问题。

1.沟通

领导者要善于把自己的想法、目的和计划传达给员工、下级领导者以及所有合作者,鼓励他们一起投入创造性的活动。同时,要耐心倾听他人的呼声,并且对他们提出的问题及时做出回应。

2.委托

领导者必须善于和他人合作,有些工作亲力亲为只会浪费组织资源,应委托给下属处理。如果不给他们恰当的工作压力,他们就不会有所发展。委托并不意味着推卸自己的责任,要定期听取员工的汇报。不要怕下属犯错误,要有承担错误的勇气,但又要防止他们犯真正危险的错误。良好的沟通方式是成功委托的关键。只要下属有足够的能力,就放心地委托他们去做。

3.控制时间

一个人的时间是有限的,不能在琐碎的事情上浪费时间。领导者要把握好自己的工作时间,把时间用于工作中最重要的方面。如果情况允许,每天最好早到1小时,这样领导者可以不受干扰地处理重要事务。每周要有半天以上的时间用于思考战略。当然,控制时间并不是说领导者要与员工和顾客进行隔离,反而要安排时间倾听他们的意见。

4.尊重顾客

要树立顾客至上的观念,花时间了解他们的需要,建立与他们联系的平台。在一个充满竞争的社会里,顾客和潜在顾客是一个公司成功的关键,顾客是最有价值的"财产",要尊重他们。

5.坚持学习

要从书本中学,要从实践中学,要从自己的成功和失败中学,要从下级、同事那里学,从自己的竞争对手那里学,要用新的眼光寻找问题和机会。学习需要时间和高超的沟通技巧,不合理安排

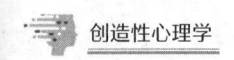

时间,不掌握沟通技巧,领导者就无法学到更多的东西。

6. 重视知识

即使是最好的领导者也不可能对什么问题都精通,但是他应该知道从哪些相关资料中去查找需要的知识;遇到特殊问题,知道谁是能解决这个问题的专家。知识是学习的成果,成功的领导者不仅关心目前所需要的知识,而且关心三五年后所需要的知识,领导者的基本力量在于他具备自己工作所需要的上述两方面知识。

7. 创造机会

如今的领导者生活在一个充满竞争的世界,领导者必须学会为自己以及员工创造机会。创造机会的基础在于掌握业务以及专业知识,要永远保持好奇心,不断问自己"为什么"。此外机会还常常来源于倾听。有时直觉也会给你创造机会。管理不仅是一门科学,同样也是一门创造性的艺术,善于创造机会的领导者才是真正的成功者。

(四)畠山芳雄的自我创新法

畠山芳雄(1988)认为,缺乏创造性的企业的最大弱点是:缺乏提高部下能力以使部下发生变化的力量,所以他强调必须改正部下的旧习,改进部下的思考方法,以逐步赋予他们新的能力。对那些存在问题的人,要帮助他们增长新能力,以使其在工作中各得其所。因此,领导者需要自我创新,并影响自己的下属。具体建议有以下几个方面。

1. 变革信念

随着年龄的增加,领导者开始看到自己在事业上的个人极限,于是追求自我变革的热情也逐步降低。但是现代领导者,无论主观上如何认识自己,他所处的环境总是要求他必须永不松懈,不断努力。外部的竞争要求他必须永远处于期待和变革当中。假如他担任一个新的职务,特别是接触从未经历过的工作时,他应该把新的工作当作自我创新的机会,积极地运用它进行自我再开发。如果领导者消极地承受新工作,对工作的成功与发展毫无自信,其结果对自己对组织都是不幸的。假如在相当长的时期里,工作没有什么变动,这时要防止出现对工作失去兴趣。在同一种工作中也可以收获自我创新的效果。比如,下决心提高目标水准,向高一级的目标进行挑战,这就必须想出许多创新方法。

领导者自我创新的过程中,需要防止两种偏差。其一,对未经历过的工作进行挑战时,成功后容易出现过分自信的情况;相反,挑战受挫,则有丧失自信的可能。这些都是阻碍继续自我创新的因素。其二,为做成某项工作,精力只集中于自我创新,忽视了当前周围情况的变化,对时代变化和组织外部的环境变化的感受性也变得迟钝,视野变窄,这样反而不利于自我创新。

2. 学习提高

为了防止上述偏差,领导者必须阅读多方面的书籍,还要经常参加各种研讨会,参加组织外部的各种专业会议或有关的全国性会议。此外,还要到外面去接触各行各业的人士。总之,要不断为自己安排来自各方面的带有新鲜刺激性的事情。要养成善于思考事物的习惯,有意识地多去理解不同思想,以利于开阔自己的思路。同时,要有意识地通过阅读书报和与人谈话来丰富自己的思想,以此作为创造新行动的媒介。同意他人的主张或提出与别人相反的主张,都会从中获得信息的启示,借以形成连锁反应,帮助自己提出独创性的设想。当然,对领导者来讲,重要的是"自己思考",从外部获得的信息只能作为参考。

3. 良师益友

领导者有时会被一些问题纠缠得思绪烦乱,这时最需要的是能够提高自己水平的经验。若有一位受到自己尊重的人或值得向他讨教和谈心的朋友,对解除疑虑,推动继续自我创新极为重要。领导者结交哪个层次的朋友,往往能决定自己属于哪一个层次。如果同一些思想水平低的、缺乏开创能力的人交往,久而久之,受其影响,自己的思想水平也会随之降低。反之,若能和比自己思想水平高的人交往,自己也会受其熏陶,在不知不觉中得到提高。但是这里说的高水平朋友,同对方的社会地位无关,而是指思考问题的水平高低。随着自身的水平提高,领导者必然会选择许多卓有见识的人与之结为益友。

4. 自我评价

领导者在进行自我创新之后,最重要的问题是要冷静地评价自己的能力、优点、短处以及需要修正的性格和习惯。正确评价自我,是使自己能够继续发展的一种自我调节能力。领导者一定要有谦虚的品德,对待任何赞扬,都要把偏见和不符合实际的成分估计进去,不沾沾自喜。具有一种冷静而客观的自我评价能力是极为重要的。从领导者的特殊地位来讲,能听取逆耳良言是极其珍贵的品质。在领导者身边有没有敢于直言不讳的人,取决于领导者的气量大小。领导者需要认真听取那些苦口良言,必须对此产生应有的反应,这对领导者极其必要。领导者的真正价值,在于不拘地位的高低,基于对事业的信念,不耻下问。

5. 身心健康

领导者的身心健康,是完成各项创新任务的大前提。领导这个职务,经常使人的身心处于紧张状态。随着年龄的增长,精力、体力同繁重的业务要求之间矛盾日益明显。但是管理又具有工作与年龄同步成熟、能力与见识一起提高的特性。随着年龄的增长,对人情世故的洞察变得更深刻,发挥全体工作人员能力的指挥才能也更加高超。这正是活跃地开展社会活动的时期,是丰富人生的最佳阶段。因此,领导者必须首先管理好自身的健康,认真锻炼身体,保持身心健康,有了健康的体魄,才能使自己保持向上的心理,才能不断产生新思想,发展新能力。

二、创造性环境的营造

任何人与生俱来就具有创造性潜能,这种潜能的发挥除了与个人能力天赋有关外,与其所处的环境也密不可分。因此领导者创造性的体现不仅是他个人能力的展现,也是他营造创造性环境能力的展现。下面介绍几位学者所建议的营造创造性环境的方法。

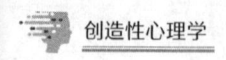

(一)凯斯勒的方法

美国著名管理学家约翰·凯斯勒认为,富有创造性的组织,往往具有某种共同的组织文化,如鼓励实验和赞赏创新。同时良好的组织结构与人力资源的有效管理,都会很好地促进企业的创造性发挥。为了开发创造性,使企业保持竞争的领先地位,领导者需要营造创造性环境来使员工更好地实现创新。凯斯勒对想要提高组织文化中创造性的领导提出了7点建议(凯斯勒,朱辉,2004)。

1. 接受模棱两可

对目的性和专一性的过分强调会限制员工的创造性。好的创意在刚诞生时往往不够清晰,需要经过后续的加工、调整才能逐渐适用。领导者在面对提出模糊想法的员工时,要鼓励其进一步挖掘和深化,不可轻易拒绝可能含有潜在价值的想法。

2. 容忍不切实际

领导者对待员工要更加包容,不压制员工对"如果……就……"这样的问题做出不切实际甚至是愚蠢的回答。这种回答乍看起来可能对问题解决没有帮助,但往往能够为问题提供创新性解决方法。

3. 外部控制少

在感受到被尊重而且能自由展现自我的轻松和积极的氛围下,个人的创造性能够得到最好的发挥。领导者需要将规则、条例和政策这类的控制降低到合理的限度,使员工身心自由的同时思考也能更加流畅。

4. 接受风险

鼓励员工大胆尝试,不必担心可能失败的后果。让员工认识到错误可以提供学习的机会,要不断地尝试,成功者比失败者要经历更多的失败,因为他们敢于接受风险。耐心和有效应对失望、失败、拒绝的能力是必需的。

5. 容忍冲突

鼓励员工提出不同的意见,并在不同中寻找解决问题的新角度。领导者可以将冲突转化为竞争,让不同的团队比赛解决同样的问题,看哪个团队可以想出解决问题的最佳方案。

6. 注重结果甚于方式

当领导者提出明确目标后,员工被鼓励积极探索有可能实现目标的各种途径。注重结果意味着任一给定的问题都可能存在许多正确解决问题的途径。

7. 强调开放系统

领导者随时保持对环境变化的监控,并做出相应的反应。员工的工作氛围是变化的、有起伏的,组织氛围在通往目标的不同时刻会有不同的表现。在员工工作活跃时,应给予适当的奖励以维持其高效的状态,在工作萎靡困顿时,应多用言语向员工表示鼓励和理解。

(二)普奇奥的方法

杰勒德·普奇奥(Gerard J.Puccio)主要致力于研究创造力与领导学及组织学的关系。他对创造性和环境的关系有独特的理解,用一个比喻来形容,工作环境就像土壤,人就像种子。种子怎样能发芽,这取决于它处于什么样的土壤中。就算种子具有无限的潜力,也很难在缺少营养的土壤里生长。在他看来,工作的环境氛围可以把笨蛋变成自信的独行侠;能够培植点子并为它提供枝繁叶茂的可能;原来简陋,却因为对突破性创造的渴望而得到完善。因此,他提出,作为一名领导者,若想要营造具有创造性氛围的环境,需要做到以下几点(Puccio,2016)。

(1)小型团队有力量。对领导者而言,团队人数并不是越多越好。相反,应努力把团队规模缩小,从而让每个人都能认识彼此,并且让整个团队在最少规则的指导下进行工作。规模小型化和规则数量精简化能给员工带来信任、开明和自由的感受,进而有利于团队创造性的发挥。

(2)不要过于重视"等级""头衔"和"老板身份"。明确目标并组建团队后,领导者对员工工作进行标准的分类和描述限制了创造性的发挥。应由"同伴"或者"发起人"来自行决定投入什么样的工作。在完成目标后,由企业委员会负责对员工的贡献进行评定,并决定奖励的分配。

(3)长时间的思考不是问题。对于独一无二或与众不同的想法要提供时间上的支持,容许它们被打磨成卖得出去的产品。要懂得时间对创造工作的重要性,急于求成会阻碍好想法的诞生,领导者应鼓励员工多花一些时间来开发具有高价值的产品并将其推向市场。

(4)面对面的交流必不可少。便捷的信息分享和自由的争论投入都是重要的创造性氛围因素。刻板的沟通层级,限制了信息的流动,使企业内部容易发生负面的争斗。有研究显示,相较于电子邮件和其他各种网络沟通,人们更喜欢当面交谈。在团队中,任意两个人都可以进行交谈,这能够有效促进工作效率。

(5)领头人来当领导。每个员工都应被允许花费约10%的工作时间来探索新创意。如果他们拥有激情并且能够吸引到追随者,不妨让每一个人都可以发起一个项目或担任领导者。情绪是有感染性的,一个情绪卷入程度深、充满热情的员工拥有能够影响其他的员工创造变化的能力。

(6)庆祝失败。要相信,冒险总是会伴随失败或者成功。如果某个项目在企业中执行不下去了,与其批评团队的成员,打击士气,不如用啤酒热烈地庆祝一场,就好像项目已经取得了成功。冒险失败不一定意味着全部的努力都是白费,重整旗鼓后从中汲取经验才有利于组织长远发展。

(三)宗月琴的方法

宗月琴认为组织要顺利地进行变革,除了要克服重重阻碍外,还需从制度、人员等方面促进改革,建立有利于创新的组织文化,营造一个能激发创造性的组织环境。要使新思想顺利地转化为创新的行为,必须依赖于组织、文化和员工三个方面(宗月琴,2000)。

1.组织结构

组织中有正式组织和非正式组织。正式组织的组织结构、成员的义务和权利,均由管理部门规定,其活动要服从企业的规章制度和组织纪律。非正式组织,是未经管理部门规定的、自发形成的,是以信念和情感为基础的无形组织。正式组织和非正式组织各有特点,它们可以相互补充,以下是一些关于组织结构的改革措施,非常有利于创造性在组织中的发挥。

①组织结构上的专门化。组织中必须成立一个专门的部门,用以研究和应对企业外在和内在环境的不断变化。

②调整组织结构。组织专门化的程度越高,部门之间的协调就越重要,可以采用整合性的设计来加以协调。

③成立创造室。许多公司成立创造室,以激励成员创新思考。它可以为员工提供互动场所,进而影响企业的组织结构,公司也有激励脑力的工具,还有电子资料室,为员工提供所需要的创意资料。

④部门间的交流。加强各部门之间的交流有助于完成整个组织的目标。

⑤岗位轮换。员工在不同部门之间轮换会加深彼此之间的了解和合作。员工可以在其他部门工作一段时间,了解别的部门的工作内容,目的不在于在短时间内学会新的技能,而是为了让员工全面了解他所从事的工作的责任,更有利于他的成长。

2. 文化

企业必须将创新的过程清晰地告诉员工,建立有利于创新的文化,以下的三个步骤有助于他们了解创新的过程。

①建立建议评估系统。倘若员工所提的建议,屡屡不被采纳,长此以往很多人就丧失热情,将创新看作是分外事,认为提建议就是多此一举。或者检验建议的标准过严,只有极少数的创意被选中,员工就会怀疑自己的能力,丧失创造的信心,认为创造只是少数聪明人的专属行为。因此,应建立合适的评估和执行建议系统,以此激发企业的创新潜力。

②成立一个创新协会。成立一个负责收集创意的组织,并将其作为正式组织的一部分纳入组织结构。

③给个人的策划提供时间。很多公司提供给员工时间,让他们构建自己的策划,所需资金应由特别预算支付。大部分的公司允许员工利用10%到15%的工作时间用于个人的策划。

3. 员工

员工是实现企业理想目标的人力资源,公司必须鼓励员工积极创造,努力创新。尤其要做到以下几点。

①管理层的支持。员工必须感受到管理阶层支持创新。

②帮助员工认识到与高水准绩效要求的差距。管理层建立工作标准,并提供有关绩效标准的详细资料。大部分员工喜欢反馈,绩效反馈可以使其认识到自己与优秀者之间存在的差距,这种差距可以激励员工,促使员工追求更高水准的绩效,同时也可以激励员工乐于创新。

③奖励冒险。必须奖励谨慎的冒险。应该肯定员工的创意,鼓励他继续积极创造。

④提供适当的财力资源。员工需要适当的资金支持来设计有创意的活动。

⑤提高小组凝聚力。团结的团队可以促使成员积极表现。如果整个小组的成员都积极向上,凝聚性很强,那么小组内的每一位成员,都不愿让其他人感到失望。如果他们认可小组的目标,他们就会互相帮助,达成目标。此外,还可以安排小组之间的良性竞争,竞争有利于小组成员为维护

团队荣誉而发挥自己的潜能。

⑥评选创意模范。在开发新产品新制度时,许多好的创意难以避免"胎死腹中"。因此可以设立正式的组织来聆听创意,采用评选创意模范的方法激励更多员工来提出创意。

⑦利用外部创新资源。邀请专家来公司开展讲座,选派员工前往其他企业参观学习,开阔员工视野。使员工了解外界的发展,经常吸收外界的创意,可以刺激员工思考处理问题的新方法。开放公司内部流通的信息以及公司的资料库,都是提供外部创新资料的方法。

⑧成立解决问题的避难所。针对某些难以解决的规则问题,可以成立一些临时组织共同商讨,非正式的接触常有利于组织解决问题。

(四)李志和张华的方法

有研究者认为创造性环境的营造,不仅在于企业对其办公环境的改善,还在于国家从宏观层面出台相应政策。政府应大力弘扬创新精神,营造鼓励创新、尊重创新、敢于创新、宽容失败的良好社会氛围(李志,张华,张庆林,2013)。

1.加强公共信息服务

一是在深入调查论证的基础上,对国家紧缺急需的高创造性企业创新型人才进行近期及中长期预测,编制企业高级管理者开发目录。二是建立高创造性企业高层次人才信息库,为企业引进高层次人才提供动态需求信息。三是推进公共实验室、图书资料、科学数据等创新资源共享。

2.为高创造性人才排忧解难

鼓励有条件的地区建设创造性高级管理人才公寓,并且在土地规划、城建配套费、行政事业性收费等方面给予适当优惠。尽量保障创造性高级管理人才的生活,进一步扩大社会保障制度的覆盖面,全面落实优惠政策,妥善解决其子女入学、配偶就业等困难,切实解决他们的后顾之忧。

3.营造有利于创造的良好社会环境

政府应更加关心高创造性企业家的工作、学习和生活,在各级政府奖励表彰、公开宣传高创造性企业高级管理人才创新创业政策和先进典型,激励更多的优秀人才为国家经济建设和企业发展做出贡献。

4.营造企业创新文化氛围

在企业中营造创新文化氛围的真正意义在于,它能够为企业创新带来源源不断的智力支持和精神动力。企业也应该尊重创新人才,在组织内部形成尊重创新、知识的浓厚氛围,要提倡理性批判和怀疑,尊重个性,鼓励企业家探索创新,形成宽松、健康向上的创新文化氛围。

三、企业经营管理过程中的创造性开发

前面介绍了企业领导者创造性潜能的开发和营造创造性环境的一些方法,下面谈谈这些方法在企业经营管理过程中的具体运用。

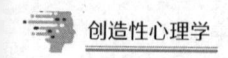

(一)发现真正的问题

如果领导者希望公司能正常地运转，就应该发现真正问题所在。明白目标问题所在比明白解决问题的方式更为重要，千万不要急于解决问题，以至于弄错问题。

1.不应害怕向他人请教

虚心请教有助于领导者找到解决问题的方法。如果还没有寻找到解决问题的途径，就说明还存有疑惑。此时领导者就应该将这种疑惑告诉那些能提供答案的人。提问不是无知的表现，害怕提问却往往成为阻碍问题解决的关键。一名领导者，离一线工作越远，就越应该经常提问。只有这样才能弄清楚问题到底出在什么地方，才能使自己的决定有的放矢。同时，领导者虚心提问的真诚精神能够传递给员工，成为表率。

2.提问时应努力去寻找真正的问题

也就是说，领导者应该寻找的是产生问题的真正原因。由于工作任务的复杂性，工作中的问题经常是由许多因素造成的。这时需要保持清醒去寻找问题的主要矛盾。最好将可能引起问题的所有原因都列入一张表格，然后逐一分析。刚开始的时候可能很难做到这一点，但这只是暂时的。

3.要注意问题的表达方式

表达问题的方式对问题最终能否被解决有极重要的影响。表达方式经常能显示出领导者对待问题的态度。通常，如果遇到的问题很大而且又不知如何下手时，会感到很恐惧。如果认为问题不可能被解决，就会以一种自己预想的、难以解决的方式去表述。因此，领导者提的问题应该具有宽广的视野，同时对问题做出客观的描述，这样才能激发员工的创造性，从而创造性地解决问题。领导者也应该问开放式的问题，而不是只要员工回答是或不是，这样能得到更多的信息，然后和员工一起寻找问题的解决方法，如此，效率会更高。这也要求领导者在考虑任何问题时，都要结合长期目标，任何问题都要围绕公司的长期利益，避免被眼前的利益蒙蔽。

(二)做出正确的决定

许多领导者总是习惯立即对周围的事情做出决定，即使可能做出错误决定，也会继续不停地做决定。并且长期的职业生涯使每位领导者都明白自己必须快速、准确地给出结论。但许多有经验的管理人员在谈到他们的成功经验时，经常提到的是：除非你有足够多的设想，否则别做任何决定。

任何设想都可能成为决定。除非经过了仔细的思索，否则，仓促的决定会带来不可挽回的后果。所以，当自己还没有得到确切的答案时，不妨在表态时说一句"也许"。延迟判断能给周围人说出他们想法的机会。这样，领导者可能会得到许多意想不到的收获。

所以，在做决定时，一定要有一定数量的提议，提议越多，从中挑选出最佳方案的可能性就越大。毕竟，任何事都不可能只有一个解决办法，作为领导者就是要在众多提议中，找出最佳选择。当然，所有的提议都应紧密围绕问题本身，因此，领导的作用就是引导员工围绕一个明确目标展开讨论。只有在有的放矢的讨论中，提议越多才越容易得出有突破性的创造性见解，因为领导者可以将几个小的提议综合成一个最佳方案。

(三)将思想转变为行动

即便是有了创造性的提议，也不一定就能产生令人满意的结果，除非立即将它们付诸行动。要将员工的思想转变为工作中切实的行动，则需要一系列的外部条件。米歇尔·拉伯夫认为有以下几个方面的要求：

(1)确保所用的人与工作匹配。对于在某件工作上欠缺能力或训练的人来说，如果要让他们做超出能力的工作，将浪费大量的时间和精力。当然，当员工不能胜任工作时，问题往往不是缺乏天赋。只要有足够的耐心和动力，大部分人都可以经过训练而胜任大多数工作。

(2)给予员工完成工作所需要的工具。

(3)界定每项工作的职责范围。每个员工都应该对自己工作的职责范围有清楚的了解，否则他们可能会无所适从，感到茫然。

(4)让每个人都了解他的工作对整体所做的贡献。

(5)对事倍功半的员工给予关注。他们可能养成了各种不良的习惯。领导者要主动用关怀和帮助的方式告诉这些员工，自己希望看到他们以最少的时间和努力做出有可能做出的最好工作。还要指出，组织要奖励的是成果，而不是冗长的工作时间，要让他们制定适合自己的时间计划。

(6)鼓励保持一段宁静的时间。太忙碌以至于没时间思考的员工，对他们自身以及组织来说都是不利的。要求每个员工在每天的工作中抽出小部分时间用来独立思考、反省和计划。每天花时间做规划，周到地考虑事情，可以大幅度减少不必要的忙碌。

(7)注意唯程序者。唯程序者不在乎做什么事情，而只在乎它是如何做的。他们会把注意力从"这个决定应该是什么"转移到他们"应该怎样做这个决定"上。这通常会引起无休止的争论，因此偏离了召开会议的真正宗旨。结果是他们总是以失败而告终。

(8)如果员工完成了自己的工作，就要允许他们回家。做完工作就可以离开，这是一种奖励工作效率的极好方式；同样的道理，如果员工在家中就能按计划把工作做好，那就让他们留在家里。总而言之，成果是最重要的，行动次之。

(9)简化。使事情简化是非常困难的工作，但是优秀的组织和主管都会努力使事情简化。精简的组织可以敏感地、有弹性地、有准备地来应对变化和掌握机会；庞大的组织则不易控制，而且可能无法适应新的或是有竞争性的环境。

(四)恰当对待员工的过失

同处于一个环境中的个体，总是互相联系、互相影响。作为一名领导者，就需要唤醒员工内心的创造激情，让它们迸发出来，并互相影响，从而形成组织的创新性。金钱并非促进创造的唯一动机，只有兴趣、快乐或感到有挑战性的时候，才能真正激起创造欲望。一位有创造性的领导者应该倡导一种创造的氛围，让身处其中的人能充分发挥其创造性潜能，因此，他应该给员工纠正其过失的机会,也要鼓励员工找出真正需要解决的问题,并提出解决方法。宽松、包容、鼓励的环境,既造就了组织的创造性,也会进一步提高领导者的创造性。

聪明的领导会在失败和恐惧中保护有创造性的员工,会告诉员工错误是进步所必须付出的部分代价。重要的是,从错误中吸取教训,并能继续试图去改进,聪明的领导会用自己当例子,公开、诚实地说出自己犯的错误,以及自己如何接受教训并从中受益,并指出最近的若干例子,他会让自己和员工不在小错误上浪费时间,而且他会奖励员工的努力,而不仅仅只是注重结果。所以,聪明的领导会鼓励员工明智地冒险,并为其承担风险,但其目的是塑造更好的员工和组织。根据米歇尔·拉伯夫的观点,在做出冒险性决定之前,要先明确:①有明确的目标;②设想可能的最坏结果,确保自己能承受得起;③衡量潜在的问题、损失和潜在的收益,在事情恶化时,要有自救的计划;④一旦决定冒险,就尽己所能,争取成功;⑤规定损失范围,在尚未损失太多之前尽快脱身;⑥保持轻松,从冒险中获取乐趣和教训。成功是需要乐趣和胆量的。如若将失败视为经验,那成功迟早会到来。

(五)建立创新的绩效管理机制

适当的激励和奖励措施是培养员工预期行为的有效手段,但前提条件是要具备考核、跟踪正确评价的能力。适当的创新激励能够激发高创造性企业家的创新热情,能够不断强化、增强创新意识,从而使得企业不断发展成长为具有高创新文化的组织。一方面,建议各级政府出台奖励取得创新成效的高新企业的相关政策制度。另一方面,建议各级政府宣传部门多多表彰敢于创新、追求卓越的高创造性企业家个人。

(六)恰当拒绝员工的提议

虽然领导者应鼓励员工尽其所能地创造,但仍然要在适当的时候对他们说"不",这就是领导力的体现。鼓励员工冒险,因为明智的冒险可能带来巨大的成功;允许员工犯错,因为在错误中可以得到许多经验和教训,但前提条件是,他们做的冒险是明智的,所犯的错误是前进途中不可避免的。若非如此,冒险和犯错是不被允许的。因此,领导者在拒绝员工时,应明确告知其被拒绝的理由是什么,充分的理由会使员工理解你的决定,而且他会认真思考被拒绝的理由,从而进一步改进和完善自己的提议。这时,如果强迫员工接受被拒绝的事实,即使他们表面接受,仍不会信服。

复习巩固

1. 根据本节所学,谈谈提高领导者创造性都有哪些方式。
2. 根据本节所学,谈谈如何在企业经营管理过程中营造富有创造性的环境。

研究性学习专题

什么样的企业能让员工永葆创造性?

收集当地某个企业激发员工创造性能力的资料,运用本章的有关理论,对其进行分析,指出其在开发创造性潜能方面的优势和不足,提出改进建议。

本章要点小结

1. 影响企业创造性潜能开发的领导者因素:思维方式、个性品质、人际关系、领导者对创造性的认识。
2. 影响个体创造性发挥的企业文化因素:正确认识利润、以人为本、顾客至上。
3. 有利员工创造性发挥的领导者个性品质:丰富的想象力、坚强的毅力、充沛的活力、独特的个性(非常规行为)。
4. 领导者个人的创造性潜能开发方法:费尔斯汀的创造十二法、休·布兰的"七个原则"、沃特林的"七个关键"、畠山芳雄的自我创新法。
5. 创造性环境的营造方法:凯斯勒的方法、普奇奥的方法、宗月琴的方法、李志和张华的方法。
6. 企业经营管理过程中的创造性开发方法:发现真正的问题、做出正确的决定、将思想转变为行动、恰当对待员工的过失、建立创新的绩效管理机制、恰当拒绝员工的提议。

关键术语表

美国创新协会　　　　　　Innovation Systems Group

本章复习题

一、选择题

1. 以下领导者因素中,对于企业创造性潜能开发有利的是( )。

A. 固化的思维方式

B. 想象力丰富

C. 一人独大,高度重视领导力

D. 对传统的重视

2. 以下对于个体创造性发挥的企业文化因素的相关阐述中,表达错误的是( )。

A. 企业文化是指企业长期形成的基本观念、共同理想、生活习惯、行为规范和作风

B. 企业文化是企业以价值为核心的独特的文化治理模式,是企业治理实践和社会文化相融合的产物,是具有企业特色的精神财富的总和

C. 企业价值观是指企业在追求成功经营的过程中,逐步形成的管理制度

D.企业文化对员工思想、行为等方面具有重要的影响,不可忽视企业文化因素对个体创造性潜能开发的影响。

3.以下对"利润"的看法中,对发挥创造性有利的是(　　)。

A.利润是企业发展的终极目标,资本是逐利的,公司的管理和经营要以攫取利润为中心

B.强调利润和强调员工之间的协作二者很难达到协同

C.企业存在的基础是为了创始人的个人理想

D.除了强调利润之外,同时也要强调员工对共同理想和事业的追求

二、简答题

1.请简述,在企业经营管理的过程中,领导者的思维方式对员工创造性发挥的影响。

2.请简述,对个体创造性发挥有利的企业文化因素。

3.请简述费尔斯汀创造十二法的主要内容。

4.请简述休·布兰的"七个原则"。

5.请简述沃特林的"七个关键"。

6.请简述畠山芳雄的自我创新法。